高湿贫氧环境下浸水过程对采空区遗煤自燃特性影响规律

步允川　牛会永　著

中国矿业大学出版社

·徐州·

内 容 提 要

本书介绍了高湿矿井浸水煤体的氧化燃烧特性。通过理论分析与实验研究，得出了浸水煤体以及预氧化浸水煤体的微观外貌特征；构建了深井高湿高热遗煤热应力耦合模型，分析了不同应力作用下煤的氧化燃烧规律；基于煤氧化动力学理论，揭示了浸水煤体的热释放特性；利用低温氧化实验、红外光谱实验，阐述了浸水煤氧化-燃烧过程的微转化机制。

本书可供安全工程专业的研究生、本科生使用，也可作为相关企业、科研院所以及工程人员的参考用书。

图书在版编目(CIP)数据

高湿贫氧环境下浸水过程对采空区遗煤自燃特性影响规律 / 步允川，牛会永著. —徐州：中国矿业大学出版社，2022.12

ISBN 978－7－5646－5677－5

Ⅰ. ①高… Ⅱ. ①步…②牛… Ⅲ. ①采空区—煤层自燃—研究 Ⅳ. ①TD75

中国版本图书馆 CIP 数据核字(2022)第 242140 号

书　　名 高湿贫氧环境下浸水过程对采空区遗煤自燃特性影响规律
著　　者 步允川　牛会永
责任编辑 章　毅
出版发行 中国矿业大学出版社有限责任公司
（江苏省徐州市解放南路　邮编 221008）
营销热线 (0516)83885370　83884103
出版服务 (0516)83995789　83884920
网　　址 http://www.cumtp.com　**E-mail**:cumtpvip@cumtp.com
印　　刷 苏州市古得堡数码印刷有限公司
开　　本 787 mm×1092 mm　1/16　**印张** 15.5　**字数** 301 千字
版次印次 2022 年 12 月第 1 版　2022 年 12 月第 1 次印刷
定　　价 68.00 元

前　言

煤炭一直是我国主要的能源之一，在三大化石能源中，我国的煤炭储量远高于石油和天然气，在未来较长一段时间内，煤炭在一次能源占比和消费中将占据着最为重要的位置。在当前煤炭资源的绿色开采、综合利用的政策下，煤炭经济的发展将迎来新的机遇和更大的市场。因此，在开采利用煤炭资源中时有事故发生，其中矿井火灾，尤其煤自燃是多发性灾害之一，造成了环境污染、资源浪费，井下工人的人身安全受到严重威胁。西部地区作为我国重要的能源战略储备地，煤炭资源储量较为丰富。近年来，我国对西部煤炭资源开采力度加大，而西部煤炭资源变质程度低，煤自然发火期短、埋藏浅，煤层间距近，顶板基岩薄、漏风严重，每年烧毁的煤炭在千万吨以上。随着开采进度的推进，矿井的主采煤层（上煤层）已经或者即将开采完毕，逐步转向第二层煤层（下煤层）开采；上煤层采空区存在大量的孔隙及空间，给砂岩、砾岩等含水层蕴含的大量水提供了蓄水环境，采空区内积水现象普遍存在。在对下煤层进行开采时，需要进行疏放水，此过程释放了大量的空间，伴随着漏风加剧，出现“水退氧进”的局面，导致矿区煤层面临着非常严重的自燃灾害问题。

近些年，煤自燃防治已经成为国际性难题。在近距离煤层群开采中，发生煤自燃及具有高温安全隐患的区域一般出现在开采煤层的上部采空区。在开采下部煤层时，为了避免因上覆采空区积水造成的安全隐患，一般采用钻孔的方法对上覆采空区进行疏放水，在疏放水后大量氧气透过裂隙进入采空区，风干煤的孔隙结构由于预氧化后较长时间浸水也会发生较大变化，大大增加了上覆采空区煤自燃的可能性，此条件下造成的煤体氧化自燃现象是本书研究的重点。

导致浸水煤自燃的原因有很多，找出影响其自燃的宏观与微观原因,以及发生浸水自燃的先决条件是控制火灾的关键。本书采用理论与实验相结合的方法,针对矿井采空区内出现的浸水煤自燃问题,研究了浸水风干周期对煤样的氧化燃烧特性。利用电镜扫描、比表面积孔径实验对浸水煤体、预氧化浸水煤体的外观形貌进行分析,得到了浸水煤体、预氧化浸水煤体的孔径演化特征,利用孔隙结构的变化,可进一步证明煤样低温氧化的耗氧量的变化,从而引证出煤样低温氧化燃烧规律;通过红外光谱实验,得出了外部条件下煤体的微观官能团的迁移规律,分析了官能团的断裂热量的吸收和释放量的变化以及指标气体的生成特征;运用程序升温以及热分析实验,建立了氧化动力学宏观产气特性,得出了煤燃烧时动态热转化进程。不同矿压下的饱水煤体燃烧特性也是采空区内防治煤燃烧的不可忽略的因素,本书的研究主要根据不同应力加载下煤样的氧化升温特性,监测了煤-氧热演化过程中孔隙率的变化、产热速率、传热特性等参数。本研究结果对含水量大的采空区浸水煤自燃的防治具有重要的实践意义。

本书的研究得到了国家自然科学基金面上项目(51874131,52174163)的资助。在此表示感谢!

本书是作者结合硕士期间研究内容,并在博士期间对课题继续完善创作的。本书的创作内容是在我的导师牛会永教授和徐永亮副教授的指导下完成的,作为我科研路上的引路人,两位老师严谨的治学态度是我一生学习的榜样!

由于作者水平有限,加之时间较为仓促,书中难免有疏漏之处,敬请读者批评指正!

著　者

2022年于北京科技大学

目　录

1 绪　论

1.1 研究意义

近年来，太阳能、风能、生物质能等新能源得到广泛的发展和应用，但化石燃料在未来很长的时间内仍将是主要的应用能源[1]。煤炭是仅次于石油的第二大燃料能源（占总能源的 27%），常用于钢铁生产和发电[2]，且仍将是重要的能源燃料。煤炭自燃是煤炭生产过程中最大的安全隐患，煤炭自燃诱发的火灾会造成人员伤亡、资源浪费和生态污染等问题，阻碍了世界各国环境和经济发展长达数百年[3]。煤炭自燃和燃烧产生的碳氧化物是破坏气候的重要因素[4]。随着煤炭产量和消耗量逐年增加，煤自燃带来的问题愈发严峻，使世界碳氧化物总排放量逐年升高，其中，中国、美国、印度、俄罗斯的 CO_2 总排放量位居世界前列。产煤大国存在多个易自燃矿区，例如，中国存在 130 多个中大型易自燃矿区，每年煤自燃引起火灾隐患数千次[5]。

近年来，浅部煤层开采近乎枯竭，煤炭开采已经逐渐转向深部煤层。部分地区开采深度已达 1 500～2 000 m[6]。当前，中国的煤炭资源分布呈现“东少西多，东深西浅”的规律。煤炭发展的主要趋向为控制东部矿区，稳定中部开采，大力发展西部地区[7]。

中国西部煤炭资源储量丰富，多属易自燃煤，煤层埋藏浅，相邻煤层间距小，变质程度与煤岩组分相近。近年来，西部矿区的上覆主采煤层开采即将完成，下覆煤层开始逐步成为主采煤层。由于煤层埋藏浅，上、下覆煤层与地表面存在大量的贯通孔隙和煤岩层裂孔。受地下水流动、地表水渗入和孔隙、裂隙储积老水的影响，上覆煤层开采后留下的采空区存在大量的积水，采空区遗煤被长期浸泡。开采下覆煤层时，为了避免煤层涌透水，影响下覆煤层开采，需要对上覆采空区积水进行抽放。上覆采空区空间大，不同区域的积水状况和覆盖区域不同，需要大范围、近距离布置钻孔排水。在开采下覆煤层的过程中，煤岩层连通孔被侵蚀扩大，裂隙、侵蚀孔和排水钻孔成为气体交换通道。在积水探放过程中，采空区“水-气”交换，长期的漏风使采空区浸水遗煤逐渐被风干，并处于良好的氧气环境中，煤的自燃危险再次提高。例如，西部神东煤炭集团补连塔矿区在探放水过程中发现了上覆采空区遗煤发生了自燃，浸泡风干煤的自燃特性不确定，且采用常规的灭火技术无明显效果，导致下覆工作面煤层的封闭遗弃，造成了巨额的经济损失[8]。因此，考察上覆采空区浸水煤氧化特性与浸水煤风干后的自燃与再燃特性对煤自燃的防治更具针对性。

中国东部矿区浅部煤层开采枯竭，煤炭开采逐年深入(10～20 m/a)，深部矿井开采深度已达 800～1 500 m。随着开采的深入，地温和地应力逐渐增大，煤岩愈发破碎，煤自燃危险升高。随着深部上覆煤层采动过程顶板放落，遗煤破碎、压实，而岩石顶板断裂和冒落状况不同，使采空区压力场呈现非均态分布，采空区不同区域的遗煤破碎和压实情况不同，造成遗煤的孔隙率和渗透率非均态分布[9]，漏入气体运移阻力不同，使采空区氧气场非均匀分布。深部上覆采空区煤岩的气体运气阻力和透过率不同，使采空区不同区域的漏风强度和热交换率不同，造成了采空区温度场的动态变化。遗煤温度主要受煤岩温度和环境温度影响，采空区气氛环境主要受漏风率和漏风强度影响，因此，深部高温、高湿、低氧和冒落带煤岩承压状况会直接影响采空区浮煤自燃特性。

煤自燃是复杂的煤氧反应过程。煤中的黄铁矿、细菌、酚基对煤氧化产热均存在一定影响，煤氧复合作用和自由基与氧的链式作用是煤氧化自热的主要原因[10]。煤的表面结构和环境因素是影响煤氧化的外部宏观因素。煤中的金属离子、原子结构和基团类型是影响煤氧化的微观因素[11-12]。采空区持续漏风是氧气的主要来源，煤岩温度影响煤体原始温度，煤吸附氧气氧化产热蓄积是煤温升高的主要原因，煤堆透风量决定煤的散热程度，透风量较小的煤堆内部热量持续蓄积，直至煤自然发火。

针对未来煤炭生产面临“东部矿区深部高温、高湿度、压力非均态分布的采空区中遗煤压实、破碎状况不同；西部近距离煤层群开采中，上覆采空区浸水风干煤的孔隙结构和自燃特性变化大”等特点，研究采空区低氧气氛中浸水煤和浸水风干煤的孔隙结构和微观特征演化机制，进而揭示浸水煤与浸水风干煤的氧化特性和自燃周期的变化规律；探究深部矿井采空区热-应力场、热-气流场(温度-氧气)的耦合规律，以及承压煤体的渗透孔隙发育规律，探析深部矿井上覆采空区的氧化热特征和启封复燃特性，揭示热-气流场中地温氧化遗煤的氧化燃烧规律、热-应力场中的高低温氧化承压煤的氧化产热特性，进而探究采空区浸水煤的氧化燃烧规律，对深部矿井采空区遗煤自燃和西部上覆遗煤自燃防治具有重要的工程应用价值，对绿色矿山、安全开采和灾害防治具有极大的理论参考作用。

1.2 国内外研究现状

1.2.1 煤自燃与再燃机理研究

在煤炭开采过程中，受煤自身性质、环境因素和地质条件的影响，煤处于持续的动态氧化进程。国内外研究人员对煤氧化自燃的发展过程开展了大量研究。

对于煤自燃机理的研究，始于17世纪的黄铁矿学说，并于19世纪相继诞生了酚基作用、细菌作用和煤氧复合作用理论，由此开始了向煤氧化过程广泛涉及的物质作用的探索。直至21世纪，研究学者将研究视线转移到了煤的微观基团迁移规律的分析上，由此产生了自由基理论[13]、氢作用理论[14]、群作用理论[15]及电化学理论[16]等新机理，主要探索了煤中的原子结构、离子和活性基团对煤自燃的诱导作用。其中，煤氧复合作用和自由基理论为多数学者所接受，即煤中的黄铁矿、细菌、酚基对煤氧化产热均存在一定影响，但煤中自由基与氧的链式作用是煤氧化自热的主要原因。

近年来，学者们对煤自燃倾向性测定表示方法和氧化动力参量等开展了研究。其中，煤自燃倾向性的实验测定和表示法有可燃性温度(FT)、热重分析(TGA)、交叉点温度(XPT)、差示扫描量热法(DSC)等。表示煤内在因素与环境等外在因素的氧化动力参量有Olpinski指数、WitsEhac指数、Wits-CT指数、活化能、氧化速率等[17-18]。例如，仲晓星等[19]研究了煤自燃倾向性的测定方法，实现对煤自燃倾向的准确鉴定。徐精彩等[20]研究认为耗氧速率、放热强度等特征参量可准确表示煤自燃倾向和进程。杨永良等[21]设计构建了煤自燃放热强度与导热系数测定系统，并验证了系统测试结果的可靠性。宋万新等[22-23]研究了煤氧化产物的生成规律，发现煤氧化产物与甲烷和氧气分别呈现出正向和反向的滞后现象。在煤的分子结构和微观化学组分的研究中，D. Koopmans等[24-25]研究了煤自燃的活化能理论。王德明等[26]使用量子化学、氧化动力学、分子动力学表示了煤的分子结构特征，并分析了煤自燃产热产物的反应机理。秦跃平等[27]研究发现煤的粒径对煤自燃有着重要的影响作用。J. Y. Zhao等[28]通过研究特征温度低氧环境下煤的微观变化，发现不同氧浓度对煤活性官能团的作用不同。B. Z. Zhou等[29]提出惰性气氛环境会减少煤中活性基团含量从而降低煤的氧化活性。

煤开始暴露于空气时，即开始了氧化产热进程，此阶段多依靠物理吸附氧气，缓慢氧化产生热量的积聚会促进煤氧化，煤表面光泽逐渐减弱。缓慢氧化产热积聚到临界温度后，煤开始进行化学吸附氧化，此时煤的热量来源为物理吸热和化学产热，产生的热量持续积聚，直至达到煤的着火温度发生自燃。受孔隙水漏入采空区浸泡煤体和采空区封闭等影响，煤氧化产热要素中断，氧化反应被抑制终止。随着下覆煤层开采的深入，上覆采空区储积水抽放工作和深部矿井地温升高，浸水煤逐渐显露。随着煤岩裂隙和煤层间孔隙的发育、演化，封闭采空区漏风逐渐增多，浸水煤再次暴露于氧气中，并逐渐被风干，使煤再次发生低温氧化、高温自热和自燃。

煤自燃受煤体结构、性质影响。因此，为了有效防治采空区遗煤自燃，众多学者对采空区遗煤的二次氧化特性进行了大量研究。其中，在煤的宏观氧化特性的研究中，邓军等[30-31]比较了原煤与二次氧化煤的氧化速率和氧化气体产量，发现二次氧化煤在低温氧化阶段的氧化倾向较强，且呈现出氧化强度前期强后期减弱的趋势。张辛亥等[32]研究了氧化煤二次氧化的自燃特征变化。陆伟等[33]比较了原煤与不同氧化程度的煤二次氧化时的耗氧速率、放热强度、特征温度等氧化特征参量与氧化动力学参量的变化规律，发现氧化煤地温氧化阶段的氧化倾向较强，且在贫氧环境中活化能较高。M. Mahidin 等[34]研究了氧化煤二次氧化时，煤水分、挥发分等的变化。在对煤二次氧化后煤体微观结构变化的研究中，胥哲等[35]通过比较工作面新鲜煤与氧化煤的官能团类型及含量的差异，认为氧化煤中的脂肪烃链断裂，醇、酚被氧化产生惰性碳氧键，使脂肪烃基减少，碳氧双键含量增多，宏观表现出煤的燃点降低。褚廷湘等[36]分析了原煤氧化前后的红外光谱特征，研究了煤的微观结构和官能团分布特征，认为煤中的羟基和侧链亚甲基的氧化活性较强，经过氧化后，煤表面的活性含氧基团增多，活性基团分布的面积逐渐扩张，且不同氧化程度煤的官能团种类及其分布不同。戴广龙等[37-38]研究了不同氧化温度后煤分子的微晶结构层特征，发现随氧化温度升高芳香层片的平均直径逐渐增大，且结构层反应越多所需的热量越大。

综上所述，煤自燃是复杂的煤氧反应过程。煤自燃受自身氧化特性、环境和地质条件等众多因素影响。众多学者对煤氧复合作用和自由基连锁反应进行了深入的机理探究，揭示了煤氧化进程中组分参量、孔隙结构和微观特征的变化过程及其连锁作用规律。随着东部浅部煤炭资源的开采完成，煤炭开采逐渐进入深部，且主要煤炭产地逐步转向西部转换。深部遗煤受热-应力场、热-湿场、热-氧场变化影响，煤的自燃特性发生了较大变化；西部的储煤条件异于东部矿区，煤层性质也存在差异，导致现存的煤自燃机理的应用可能受到约束。因此，需结合现有的煤氧作用机理和防治措施，继续研究不同环境下的煤氧化作用宏观、微观的连锁作用规律，挖掘煤自燃的影响因素，揭示煤自燃机理。

1.2.2 浸水风干煤自燃特性研究

煤层开采完成后，需放落顶板，封闭采空区，防止煤自燃。由于煤岩裂隙的发育和贯通，地表水、裂隙水和生产用水逐渐渗入采空区，使长期封闭的采空区遗煤被浸泡。开采下覆煤层需对上覆采空区积水进行抽放，由于下覆工作面风量漏入，浸泡的遗煤显露于氧化气氛环境中，煤岩层间裂隙和地表贯通裂隙成了空气运输通道，采空区漏风则为浸水煤营造了适宜的氧化气氛环境，导致在开采下覆煤层过程中，上覆采空区遗煤多次发生煤自燃事故，表现出浸水煤较原煤更易自燃。对此，研究学者开展了浸水煤自燃特性的相关研究。

煤是有机物与无机物的复杂结合体，具有复杂的孔隙结构。这些复杂的表面孔隙结构常作为煤体吸氧和运输氧气的通道，对煤氧化进程有着重要的影响。在对浸水影响煤物理结构作用机理的研究中，秦波涛等[39-40]研究了浸水风干煤表面结构的变化特征，发现浸水风干煤的表面孔隙分布更为密集。这是由于煤进水后，水分填充在煤孔隙内，溶解了可溶矿物，破碎煤质，增大了煤的表面平均孔径，增加了孔隙数量，使煤在浸水过程中进行了“孔隙二次发育”。宋爽[41]研究发现水浸煤风干后，部分煤体吸收水触发了煤孔隙的不可逆溶胀，破坏了煤内部高分子交联结构，并溶解部分有机物和无机物。孙旭明[42]研究了煤浸水后溶出物质与孔隙结构变化的关联作用，发现水浸后煤中钠离子和钙离子大量溶出，孔容和比表面积增大，从而提出了浸水后煤中的矿物岩石发生了溶胀和裂解。司磊磊等[43]研究浸水煤风干过程中的孔隙结构变化，认为煤浸水后，矿物质首先开始溶解，煤基质随之逐渐溶胀，直到煤基质整体大幅变形后，大量矿物质溶解，导致煤孔隙坍塌，部分孔隙贯通，煤的总孔容和比表面积降低。

在对浸水煤自燃特性的研究中，梁晓瑜等[44]研究发现浸水可对煤自燃产生促进和抑制作用，浸水状况不同，对煤自燃的作用不同。D. K. Nandy 等[45-46]研究了浸水煤的氧化特征参量，发现浸水风干煤氧化升温过程中，指标气体产量增加，耗氧量增大，交叉点温度降低，自燃倾向显著增强。郭小云等[47-48]研究了浸水对煤的作用，发现煤中水分含量越大，对煤自燃的抑制效果越好，且浸水对煤的作用与含水量对煤的影响机制不同，其中，浸水会影响煤的物理和化学结构。何启林等[49]研究了不同煤种在不同含水量状态下的放热特性，发现水分对煤的作用存在临界值，超过临界值会抑制煤氧化，低于临界值则会催化煤氧化反应。魏子淇[50]研究了水分对煤氧化的影响机理，认为水分主要通过水氧络合作用、水分蒸发吸热、水分溶解溶胀煤基质的作用来影响煤的氧化产热。文虎等[51-52]研究了浸水过程对煤自燃放热特性的作用，发现浸水煤极限放热强度大于原煤；含水量不同对煤放热量和放热速率的作用效果不同，且浸水后煤的燃烧活化能基本不变，失水活化能、着火活化能和氧化放热量增加。

在对浸水煤微观化学结构变化的研究中，何启林等[49]研究了多种煤种低温氧化阶段的官能团变化，发现煤低温氧化阶段主要参与氧化反应的基团为亲水性羟基和羧基。王青松等[53]研究了水分对煤吸热进程的影响，煤中的羧基、羟基和其他极性亲水基团的含量可影响煤的湿润性。乔玲[54]研究了浸水煤自燃特性发现不同变质程度的煤经过浸水处理后均发生了芳环缩合，脂肪烃侧链稳定性降低，活性含氧基团和脂肪烃基含量增多，不易自燃煤的官能团含量变化相对较小。赵文彬等[55]研究采空区浸水煤低温氧化进程，发现了相似的基团变化规律，并指出浸水煤失水后，煤的含氧基团增多，煤氧化活性增强。文虎等[56]结合浸水煤宏观氧化产气特征，进一步验证了浸水煤表面活性基团升高的变化规律，并发现浸水煤中脂肪烃和含氧官能团大幅增多，氧化活性位点增多。

下覆煤层开采时，上覆采空区遗煤自燃多为二次氧化进程。对于煤二次氧化自燃的研究，徐精彩[57]通过实验与现场工况结合，研究了采空区遗煤的二次氧化自燃特性，并分析了抑制煤二次氧化的方法和材料。刘利等[58]探究了煤二次氧化的宏观氧化参量，发现早期低温氧化阶段的预氧化对煤二次氧化具有正向催化作用，二次氧化时煤的特征温度明显提前。文虎等[59]进一步测试了煤二次氧化时的宏观氧化参量，发现二次氧化煤的碳含量减少，氧含量增大，自燃倾向更强。

综上所述，目前对浸水煤的物理结构、微观化学结构与组分、氧化自燃特性的研究较为成熟，但对浸水风干煤氧化自燃特性变化的影响因素的挖掘仍然欠缺。因此，为了探究浸水对煤自燃的影响机制，还需分析因浸水风干周期对煤氧化自燃的影响作用，并对不同漏风条件下的氧化浸水煤进行研究，以揭示浸水煤自燃升温和发火的作用机理，以及浸水煤氧化自燃特性的发展趋势。

1.2.3 低氧高热对煤自燃特性的影响

深部遗煤受高温热害影响，导致煤自燃问题愈发严重[60]。2010—2019 年，中国发生重大煤自燃事故 55 起，共造成 1 047 人死亡[61]。这是由于煤的氧化活性受环境影响明显[62]，在高地温环境中，煤的微观结构和氧化活性会发生变化，煤炭自然发火隐患增加。为了探究深部热环境中遗煤的自燃特性，众多学者对深部热煤氧化过程中的热物理参数和微观结构变化进行了研究。

热动力学是分析物质物理变化与化学反应的数理分析方法。煤的热动力学分析主要集中在煤的热裂解、络合物的分解、酶催化等微观反应。近年来，众多学者分析了煤低温氧化阶段的热动力学特征。M. L. E. TeVrucht 等[63]研究了高热氧化煤的微观结构和氧化放热参量，发现氧气为定量时，煤氧化产热主要受煤的粒度、氧化程度和温度的影响，受煤中矿物影响较小。彭本信[64]研究了不同变质程度煤氧化过程的热释放量，发现变质程度高的煤种的放热强度较高。舒新前等[65-66]研究了煤氧化过程多阶段放热强度和氧化热参量的变化，并通过实验与Elovich方程分析了煤低温氧化过程中的氧化气体产物与活化能的连锁关系。

针对地温对煤自燃特性的影响，郭兴明等[67-68]研究了地温对煤氧化放热强度、氧化蓄热条件和供氧气氛环境的影响作用，分析了煤温与耗氧速率、放热强度的数理模型，并经实验验证了地温对煤氧化放热强度的影响效果，发现高热地温可提供良好的蓄热环境和氧气条件，促进了煤的氧化产热与蓄热。这是由于高地温增大了漏风动力，产生热量风压，促进了漏风和采空区旧气交换，为煤氧化提供了良好的氧化气氛环境；高地温提高了煤岩温度，导致煤氧化起始温度升高，从而更易达到煤自热条件。李骏勇[69]研究了高热地温对巷道辐射热的影响作用，认为地温的升高提高了煤温，提高了巷道内的环境温度，减小了巷道辐射热，减少了环境温度的热损失，提高了煤自燃的危险性。翟小伟等[70]研究了孟巴高温矿区煤氧化特性，认为高温环境增大了通风负压，且大量的高温遗煤易蓄积热量，造成而发生高热煤层极易自燃。许涛[71]研究了煤自热升温过程不同阶段的氧化放热特性，认为缓慢升温氧化阶段煤的放热强度较小，仅占整个放热过程的1/5；煤氧化达到快速升温阶段后，放热量明显增大，热量累积加快，此时煤中的基团更易被活化反应释放热，即不同氧化阶段的热动力参量不同，高热地温对煤低温氧化阶段有着明显的影响。

为了探究深部热环境中遗煤的自燃特性，众多学者对深部热煤氧化过程中的热物理参数和微观结构变化进行了研究。J. Deng等[72]比较了煤氧化与再氧化过程中的热参量，指出氧化煤的热导率和热扩散率高于原煤。高温预热煤氧化时，煤的加热速度较快。H. F. Lv等[73]指出高温氧化煤的产热速率高于原煤，但其整体的放热强度会降低。为了探究热处理对煤的影响作用，建立了临界氧化温度计算方法，低于临界氧化温度时，预氧化会提高煤的氧化活性。Y. L. Xu等[74]分析了高温氧化煤的重燃特性，认为热环境会增大煤的孔隙，降低燃点，激活部分活性自由基，提高煤的氧化活性。J. W. Cai等[75-76]认为煤中的自由基受环境温度影响，随环境温度升高煤中的甲基和亚甲基逐渐减小，羟基、芳香烃的含量增加，煤的氧化活性增大，从而提高了煤的自燃风险。而较高的温度则会降低煤中活性官能团的含量，降低煤的氧化敏感性，从而抑制煤的自燃。

综上所述，目前多数学者对氧化煤放热强度、热释放速率、导热率等热物理参数和官能团类型及含量已有较为成熟的研究，大多集中在上部采空区内氧化煤二次氧化自燃特性的研究领域，关于深部高温、高湿、低氧热环境中遗煤自燃特性研究较少。随着开采深入，地温升高，煤岩温度上升，煤体温度（等同初始氧化温度）、蓄热环境和气氛条件发生了变化，煤的氧化放热强度、耗氧速率等自燃特性随之变化。因此，需要对深部矿井高热地温、高湿、低氧热环境中遗煤自燃特性进行测试研究，探究深部热煤的氧化热动力参量的变化规律，揭示深部矿井热煤的自热、蓄热和自燃机理，为深部煤层开采提供理论支撑。

1.2.4 深部开采遗煤氧化自燃特性研究

煤层开采过程中顶板冒落，采空区冒落带浮煤逐渐压实，采空区孔隙率和裂隙程度直接影响煤自燃。因此，冒落带状况不同，漏风强度不同，导致浮煤自燃的供氧和蓄热条件不同。针对这种情况，学者们对采空区冒落带承压环境破碎煤体堆积状态和渗流特性进行了大量研究。

在对采空区冒落带承压环境破碎煤体堆积状态的研究中，钱鸣高等[77]测试了岩层内部移动状态，研究了上覆岩层受采动影响破裂规律，构建了岩体“砌体梁”模型，提出了关键层理论和采动裂隙“O”形圈理论。宋振骐等[78]提出了“传递岩梁”假说；曹树刚[79]提出了复合压力拱概念。古全忠等[80]研究了顶板运动规律，发现上覆岩层运动呈现“拱-梁”结构特征。靳钟铭等[81]研究了上覆煤岩体的放落规律。张顶立[82]研究创建了“半拱式”和“砌体梁”等新式综采面覆岩结构。吴立新等[83]提出了条带开采条件下的覆岩托板控制理论。石必明等[84-85]探究了煤层采动时上覆煤岩移动和裂隙发育规律，分析了上覆岩体移动后保护层应力特征，并研究了开采煤岩的应力场、变形特征、裂隙发育规律，发现上覆岩体卸荷时，煤岩裂隙发育迅速并高度变形。来兴平等[86-88]通过相似理论，模拟并研究了开采围岩在条带、大倾角、多煤层等状况下开采的应力分布规律。马占国等[89]研究了松散体应力与渗透率的关联作用，发现渗透率与应力呈负指数相关。缪协兴等[90]研究了破碎煤岩体的渗透特性，探究了破碎岩体不同承压状态下的渗透性变化规律。李顺才等[91]通过破碎岩石加载，研究了破碎砂粒、灰岩等孔隙变化规律。张春等[92-93]研究了采空区破碎岩石的应力分布特征和变化规律，探究了碎胀系数与应力的关联作用，模拟并分析了采空区承压环境下渗流场的变化，发现压力载荷对渗流场和蓄热环境具有明显的影响作用。

可看出，众多学者研究了压力作用下破碎介质的渗透分布规律及冒落带应力场分布规律，并得出了压力场下的松散介质渗透场分布不均的结论，但少有涉及承压煤自燃特性的探索。然而，采空区应力场的分布与变化会改变漏风状态、环境温度、浮煤孔隙率、碎胀系数等，从而直接影响煤的吸氧氧化进程和产热蓄热条件[94]。对此，有必要研究压力状态对破碎介质孔隙渗透率的影响作用。

采空区应力场决定顶板冒落形态，对渗透率、孔隙率的变化有着重要影响。在对承压破碎煤渗流特征的研究中，K. H. Wolf 等[95-96]模拟非连续介质承压状态下的渗透率和孔隙率的变化，研究了煤层吸附溶胀、承压变形对渗流特征的影响。赵阳升等[97-98]研究了煤岩承压状态下的煤体变形与渗流特性的变化，构建了双重介质非线性渗透率模型和有效应力渗透率方程，揭示了载荷条件对煤体力学性能和渗流特性的作用。谢和平等[99]构建了4种增透率模型，并通过实验和现场测试验证了模型的适用性和准确性。卢平等[100]研究了煤体受载应变过程中的介质孔隙率和渗透率的变化规律，建立了工作面与采空区流场的数学计算模型。尹光志等[101]研究了煤层采动过程应力载荷和渗透率的动态氧化规律，并探究了加卸载过程有效应力与渗透率的关联作用。Y. Meng等[102]研究发现随着煤体承载应力增大，煤体孔隙率和渗透率逐渐降低，并呈现指数负相关的变化规律。

因此，目前对承压煤孔隙率和渗透率的研究主要通过模拟分析和数学模型计算实现。对承压破碎煤孔隙率和渗透率演化规律的实验研究相对较少。采空区浮煤多为破碎程度不一、粒径不同的破碎煤体，受到冒落岩体的施载加压后，破碎浮煤形成了承载组合煤，煤的孔隙率、渗透率和粒径发生了变化，直接影响了煤吸氧和储氧能力，导致煤的自燃特性改变。因此，仍需研究承压煤的渗透特性、孔隙结构特征和自燃特性的变化规律。

综上所述，目前众多学者开展了大量的承压破碎煤的堆积状态和渗流特征的研究，并揭示了压力载荷对煤体应力分布和渗流特征的影响作用，但大多集中在单因素影响作用的考察，而采空区多为温度场、湿度场、流场和应力场的复合环境，且煤的表观特征和微观结构受多因素协同作用影响。因此，有必要继续开展热应力耦合、湿应力耦合、气氛应力耦合对煤的宏观特征和微观结构影响的研究，通过实验手段探究承压破碎煤的氧化动力参量的变化规律和影响因素，揭示承压破碎煤自燃机理，为上覆采空区煤自燃防治提供指导方案。

1.3 研究内容

目前对煤自燃特性的研究主要以原煤为主，近些年关于浸水煤体也有少许研究。目前的研究主要体现在：分析不同浸水时间、不同地区的浸水煤样的微观物理结构变化、煤样内部各基团变化度以及热分析的氧化自燃特性。针对神东等浅煤层长期浸水膨胀特性，贫氧条件下浸水煤体二次氧化还鲜有涉及，尤其是通过氧浓度梯度变化下浸水后的煤体的物理化学规律，各种参数存在条件下浸水煤的自燃特性差异的内部机理有待研究，煤体氧化产气、放热特性和物理结构在各种条件限制下的差异没有进行综合考虑。同时，在深部矿井区，同样存在着高湿高热造成的煤自燃灾害，系统地分析矿井因水分造成的自燃灾害是当下亟须解决的问题。

(1) 浸水风干周期影响煤样氧化燃烧进程。对原煤样以及高温氧化下的不同浸水时长煤样进行程序升温实验,SEM形貌变化实验,比表面积孔径分析实验以及红外光谱实验,分析了不同浸水时长煤的孔结构变化、官能团的含量以及低温氧化气体释放特性;找到了高温氧化下不同浸水时长煤样的宏观与微观特征,得出了浸水时长对不同处理煤样热反应特征的影响。

(2) 氧化浸水煤体的复燃规律。通过微观与宏观实验,分析了预氧化煤样(预氧化温度为80 ℃、120 ℃、160 ℃、200 ℃)的复燃规律;通过观察高温氧化(200 ℃、300 ℃)煤样的形貌变化,结合孔径大小、比表面积演变、吸(脱)附量以及随孔径变化的累计孔容转变量,找出在不同处理条件下煤样物理结构演化特性;总结了不同升温速率下氧化进水煤体的热特征演化进程。

(3) 低氧环境下高温氧化浸水煤样的燃烧规律。运用低温氧化实验以及热分析实验,结合微反应过程,通过控制不同氧浓度(21%、15%、10%、5%、3%),得出了高温氧化浸水煤样的指标气体释放特征、升温特性、着火点温度;分析不同氧浓度下煤的着火机制的转化、燃烧阶段演变过程;找出了热吸收与热释放状态下的特征参数,如初始放热温度、最大吸(放)热温度、最大吸(放)热量、突变温度,对比分析总吸放热量的变化;量化分析各官能团转变规律,总结出预氧化浸水煤样的二次氧化机制。

(4) 深部开采高湿矿井遗煤燃烧特性。对煤样进行热处理(30~60 ℃)后,探究其孔隙结构以及官能团的迁移变化,得出模拟高地温下煤样的微反应机理,以及宏观指标气体释放以及升温进程的转换;通过构造饱水型煤,探究其在0 MPa、2 MPa、4 MPa、6 MPa轴压下的升温特性,以及燃烧残余煤样的放热特性,找到特定轴压下规避型煤燃烧的依据。

(5) 煤矿火区抑燃高效材料进展。用于煤自燃防灭火材料众多,不同类型材料的作用位点不同。本书对煤自燃防灭火材料的研究进行了阐述,分别论述了物理阻隔材料、化学抑制剂、复合材料和其他领域的防灭火材料的制备方案和作用效果,结合基料特点和材料性质分析了煤自燃抑制材料的改良复配方案。可为CSC防灭火材料的研究和改良提供参考,对煤炭安全生产具有潜在的指导作用。

参考文献

[1] DUDLEY B.BP statistical review of world energy June 2016[R].[S.l:s.n.],2019.

[2] DI GIANFRANCESCO A.Worldwide overview and trend for clean and efficient

use of coal[M]//Materials for ultra-supercritical and advanced ultra-supercritical power plants. Amsterdam: Elsevier, 2017: 643-687.

[3] 步允川，徐永亮，刘泽健，等.初始氧化温度对浸水长焰煤二次氧化特性的影响机制[J].中国安全生产科学技术，2020，16(5)：64-69.

[4] QIN Y R. Does environmental policy stringency reduce CO_2 emissions? Evidence from high-polluted economies[J]. Journal of cleaner production, 2022, 341: 130648.

[5] 李光.采空区瓦斯抽采条件下煤自然发火规律及关键防控技术研究[D].青岛：山东科技大学，2019.

[6] DONG L J, TONG X J, LI X B, et al. Some developments and new insights of environmental problems and deep mining strategy for cleaner production in mines[J]. Journal of cleaner production, 2019, 210: 1562-1578.

[7] 晏涛.促进中部崛起研究[D].北京：中国社会科学院研究生院，2012.

[8] 李鑫.浸水风干煤体自燃氧化特性参数实验研究[D].徐州：中国矿业大学，2014.

[9] 杨永良，李增华，陈奇伟，等.利用顶板冒落规律研究采空区自燃"三带"分布[J].采矿与安全工程学报，2010，27(2)：205-209.

[10] LOPEZ D, SANADA Y, MONDRAGON F. Effect of low-temperature oxidation of coal on hydrogen-transfer capability[J]. Fuel, 1998, 77(14): 1623-1628.

[11] MA D, QIN B T, SONG S, et al. An experimental study on the effects of air humidity on the spontaneous combustion characteristics of coal[J]. Combustion science and technology, 2017, 189(12): 2209-2219.

[12] TARABA B, PAVELEK Z. Investigation of the spontaneous combustion susceptibility of coal using the pulse flow calorimetric method: 25 years of experience[J]. Fuel, 2014, 125: 101-105.

[13] WANG H, DLUGOGORSKI B Z, KENNEDY E M. Theoretical analysis of reaction regimes in low-temperature oxidation of coal[J]. Fuel, 1999, 78: 1073-1081.

[14] 邓军，徐精彩，陈晓坤.煤自燃机理及预测理论研究进展[J].辽宁工程技术大学学报(自然科学版)，2003，22(4)：455-459.

[15] 崔传波.温敏胞衣阻化剂抑制煤自燃机理研究[D].徐州：中国矿业大学，2019.

[16] WU M Y, HU X M, ZHANG Q, et al. Growth environment optimization

for inducing bacterial mineralization and its application in concrete healing[J].Construction and building materials,2019,209:631-643.

[17] ONIFADE M,GENC B.A review of research on spontaneous combustion of coal[J].International journal of mining science and technology,2020,30:303-311.

[18] ONIFADE M,GENC B.Spontaneous combustion liability of coal and coal-shale:a review of prediction methods[J].International journal of coal science & technology,2019,6(2):151-168.

[19] 仲晓星,王德明,戚绪尧,等.煤自燃倾向性的氧化动力学测定方法研究[J].中国矿业大学学报,2009,38(6):789-793.

[20] 徐精彩,薛韩玲,文虎,等.煤氧复合热效应的影响因素分析[J].中国安全科学学报,2001,11(2):31-36.

[21] 杨永良,李增华,高思源,等.松散煤体氧化放热强度测试方法研究[J].中国矿业大学学报,2011,40(4):511-516.

[22] 宋万新,杨胜强,蒋春林,等.含瓦斯风流条件下煤自燃产物CO生成规律的实验研究[J].煤炭学报,2012,37(8):1320-1325.

[23] 周福宝.瓦斯与煤自燃共存研究(Ⅰ):致灾机理[J].煤炭学报,2012,37(5):843-849.

[24] KOOPMANS D,BERG P.An alternative to traditional seepage meters:dye displacement[J].Water resources research,2011,47:1-11.

[25] BONELLI S. Approximate solution to the diffusion equation and its application to seepage-related problems [J]. Applied mathematical modelling,2009,33(1):110-126.

[26] 王德明,辛海会,戚绪尧,等.煤自燃中的各种基元反应及相互关系:煤氧化动力学理论及应用[J].煤炭学报,2014,39(8):1667-1674.

[27] 秦跃平,宋宜猛,杨小彬,等.粒度对采空区遗煤氧化速度影响的实验研究[J].煤炭学报,2010,35(增刊1):132-135.

[28] ZHAO J Y,ZHANG Y L,SONG J J,et al.Microstructure of coal spontaneous combustion in low-oxygen atmospheres at characteristic temperatures[J].Fuel,2022,309:122132.

[29] ZHOU B Z,YANG S Q,YANG W M,et al.Variation characteristics of active groups and macroscopic gas products during low-temperature oxidation of coal under the action of inert gases N_2 and CO_2[J].Fuel,2022,307:121893.

[30] 邓军,赵婧昱,张嬿妮,等.陕西侏罗纪煤二次氧化自燃特性试验研究[J].中国安全科学学报,2014,24(1):34-40.

[31] 文虎,姜华,翟小伟,等.煤二次氧化气体特征实验研究[J].煤矿安全,2013,44(9):38-40.

[32] 张辛亥,李青蔚.预氧化煤自燃特性试验研究[J].煤炭科学技术,2014,42(11):37-40.

[33] 陆伟,王德明,戴广龙,等.参比氧化法研究煤低温氧化特性[J].辽宁工程技术大学学报(自然科学版),2007,26(1):21-24.

[34] MAHIDIN M, USUI H, ISHIKAWA S, et al. The evaluation of spontaneous combustion characteristics and properties of raw and upgraded Indonesian low rank coals[J].Coal preparation,2002,22(2):81-91.

[35] 胥哲,曹代勇.新鲜煤和氧化煤自燃倾向性的 FTIR 对比分析[J].中国煤炭地质,2008,20(5):4-6,23.

[36] 褚廷湘,杨胜强,孙燕,等.煤的低温氧化实验研究及红外光谱分析[J].中国安全科学学报,2008,18(1):171-176.

[37] 戴广龙.煤低温氧化过程中微晶结构变化规律研究[J].煤炭学报,2011,36(2):322-325.

[38] 余明高,林棉金,路长,等.不同温度条件下煤的恒温氧化特性实验研究[J].河南理工大学学报(自然科学版),2009,28(3):261-265.

[39] 秦波涛,宋爽,戚绪尧,等.浸水过程对长焰煤自燃特性的影响[J].煤炭学报,2018,43(5):1350-1357.

[40] 陈亮,路长,余明高,等.煤低温物理吸附氧以及水分对吸附影响的研究[J].能源技术与管理,2008,33(5):88-90.

[41] 宋爽.浸水作用对煤结构与自燃特性影响的实验研究[D].徐州:中国矿业大学,2019.

[42] 孙旭明.长期水浸煤中溶出物质及对煤自燃特性的影响研究[D].徐州:中国矿业大学,2015.

[43] 司磊磊,席宇君,王洪洋,等.水浸干燥后煤的孔隙结构及瓦斯吸附特性变化规律[J].煤田地质与勘探,2021,49(1):100-107.

[44] 梁晓瑜,王德明.水分对煤炭自燃的影响[J].辽宁工程技术大学学报(自然科学版),2003,22(4):472-474.

[45] NANDY D K, BANERJEE D D, CHAKRAVORTY R N. Applications of crossing point temperature for determining the spontaneous heating characteristics of coals[J].Journal of mines, metals & fuels,1972,20(2):

41-48.
[46] 李云飞.长期水浸风干焦煤自燃特性及参数实验研究[D].太原:太原理工大学,2017.
[47] 郭小云,王德明,李金帅.外在水分对煤低温氧化特性的阻化作用研究[J].煤矿安全,2011,42(5):9-1,15.
[48] 张磊,陆超,汪后港,等.水分对煤炭低温氧化温升特性影响的研究[J].煤炭技术,2016,35(12):198-199.
[49] 何启林,王德明.煤水分含量对煤吸氧量与放热量影响的测定[J].中国矿业大学学报,2005,34(3):358-362.
[50] 魏子淇.水分对煤低温氧化特性参数的影响研究[D].西安:西安科技大学,2018.
[51] 文虎,陆彦博,刘文永.水浸煤二次氧化自燃危险性实验研究[J].矿业安全与环保,2020,47(3):6-11.
[52] 乔玲,邓存宝,张勋,等.浸水对煤氧化活化能和热效应的影响[J].煤炭学报,2018,43(9):2518-2524.
[53] 王青松,郭耸,孙金华.供氧条件和水分对煤粉热特性的影响研究[J].火灾科学,2009,18(1):1-5.
[54] 乔玲.浸水煤的自燃特性研究[D].阜新:辽宁工程技术大学,2017.
[55] 赵文彬,蔡海伦,李振武,等.采空区浸水失水煤样低温氧化规律研究[J].煤矿安全,2019,50(1):43-47.
[56] 文虎,王栋,赵彦辉,等.水浸煤体自燃特性实验研究[J].煤炭技术,2015,34(1):261-263.
[57] 徐精彩.煤自燃危险区域判定理论[M].北京:煤炭工业出版社,2001.
[58] 刘利,许红英,陈鹏,等.干燥脱水工艺对煤低温氧化活化能影响的研究[J].煤炭工程,2010,42(6):79-82.
[59] 文虎,陆彦博,刘文永.水浸煤二次氧化自燃危险性实验研究[J].矿业安全与环保,2020,47(3):6-11.
[60] JIA H,YANG Y,REN W,et al.Experimental study on the characteristics of the spontaneous combustion of coal at high ground temperatures[J]. Combustion science and technology,2022,194:2880-2893.
[61] 王德明,邵振鲁,朱云飞.煤矿热动力重大灾害中的几个科学问题[J].煤炭学报,2021,46(1):57-64.
[62] SARGEANT J,BEAMISH B,CHALMERS D.Times to ignition analysis of new south Wales[C]//Proceedings of the 2009 Coal Operators' Conference,

18—20 February, 2019, University of Wollongong, Wollongong, New South Wales.[S.l.:s.n.],2009:254-258.
[63] TEVRUCHT M L E,GRIFFITHS P R.Activation energy of air-oxidized bituminous coals[J].Energy & fuels,1989,3(4):522-527.
[64] 彭本信.应用热分析技术研究煤的氧化自燃过程[J].煤矿安全,1990,21(4):1-12.
[65] 舒新前.煤炭自燃的热分析研究[J].中国煤田地质,1994(2):25-29.
[66] 余明高,王清安,范维澄,等.煤与氧反应动力学数学模型及其求解[J].湘潭矿业学院学报,2001,16(3):20-23.
[67] 郭兴明,徐精彩,邓军,等.地温在煤自燃过程中的作用分析[J].煤炭学报,2001,26(2):160-163.
[68] 文虎,赵阳,肖旸,等.深井综放采空区漏风流场数值模拟及自燃危险区域划分[J].煤矿安全,2011,42(9):12-15.
[69] 李骏勇.高地湿矿井巷道煤层自燃火灾的特点及其防治[J].煤矿现代化,2006(4):31-33.
[70] 翟小伟,文虎,岳宝祥.孟巴高温矿井煤层火灾形成机理及关键控制技术的应用[J].煤矿安全,2010,41(2):46-48.
[71] 许涛.煤自燃过程分段特性及机理的实验研究[D].徐州:中国矿业大学,2012.
[72] DENG J, LI Q W, XIAO Y, et al. Experimental study on the thermal properties of coal during pyrolysis, oxidation, and re-oxidation [J]. Applied thermal engineering,2017,110:1137-1152.
[73] LV H F, DENG J, LI D J, et al. Effect of oxidation temperature and oxygen concentration on macro characteristics of pre-oxidised coal spontaneous combustion process[J].Energy,2021,227:120431.
[74] XU Y L, BU Y C, WANG L Y. Re-ignition characteristics of the long-flame coal affected by high-temperature oxidization & water immersion [J].Journal of cleaner production,2021,315:128064.
[75] CAI J W, YANG S Q, HU X C, et al. Forecast of coal spontaneous combustion based on the variations of functional groups and microcrystalline structure during low-temperature oxidation [J]. Fuel, 2019,253:339-348.
[76] XIAO Y, REN S J, DENG J, et al. Comparative analysis of thermokinetic behavior and gaseous products between first and second coal spontaneous

combustion[J].Fuel,2018,227:325-333.
[77] 钱鸣高,石平五.矿山压力与岩层控制[M].徐州:中国矿业大学出版社,2003.
[78] 宋振骐,蒋宇静,刘建康."实用矿山压力控制"的理论和模型[J].煤炭科技,2017(2):1-10.
[79] 曹树刚.采场围岩复合拱力学结构探讨[J].重庆大学学报(自然科学版),1989,12(1):72-78.
[80] 古全忠,史元伟,齐庆新.放顶煤采场顶板运动规律[J].矿山压力与顶板管理,1995(3):76-80.
[81] 靳钟铭,张惠轩,宋选民,等.综放采场顶煤变形运动规律研究[J].矿山压力与顶板管理,1992(1):26-31,103.
[82] 张顶立.综放工作面岩层控制[J].山东科技大学学报(自然科学版),2000,19(1):8-11.
[83] 吴立新,王金庄.连续大面积开采托板控制岩层变形模式的研究[J].煤炭学报,1994,19(3):233-242.
[84] 石必明,俞启香,周世宁.保护层开采远距离煤岩破裂变形数值模拟[J].中国矿业大学学报,2004,33(3):259-263.
[85] 程远平,俞启香,袁亮,等.煤与远程卸压瓦斯安全高效共采试验研究[J].中国矿业大学学报,2004,33(2):132-136.
[86] 来兴平,漆涛,蒋东晖,等.急斜煤层(群)水平分段顶煤超前预爆范围的确定[J].煤炭学报,2011,36(5):718-721.
[87] 郭文兵,柴一言.条带开采采场应力分布规律的光弹性实验研究[J].辽宁工程技术大学学报(自然科学版),1998,17(6):590-594.
[88] 尹光志,李小双,郭文兵.大倾角煤层工作面采场围岩矿压分布规律光弹性模量拟模型试验及现场实测研究[J].岩石力学与工程学报,2010,29(增刊1):3336-3343.
[89] 马占国,缪协兴,陈占清,等.破碎煤体渗透特性的试验研究[J].岩土力学,2009,30(4):985-988,996.
[90] 缪协兴,刘卫群,陈占清.采动岩体渗流理论[M].北京:科学出版社,2004.
[91] 李顺才,缪协兴,陈占清.破碎岩体非达西渗流的非线性动力学分析[J].煤炭学报,2005,30(5):557-561.
[92] 张春,题正义,李宗翔.采空区加荷应力场及其多场耦合研究[J].长江科学院院报,2012,29(3):50-54,58.
[93] 李先才.超前集中应力分布与矿山地下工程的矿压显现[J].煤炭学报,1986

(1):49-61.

[94] 晁江坤.承压破碎煤体氧化自燃特性实验研究[D].焦作:河南理工大学,2019.

[95] WOLF K H, BRUINING H.Modelling the interaction between underground coal fires and their roof rocks[J].Fuel,2007,86:2761-2777.

[96] WANG J G,LIU J S,KABIR A.Combined effects of directional compaction, non-Darcy flow and anisotropic swelling on coal seam gas extraction[J]. International journal of coal geology,2013,109:1-14.

[97] 赵阳升.多孔介质多场耦合作用及其工程响应[M].北京:科学出版社,2010.

[98] 尹光志,李铭辉,李文璞,等.瓦斯压力对卸荷原煤力学及渗透特性的影响[J].煤炭学报,2012,37(9):1499-1504.

[99] 谢和平,高峰,周宏伟,等.煤与瓦斯共采中煤层增透率理论与模型研究[J].煤炭学报,2013,38(7):1101-1108.

[100] 卢平,沈兆武,朱贵旺,等.含瓦斯煤的有效应力与力学变形破坏特性[J].中国科学技术大学学报,2001,31(6):686-693.

[101] 尹光志,李文璞,李铭辉,等.加卸载条件下原煤渗透率与有效应力的规律[J].煤炭学报,2014,39(8):1497-1503.

[102] MENG Y,LI Z P,LAI F P.Experimental study on porosity and permeability of anthracite coal under different stresses[J].Journal of petroleum science and engineering,2015,133:810-817.

2 浸水周期影响煤体氧化燃烧进程

上覆采空区遗煤经历浸水、预氧化浸水等一系列复杂过程，会发生较为明显的物理化学变化。在实际生产作业过程中，难以厘清煤样浸水周期的变化规律，针对不同浸水周期下原煤、氧化煤样的宏观和微观演变规律尚不清楚。本章主要针对井下老空区原煤、高温氧化煤在经历不同浸水时长后，氧化产热、产气过程进行研究，研究结果可为防治采空区浸水煤自燃提供理论参考。

2.1 实验部分

2.1.1 煤样的制备

本次实验用煤取自义马矿区耿村矿 2-3 煤层长焰煤，经密封储存运至实验室，处理煤样时剥离外氧化层，运用破碎机将煤样破碎，用煤样专用筛将其加工处理成 0.20～0.45 mm 粒径的煤样，装袋备用。该长焰煤煤样煤质具有易于风化、燃点极低、堆积时易自燃、中等发热量的特性，且含水量相对较低，中灰、低硫、低磷的特点，同时具有含原始吸附气体量相对较低的特性，因而能够很大限度地避免在煤样浸水处理及实验中原始吸附气体对产气的干扰。采用该矿煤样作为本次实验用煤，能更好地体现浸水风干煤体氧化自燃特性。相关煤样处理过程如下。

2.1.1.1 浸水风干煤样

取四等份处理完毕的煤样分别放进 4 个锥形瓶置于阴凉干燥处密封浸泡 0 d、30 d、90 d、150 d，过滤并沥干净水后，平铺于干燥箱内，在 30 ℃、−0.08 MPa（相对压力）下干燥 96 h 后装入密封袋，分别将其标记为：RC（原煤）、I_{30}（浸水 30 d）、I_{90}（浸水 90 d）、I_{150}（浸水 150 d），挤净袋中的空气并将密封袋放入真空干燥箱中封存以备后续实验使用。

2.1.1.2 预氧化浸水煤样

处理方式如下：取其中两份煤样（50 g）在程序升温炉中氧化，供气流量设置为 50 mL/min，供气气氛为干空，初始温度为 40 ℃，升温速率为 1 ℃/min，终温为 200 ℃和 300 ℃，恒温 5 h 后隔绝气体降至室温。取出预氧化煤样并将其浸入水中，至 90 d、180 d、260 d、340 d 取出，在常温下风干 3 d，放真空干燥箱中干燥 48 h 后装入密封袋中，分别标记为 $O_{200}I_{90}$、$O_{200}I_{180}$、$O_{200}I_{260}$、$O_{200}I_{340}$、$O_{300}I_{90}$、$O_{300}I_{180}$、$O_{300}I_{260}$、$O_{300}I_{340}$。

2.1.2 实验设备

2.1.2.1 电镜扫描实验

目前有多种测定煤样孔隙结构的方法，主要分为流体法和照射法，其中流体法主要包括压汞法与气体（CO_2、N_2）吸附法等，照射法主要包括光学显微镜法（CT 扫描）、扫描电镜法（SEM）与透射电子显微镜法（TEM）。本节主要采用氮气吸附法与扫描电镜法结合分析预氧化浸水煤样的微观孔隙的演化结构。

扫描电子显微镜（SEM）的型号为 Merlin Compact，用于观测煤样形貌变化，实验结构分析仪与内部结构如图 2-1 所示。

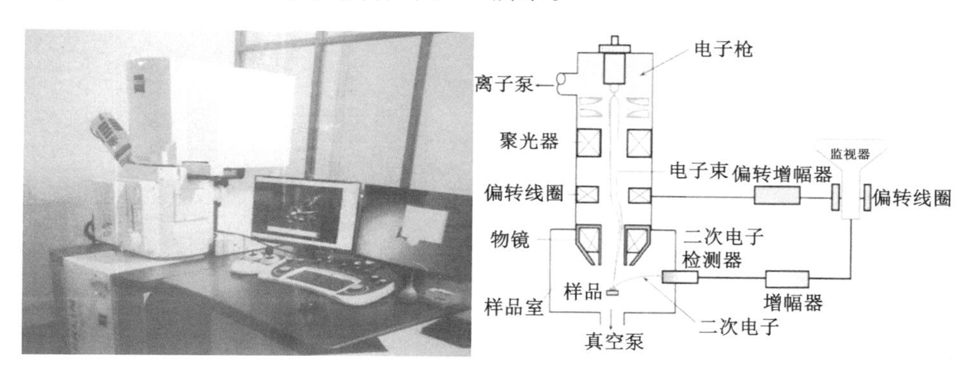

图 2-1 SEM 结构分析仪器与内部结构示意图

SEM 显微扫描实验步骤及主要技术参数如下：

（1）试样制备。将需要测试的煤样用双面导电胶粘在小样品台上，然后将小样品台通过螺丝固定在大样品台上，最后进行表面镀导喷金处理。

（2）实验开始。打开样品室舱门，装好样品进行抽真空处理再进行样品观测。通过旋转万能键盘上“Magnification”旋钮进行图像放大倍数调节，旋转万能键盘上“Focus”旋钮进行对焦调节，得到清晰的图像。SEM 测试选择面分布图，选择区域，同时采集图像。

（3）实验结束。保存所选图像，取出试样，关闭软件。

2.1.2.2 低温氮气吸附实验

低温氮气吸附法测试的原理是运用等效替代法将吸附填充在处理煤样孔隙中的氮气体积视为孔隙体积，不同孔径的孔隙在发生毛细凝聚现象时的相对压力是不同的，孔径越大的孔隙在发生毛细凝聚时所需的相对压力也越大。将样品经过前期处理后，在液氮环境下，以氮气为吸附质，施加不同的氮气压力，测出相应的氮气吸附体积[1]。运用 BET(Brunauer, Emmett, Teller)、BJH(Barrett, Joyner, Halenda)模型[2-3]计算处理煤样的比表面积、总孔体积与孔径分布情况，BET 方程如下：

$$\frac{p}{v(p_0-p)}=\frac{1}{v_m\cdot c}+\frac{c-1}{v_m\cdot c}(\frac{p}{p_0}) \tag{2-1}$$

式中 v——平衡压力为 p 时，吸附气体的总量，cm^3/g；

v_m——单分子层吸附时的吸附量，cm^3/g；

c——与净吸附热有关的常数；

p——氮气分压，MPa；

p_0——液氮温度下氮气的饱和蒸汽压力，MPa。

BJH 方程如下：

$$t=-4.3\left[\frac{5}{\ln(\frac{p}{p_0})}\right]^{-1/3} \tag{2-2}$$

$$r=r_k+t \tag{2-3}$$

式中 t——液膜厚度，nm；

r_k——凝聚在孔隙中吸附气体的曲率半径，nm；

r——圆柱状孔半径，nm。

低温氮气吸附法测量比表面积与孔隙是在极低的温度条件下(低于氮气沸点)进行的。实验采用 V-Sorb X800 全自动比表面积孔径分析仪，该实验系统由煤样预处理装置、实验装置(包含 V-Sorb X800 测定仪、工作站、液氮壶)和供气系统(吸附气 99.999%高纯氮，保护气氩气)组成，实验仪器如图 2-2 所示。

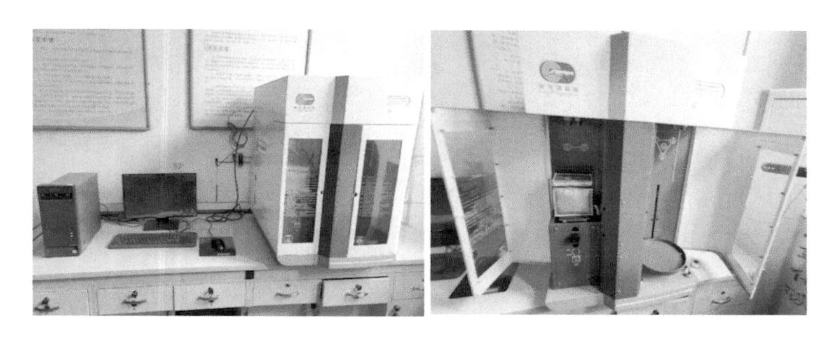

图 2-2　V-Sorb X800 孔径分析实验仪器图

低温氮气吸附实验步骤如下：

(1) 将样品管放置称量器上称量，精确至±0.1 mg，记录。

(2) 样品预处理。取适量煤样缓缓放入样品管内，在气密性良好的状态下将其固定在分析仪上，装好加热包，关好仪器门后点开实验预处理界面，设置第一阶段处理时间为30 min，处理温度为120 ℃；设置第二阶段处理时间为480 min，处理温度为120 ℃，升温速率为1 ℃/min，充气温度为45 ℃。预处理完毕后，将其冷却至室温取下称量，减去样品管质量即为处理后样品质量。此过程的目的是除去煤孔隙水分与其他无关杂质，为下一步继续实验做准备。

(3) 样品实验。重新启动分析软件勾选BET比表面积测试和孔径分布测试，参数设置完毕后点击保存，然后开始实验。当界面出现提示框后将液氮放置托盘相应位置，点击继续，仪器启动升降程序，使样品处于液氮环境下，开始实验。

(4) 测试结束。实验处理结束后，将实验各类吸附脱附曲线以及孔径大小等数据导出。

2.1.2.3 程序升温实验

图2-3所示实验仪器为ZRD-Ⅱ型煤自燃特性测定装置系统(控制精度达0.1 ℃)，该装置由供气系统、配气系统、程序升温箱、气相色谱系统、工作站五部分组成。供气为氧气与氮气，配气系统将通入的氧气与氮气配成一定比例通入程序升温箱中，将程序升温箱在操控系统上设置好参数，进行既定升温，按时将气体通入气相色谱系统内进行成分测定，由工作站计算气体产量变化。

图2-3 ZRD-Ⅱ型煤自燃特性测定装置系统

原煤、浸水、预氧化浸水煤样的程序升温实验参数设置如下：

程序升温参数：恒温温度为40 ℃、升温速率为0.8 ℃/min、终止温度为260 ℃。

实验流量参数：100 mL/min。

实验所用煤样参数：质量为40±0.1 g、粒径为0.45～0.2 mm。

实验步骤如下：

(1) 调节色谱，使色谱采集气体精度达到3%以下。

(2) 称取40 g煤样装入煤样罐，连接好气路后检测其气密性。

(3) 设置好测试炉各参数。

(4) 点击测试炉恒温运行，使煤样达到设置恒温温度后，点击测试炉升温。

(5) 对出气口气体进行规定时间内采集，并时常调节气体流量。

(6) 罐温升至250 ℃左右，停止实验，关闭实验仪器，保存数据。

2.1.2.4 热重(TG-DSC)实验

本实验所用仪器为德国耐驰(NETZSCH)公司制造的STA449C同步热分析仪，主要技术参数如表2-1所列，图2-4为设备实物图。

表2-1 实验装置技术参数

温度范围/℃	气氛(样品室)	加热速率/(K·min^{-1})	比热容/%	热焓测定/%
室温～1 500	静/动态氧化性、惰性、还原性、真空	0.1～50	±2.5 (50～1 400 ℃)	±3.0
基线重复性/μV	信噪比/μW	基线线性/μV	温度精确度/K	热焓精确度/%
≈1(±2.5 mW)	≈15(T-dependence)	3	<1	±3

图2-4 STA449C同步热分析仪

取每组实验样品质量约20 mg，气体浓度设为21%，气体流量为100 mL/min，常温下开始升温，升温速率为10 ℃/min，终止温度为800 ℃，实验结束后采集DSC数据进行分析。

2.1.2.5 红外光谱(FTIR)实验

实验仪器装置为德国布鲁克光谱仪器公司TENSOR-37型傅里叶变换红外

光谱仪,图 2-5 为实验仪器设备实物图。

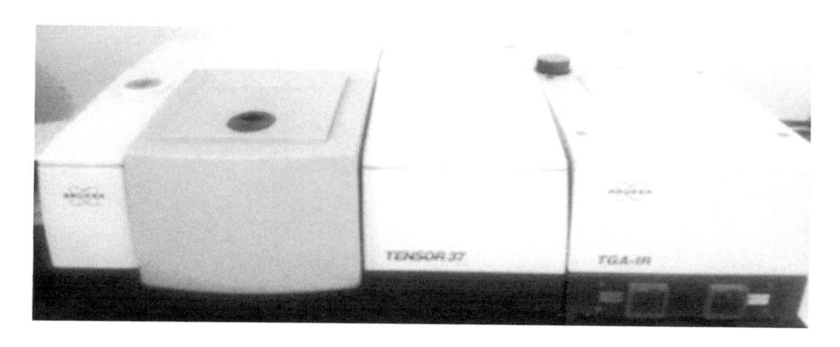

图 2-5 TENSOR-37 型傅里叶变换红外光谱仪

本实验采用干燥的(溴化钾)做稀释剂,煤样与 KBr 按 1∶100 的比例充分混合研磨;压片后置于真空干燥箱中干燥 24 h;在 400～4 000 cm^{-1} 光谱内收集样品的红外光谱信息;样品扫描频率为 32 次,分辨率为 4 cm^{-1}。

2.1.2.6 电子自旋共振(ESR)

实验采用德国布鲁克光谱仪器公司生产的 Ems(plus)ESR/EPR 光谱仪,中心磁场强度为 346.2 mT,微波功率为 200 mW,扫描宽度为 150 mT,放大倍数为 1.6,称取 5 mg 样品实验,比较高温氧化下浸水煤体的自由基浓度变化。

2.2 浸水周期对煤自燃的影响

2.2.1 浸水前后煤体孔隙演变特征

煤样表面是粗糙且不平整的,并且有相当多地有机或无机的矿物质覆盖在煤表面上,阻止氧气与煤分子的直接接触。将原煤放入水中浸泡,煤表面上的、孔隙及裂隙中的矿物质会逐渐松动溶于水中。根据图 2-6 可知,浸水后煤表面的粗糙程度、孔隙及裂隙状态是显著变化的。电镜图中呈现的矿物质随浸泡时间的增长越来越不明显,这在一定程度上会促进煤的自燃[4]。I_{30} 煤表面在水分子运动的作用下变得更加粗糙,并出现大量微孔;当浸水 90 d 时,大面积的中孔在 I_{90} 煤表面上显而易见,同时有微量的大孔;而继续浸泡到 150 d 时,煤体表面变得非常不平整,出现了很多层状结构,大面积的中孔、大孔和深孔主要覆盖在煤的表面,还有一些细小裂缝。这些变化的原因在于:随着浸泡时间的增长,原来被矿物质堵住的微小孔隙会逐渐暴露,与此同时也会出现新微孔,它们在水分持续的溶蚀作用下逐渐扩大变成中孔、大孔和深孔；裂隙的出现则是因为具有溶胀性的煤经过长时间的浸泡，会有轻微的膨胀，而此时煤体的力学性能降低，抗压强度减弱，两重因素影响下煤颗粒会胀裂出细小裂缝。

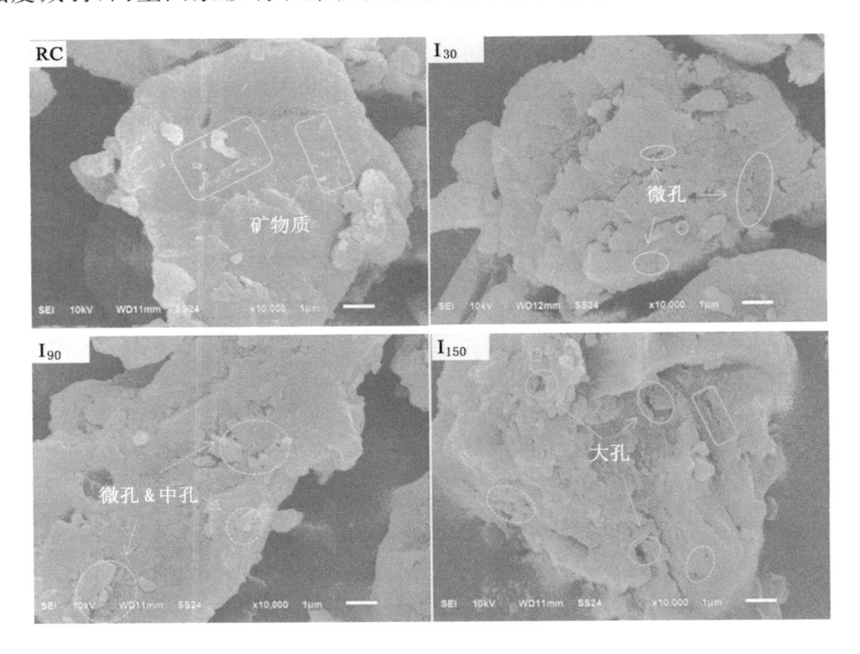

图 2-6　煤表面孔隙和裂隙发育情况

平均孔径(D_a)整体上随浸泡时间增长而增大，表现为孔隙在水分子冲蚀溶解的作用下越来越大，这与电镜图中呈现的结果是相似的。通过计算 4 种煤样在同一直径范围内的孔隙数目，同样可以间接说明煤表面孔隙结构经浸水后的疏密变化情况[5]。

图 2-7 中数据显示了 RC、I_{30}、I_{90} 和 I_{150} 在同一孔径范围内的平均直径。从整体角度 4 条样本曲线的变化趋势是一致的，随着 D_a 增大，对应孔隙在煤表面上的数量就越少，表现为微孔、中孔的数量远远大于大孔。水浸煤的曲线(I_{30}，I_{90}，I_{150})在 D_a=2 nm 左右时，孔隙数明显提升，表明煤表面的中孔数量同样占有相当大的比例。然而 4 条曲线明显不是重合的，意味着由于浸水时长的不同，水分子对煤体孔隙结构的暴露和扩大作用程度不同。从右下向左上观察曲线变化，I_{30}、I_{90} 和 I_{150} 在任意直径范围内的孔隙数均大于 RC。这表明经过浸水的煤，孔隙结构数目增多，导致煤体结构的稀疏性变大，在一定程度上增强了孔隙的连通性。对于 3 个水浸

煤样，D_a<4 nm时，微孔及中孔数随浸泡时间的增加减少；而在4 nm<D_a<50 nm范围内的中孔数随浸泡时间的增加先增加后减少；当D_a大于50 nm左右以后，大孔数则随浸泡时间的增加而增加。

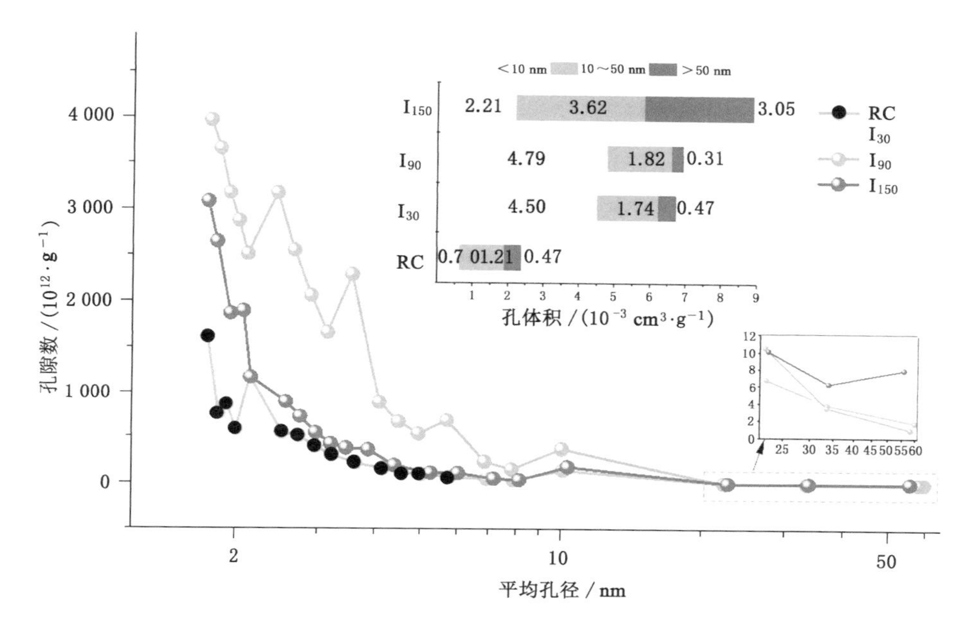

图2-7　煤样的孔隙数以及孔径变化

采用BET方法计算了煤样的比表面积，如表2-2所示。I_{30}在单位质量上的表面积几乎是未经任何处理的原煤(RC)的2倍，通常来说在相同环境条件下，比表面积更大的水浸煤与空气有更大的接触空间和更多的接触机会[6]，因而氧化反应的放热速率就更快，蓄热条件较好的条件下可以率先达到煤的着火点，引发煤的自燃。但增长到90 d、150 d，微小孔隙发育成中孔、大孔并出现些微裂隙，比表面积虽有所减小，但仍大于原煤。

表2-2　4种煤样的比表面积

煤样	比表面积/(m^2·g^{-1})
RC	3.318 3
I_{30}	6.009 4
I_{90}	5.675 9
I_{150}	3.437 4

上述煤体浸水后孔隙特征变化的直接影响是增加了煤颗粒表面的活性位点和与氧气的接触机会，加强了低温氧化过程中煤对自由氧气的物理吸附和化学吸附，进而促使氧气与煤表面官能团的化学反应速度加快。同时由于气体的导热性低于实体的导热性[7]，煤的导热性能降低，这更不利于煤氧反应产生的热量散失，从而促进需要一定温度条件的基元反应尽早发生，最终导致煤的自然发火，所以浸水可能增加了煤自燃灾害的风险。

2.2.2 浸水前后官能团迁移规律

通常来说，有机物的化学反应主要发生在官能团上[8]，所以煤分子结构中的官能团类别及含量决定了该物质的化学性质。煤分子中的主要基团包括芳香烃、脂肪烃和含氧官能团等。对照表 2-3，图 2-8 展示了谱峰指代的官能团类别，为进一步定量化煤样分子中的官能团数量，用吸光度与其之间的正比关系[9]对 4 条曲线分别分峰拟合并积分计算出各分峰面积去表示官能团相对含量，图 2-9 是拟合 I_{150} 红外光谱曲线在波长范围 2 990～2 780 cm^{-1} 定量化甲基（$—CH_3$）、亚甲基（$—CH_2$）含量的结果。其他煤样和其他波长范围的红外光谱图按相同方式分析处理。

表 2-3 煤的红外光谱特征吸收带的归属[10]

谱峰型	波数/cm^{-1}	官能团	官能团运动
芳香烃	3 060～3 032	—CH	芳香 CH 拉伸
	1 625～1 575	—C=C—	芳香 C=C 拉伸
脂肪烃	2 975～2 950	$—CH_3$	甲基的不对称伸缩振动(长链)
	2 935～2 918	$—CH_2$	亚甲基的不对称伸缩振动
	2 882～2 862	$—CH_3$	甲基的对称伸缩振动
	2 858～2 847	$—CH_2$	亚甲基的对称伸缩振动
含氧官能团	1 270～1 210	—C—O—	芳香醚的伸缩振动
	1 790～1 715	C=O	芳香酯、酸酐和过氧化物的羰基
	1 715～1 690	—COOH	羰基拉伸
	3 697～3 625	—OH	羟基自由基
	3 610～3 580		
	3 624～3 610	—OH	自缔合氢键
	3 550～3 200	—OH	苯酚、醇、羧酸的 OH 伸缩振动，过氧化水合物

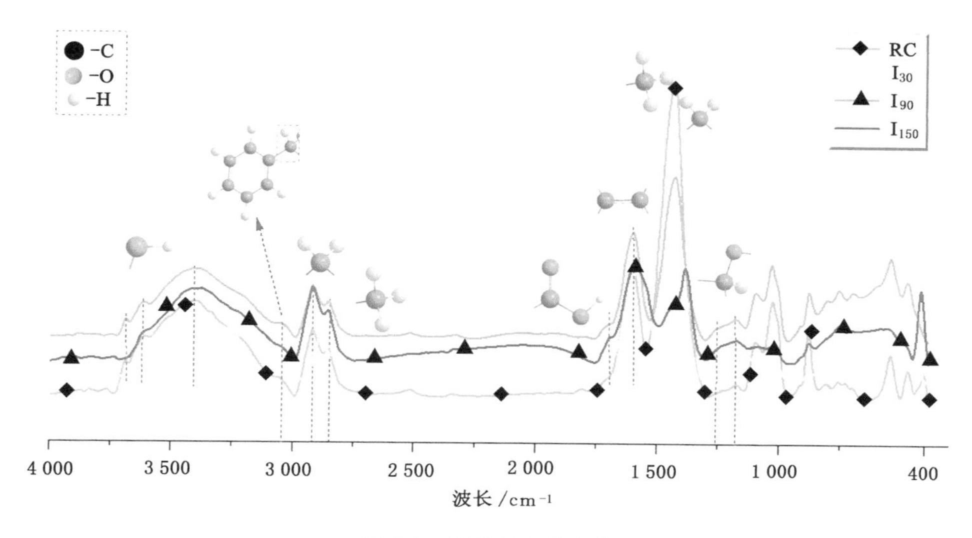

图 2-8 煤样的红外光谱

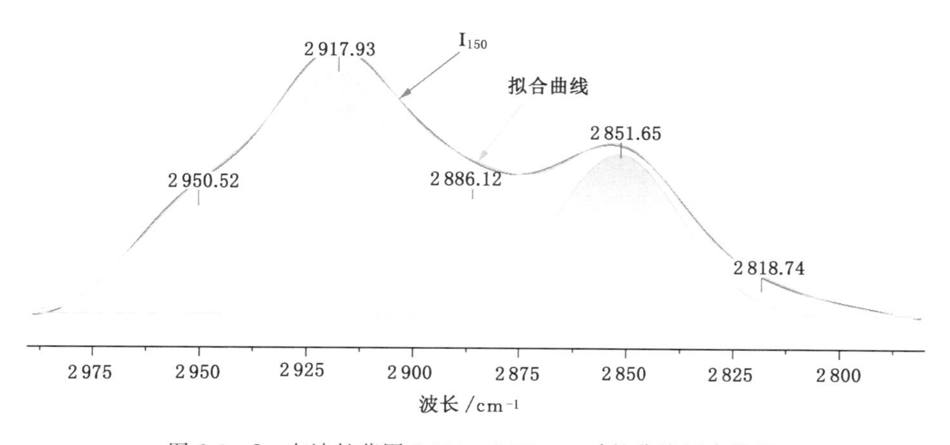

图 2-9 I_{150}在波长范围 2 990～2 780 cm^{-1}的分峰拟合结果

芳香烃中的苯环是煤分子有机结构的主体,一般来说,芳香环数目越少,芳香化程度越低,其抵抗氧化的能力就越弱。环上碳碳双键 C ═ C 的数量在一定程度上反映了芳香环数目的多少,由图 2-10 发现,浸水时长对其含量造成了不同程度的影响。I_{30}和I_{150}上的 C ═ C 数量约为 RC 水平的一半,而在I_{90}上稍高于 RC 的含量。与 C ═ C 变化趋势不同的是连接在芳香环上的—CH 含量随浸水时长的变化呈规律性变化,煤样浸水的时间越长,—CH 数量下降的幅度越小,最后趋于一个定值。

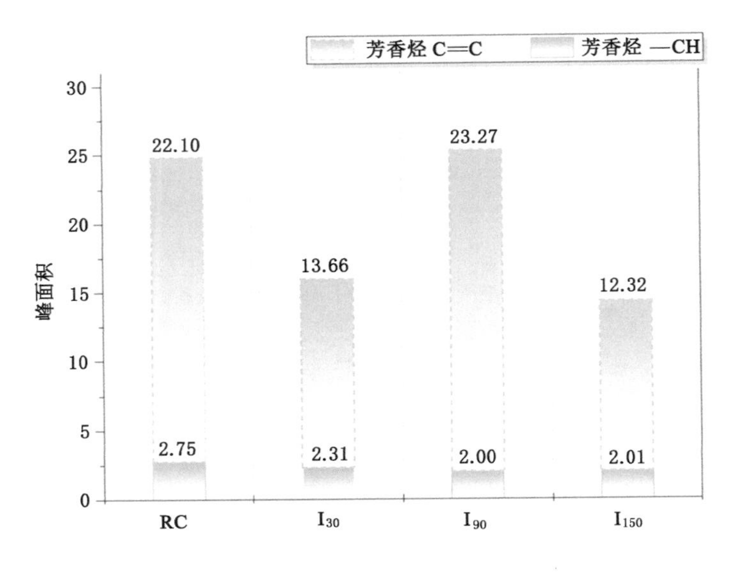

图 2-10　芳香基团的吸光度

在波长范围 2 975～2 847 cm^{-1} 内的脂肪烃结构甲基($—CH_3$)和亚甲基($—CH_2$),是构成煤分子长链的基础官能团之一。煤氧链式反应前期生成羟基自由基,随着反应的进行,大量热量释放,所以该官能团的含量会直接影响煤氧复合反应的激发阶段。图 2-11 中两种脂肪烃基团随浸水时长的变化趋势和增减幅度是相似的。浸水 30 d 前,$—CH_3$ 和$—CH_2$ 的含量逐渐降低,其中外围结构甲基($—CH_3$)下降的相对幅度更大,而随浸水时间的增加,$—CH_3$ 和$—CH_2$ 含量又逐渐上升,到 150 d 时,甚至超过了原煤含量。造成官能团含量降低的原因有两个:一方面本身具有溶胀性的煤浸泡后胀裂,破坏了煤分子中的长链结构;另一方面具有亲水性的$—CH_3$ 与水分子接触后掉落。上述两过程发生后有一定量的自由基附着在煤裂隙表面,影响煤氧复合反应过程。

含氧官能团是参与煤氧复合反应的主要活性基团。在链式反应过程中与羟基自由基和自由氧气反应生成了可在一定温度条件下分解并释放出 CO、CO_2 及各种碳氢气体的活性自由基。因此,各种官能团的含量对煤氧复合反应强度及释放气体速率有很大的影响。

浸水风干煤—OH 的吸收和—OH 的占用如图 2-12 所示。波长范围在 3 697～3 200 cm^{-1} 的水浸煤表面羟基—OH 含量降低到原煤含量的2/3,浸水对—OH 的降低作用似乎是有限的,因为—OH 含量几乎维持在同一水平。但—OH 与其他基团连接成的缔合氢键在羟基总含量中的占比有一些特别的

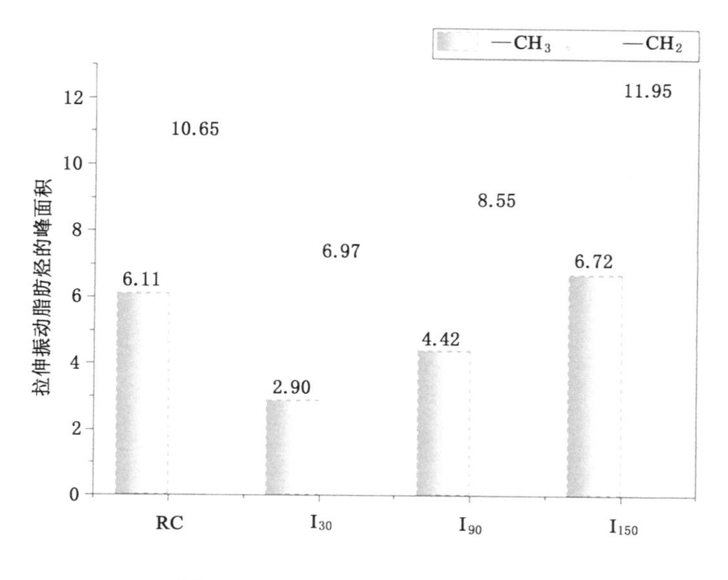

图 2-11 —CH_3 和—CH_2 的吸光度

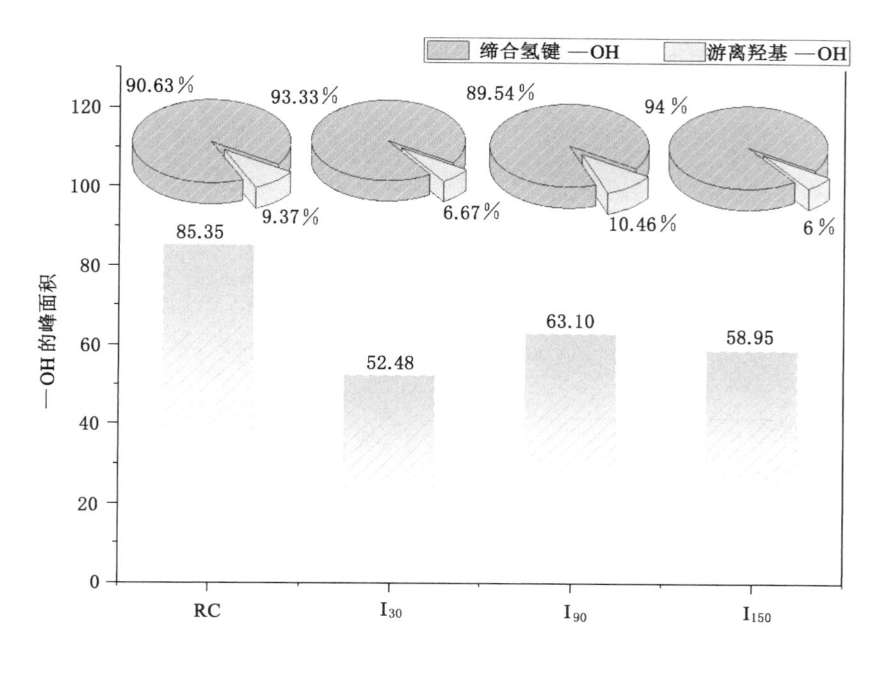

图 2-12 —OH 的吸收和—OH 的占用

变化趋势，相比 RC，在 I_{30} 和 I_{150} 中比例分别有 2.7%与 3.37%的增加，而 I_{90} 只有轻微的减小。

图 2-13 是含氧官能团羧基—COOH 和芳香醚氧键—C—O—在煤分子上含量分布及其在长链结构中的相对占比情况。浸水煤表面上—COOH 和—C—O—的数量随浸水时间的增加有不同程度的上升。I_{30} 的—COOH 数量是 RC 的 2 倍多，I_{150} 的—COOH 数量是 RC 的 1.93 倍，而 I_{90} 的—COOH 数量只有

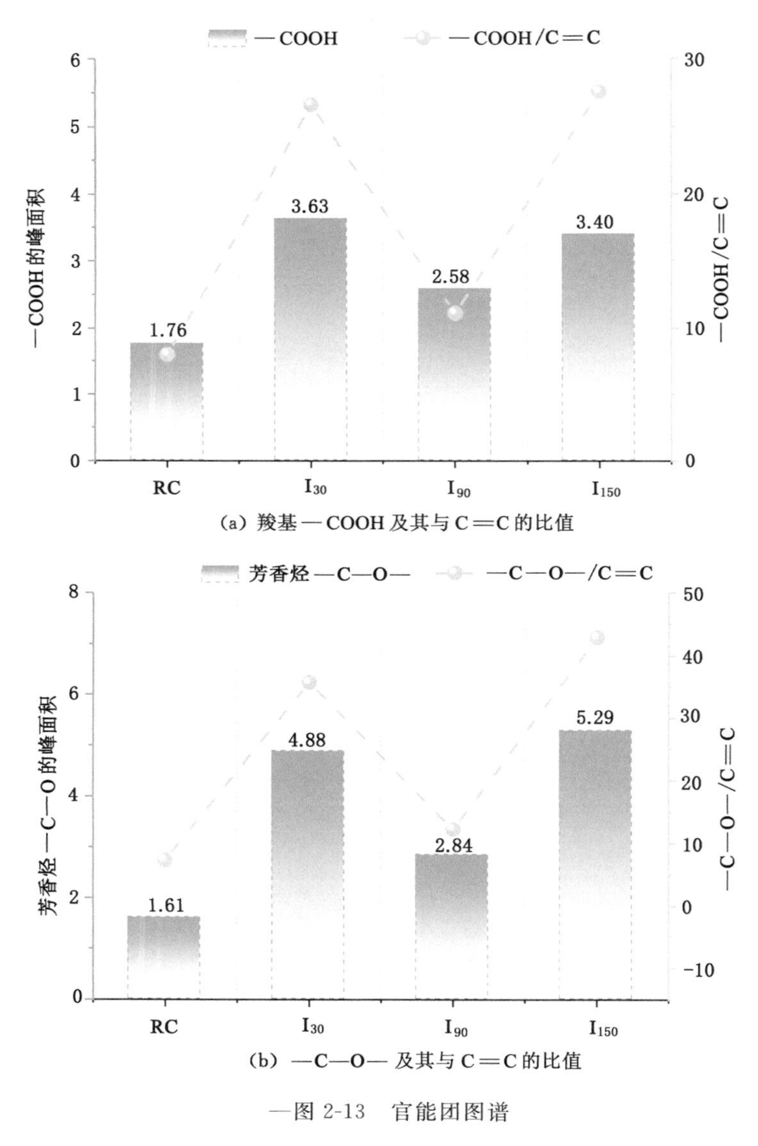

(a) 羧基—COOH 及其与 C=C 的比值

(b) —C—O— 及其与 C=C 的比值

图 2-13 官能团图谱

轻微的增加，并且其在长链结构中的相对占比有相同的数量关系。这个变化趋势和缔合氢键百分比的变化趋势正好相同，或许浸泡过程对这些基团的影响效果有一些相似点。

2.2.3　浸水前后煤氧化宏观特性变化

指标气体释放特性如图 2-14 所示，析出气体的成分及体积分数随温度升高改变，总体曲线变化趋势为：CO_2 体积分数从极少量以缓慢增加到急剧增加的趋势上升到初始值的 1 万倍左右；其后产生的 CO 体积分数从 0 ppm(1 ppm=10^{-6})以和 CO_2 相同的变化趋势增长到多于 10^4 ppm；甲烷(CH_4)、乙烷(C_2H_6)和丙烷(C_3H_8)体积分数以缓慢增加再急剧增加的趋势变化，经过温度 200 ℃左右的极大值点后，又逐渐减小到与极大值点体积分数相似的水平。

由 CO_2 和 CO 体积分数图中的内嵌图发现，曲线在 T=80 ℃左右开始明显上升。根据相关课题热重分析实验表明，这个点是煤氧复合反应自动加速的第一个温度点，煤与氧反应放出 CO_2 的一系列链式反应速率都上升了，同时加速了醛基自由基分解 CO 的反应进程。

4 种煤样经过程序升温过程收集到的气体占比随温度升高的变化趋势虽然相同，但因为浸水天数的不同引起煤内孔隙演变和基团迁移的规律不同，使其具有不同的氧化特性，表现在 RC、I_{30}、I_{90} 和 I_{150} 在同一温度下测得的气体体积分数有差异。

CO_2 是煤氧复合反应产生的首批气体成分之一。由图 2-14(a)发现当温度从 30 ℃升高到 100 ℃，4 种煤样释放的 CO_2 含量只有很小的区别，CO_2 体积分数在此范围内随温度升高从大到小依次是：$I_{150}>I_{30}\approx RC>I_{90}$，表明在低温时，$I_{150}$ 先与 O_2 发生反应放出 CO_2；当温度从 100 ℃升高到 250 ℃时，4 种煤样产生的 CO_2 含量差距明显，CO_2 体积分数随温度升高从大到小依次是：$I_{30}>I_{150}\geqslant RC>I_{90}$，表明当温度超过 100 ℃后，$I_{30}$ 与氧气结合放出 CO_2 的链子式比 I_{150} 更快。即煤分子 R—COOH 与 O_2 和羟基自由基结合快[11]，生成的羧基自由基—COO·分解反应快。而 I_{90} 释放的 CO_2 体积分数始终最低。

CO 是由煤中醛基自由基分解而来的。由图 2-14(b)发现了 CO_2 和 CO 气体含量在 4 种浸水条件下随温度升高的变化趋势大致相同。在一定温度范围内，CO 含量由大到小依次是：$I_{150}\geqslant I_{30}\geqslant RC>I_{90}$；超过某个温度后，CO 含量排序则变成：$I_{30}>I_{150}>RC>I_{90}$。而其中不同的点在于：CO 相较于 CO_2 大量生成的温度点明显滞后，不同煤样产气的温度区分温度点相差 40 ℃；I_{30} 加速释放的分界点由 100 ℃变成了 178.03 ℃，向后增加了 78 ℃。

烷烃气体 CH_4、C_2H_6 及 C_3H_8 主要来自甲基、甲氧基和聚甲基化合物的分

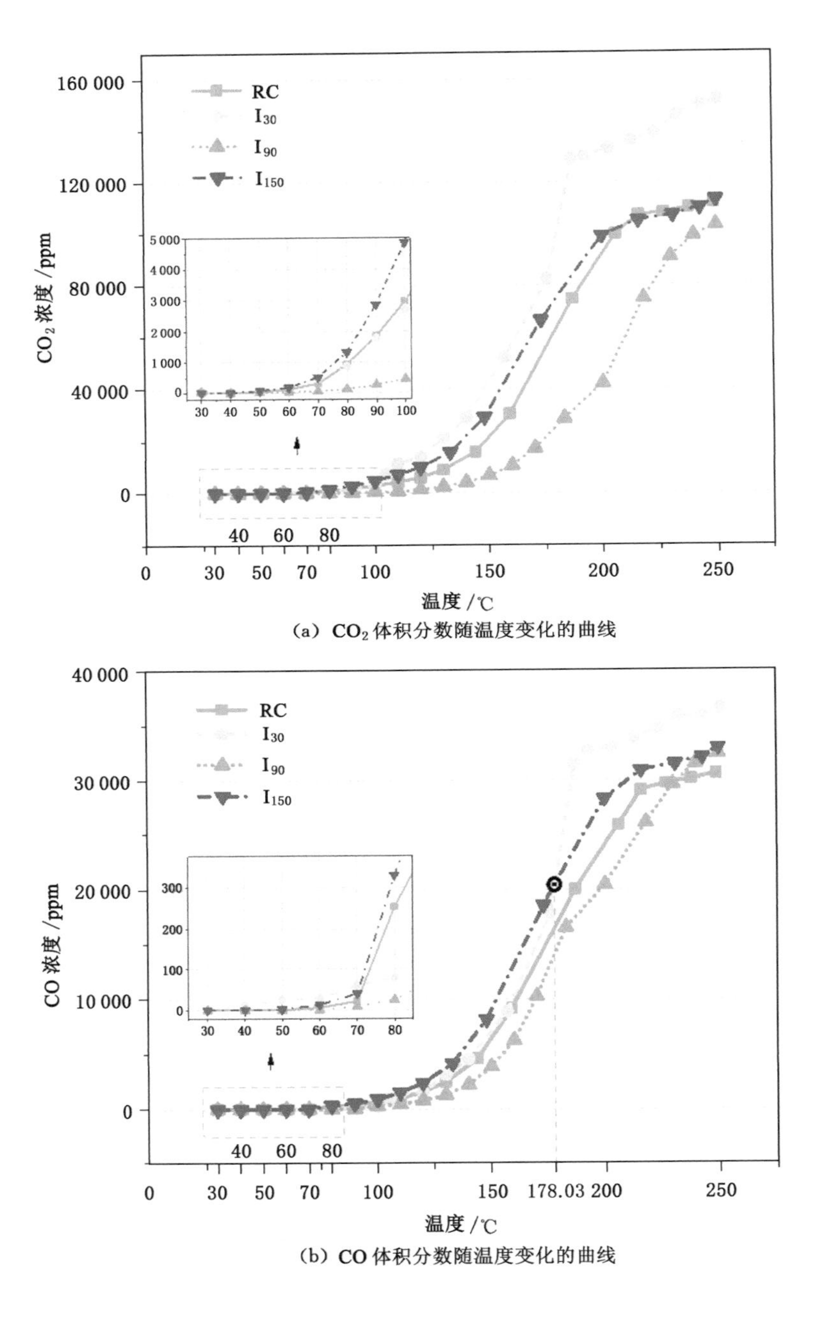

图 2-14　指标气体释放特性

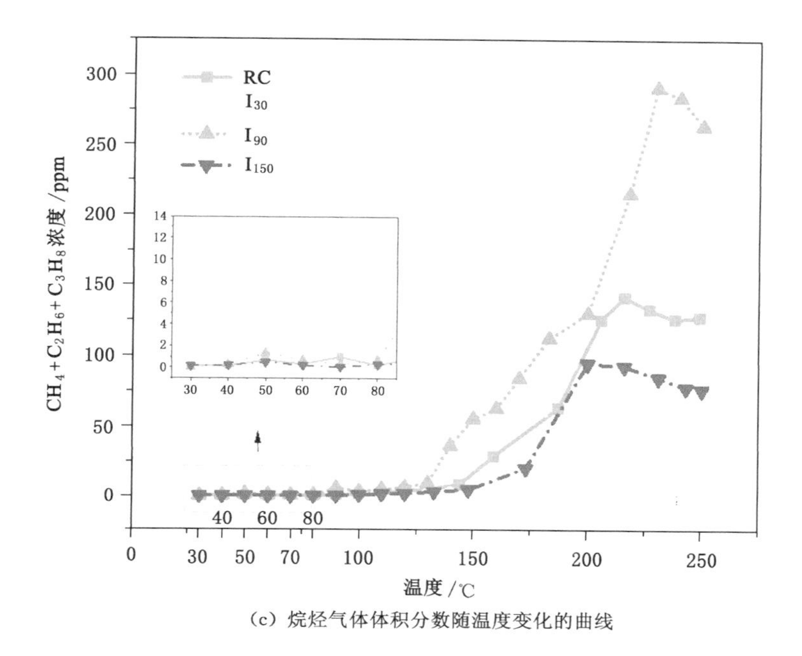

(c) 烷烃气体体积分数随温度变化的曲线

图 2-14 (续)

解反应和脂肪烃的裂解反应。图 2-14(c)是 4 种煤样随温度升高主要烷烃气体体积分数之和的变化曲线。在 4 种煤样释放的烷烃气体含量无较大差异之前，I_{30}的含量值稍高于其他煤样，在生成烷烃气体的同时，积累—COOH 基团[12]，为后续分解出 CO_2 提供反应物；当温度升高到 140 ℃左右后，不同条件下的烷烃气体含量以不同速率增加达到一个峰值后又缓慢下降。此时，主要烷烃气体含量随温度变化从大到小的顺序恰好与上述碳氧气体含量相反，依次是：I_{90}>RC>I_{150}>I_{30}。CH_4、C_2H_6 和 C_3H_8 产自煤中活性基团氧化与自反应和脱附效应两个途径。烷烃含量曲线出现明显峰值是由脱附效应的分段性引起的。

2.2.4 遗煤自燃极限参数——最小遗煤厚度

最小遗煤厚度是指在采空区一定温度及漏风强度条件下不发生煤自燃的极限遗煤厚度，若堆积的遗煤厚度超出了这个数值，很大程度上会引起采空区煤炭自然发火，并且这个值越小，预示着自然发火的可能性就越大，间接说明这个煤样发生自燃的危险性就越强。图 2-15 是在固定漏风强度条件下，不同浸水条件煤样随温度升高的最小遗煤厚度变化曲线。各个曲线总体变化趋势是相似的，即最小遗煤厚度先随温度升高而增大，经过一个极大值点后，数值逐渐减小，最后趋向定值。

但是，从图 2-5 中明显发现 4 条曲线在同一温度值的最小遗煤厚度存在差异。在 I_{30} 和 I_{150} 未相交之前，即 T_2 温度前，最小遗煤厚度数值最小的是 I_{150}，再结合前文节中 CO_2、CO、烷烃气体、耗氧速率及放热强度的变化规律，说明了低温氧化阶段 I_{150} 在 4 种煤样中自燃危险性最强；$T<90$ ℃时，其他 3 种煤样（RC、I_{30} 和 I_{90}）的最小遗煤厚度大致相似，图 2-5 中表现为 3 条曲线交缠在一起，当温度升高到 90 ℃左右后，3 种煤样的差异性变大，I_{90} 的最小遗煤厚度数值最大，而 I_{30} 和 RC 介于其他两种煤样之间。但当温度大于交点温度 T_2 后，煤自燃进程几乎进入煤氧复合反应的受热分解阶段，4 种煤样的最小遗煤厚度数值顺序发生了改变，即 $I_{90}>RC>I_{150}\geqslant I_{30}$，且 4 种煤样在相同漏风强度条件下不易自燃的顺序与此相同。

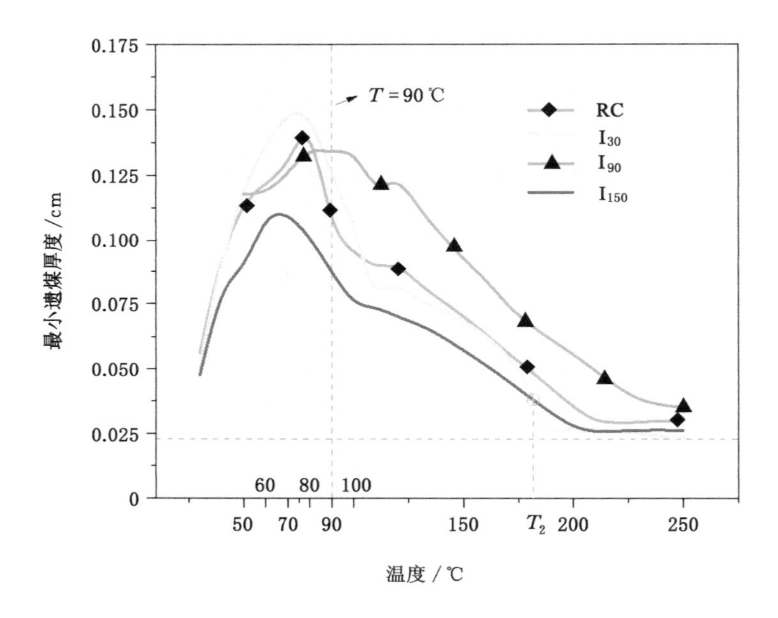

图 2-15　最小遗煤厚度随温度变化的曲线

2.3　浸水周期对预氧化煤燃烧特性的影响

2.3.1　表观形貌与孔径

通过 SEM 实验（放大 5 000 倍）得出预氧化浸水煤样的表面形貌，如图 2-16 所示。在浸水时长较低时（≤180 d），2 种预氧化煤样的表面溶胀孔隙多表现为微孔分布。随着浸水时间的增加，2 种预氧化煤样的表层大孔隙逐渐增多，预氧化 200 ℃浸水煤样多表现为深凹孔，预氧化 300 ℃煤样多表现为平孔，且小微孔数量以及密集度逐渐增加。煤样的表面粗糙度随着浸水时长的增加而增强。预氧化 300 ℃时煤样表面的有机物与无机物参与反应较为剧烈，在浸水后表面参与反应的小分子容易遇水脱落，表面粗糙性增加。预氧化 200 ℃时煤样在氧化过程中参与反应的小分子较少，水浸后成孔的密集度减小。浸水时长改变了预氧化煤样的孔隙密集度以及复杂的表面粗糙性，进而影响煤样在氧化燃烧过程中的气体吸附，影响煤样氧化复燃的发生。

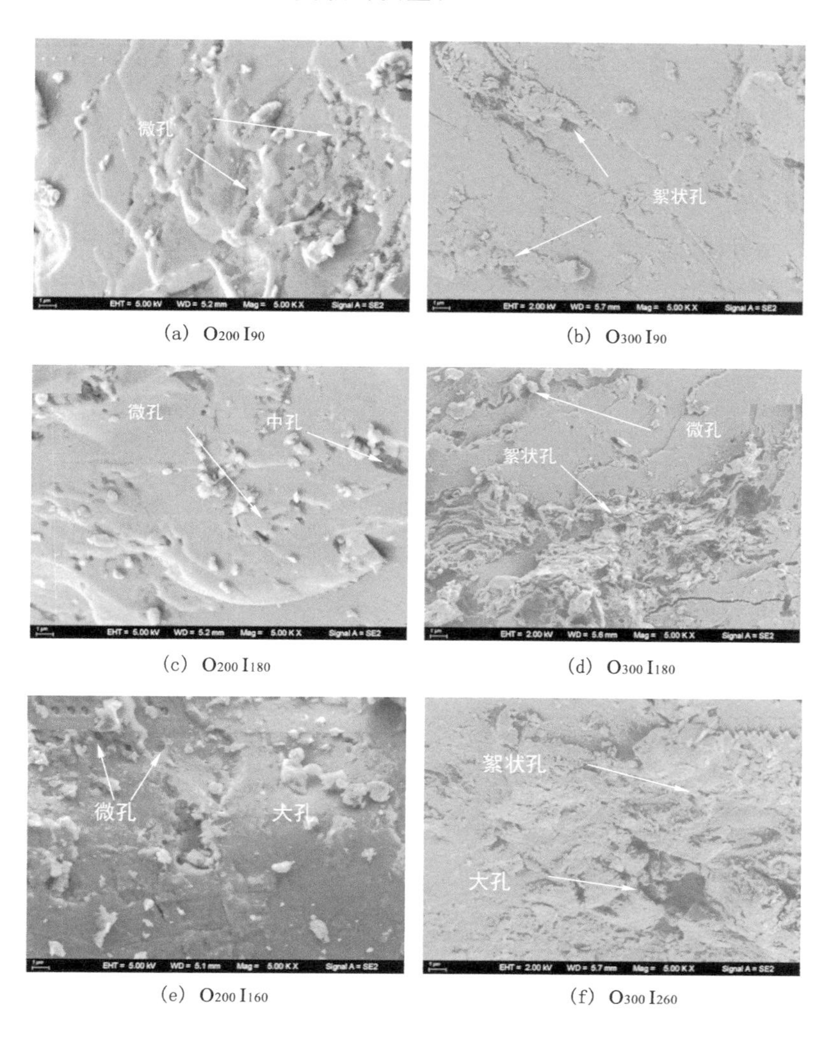

(a) $O_{200}I_{90}$　(b) $O_{300}I_{90}$

(c) $O_{200}I_{180}$　(d) $O_{300}I_{180}$

(e) $O_{200}I_{160}$　(f) $O_{300}I_{260}$

图 2-16　预氧化浸水煤样的 SEM 图

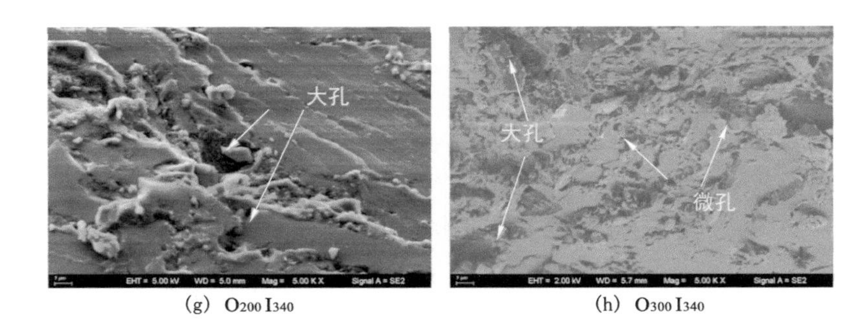

(g) $O_{200}I_{340}$　　(h) $O_{300}I_{340}$

图 2-16 （续）

煤样的孔径分布如图 2-17 所示。由数据密集点可以看出，所有煤样<10 nm 的孔隙占较大比例，预氧化 300 ℃浸水煤样的 10～50 nm 孔隙量较多。在预氧化 200 ℃浸水后，$O_{200}I_{260}$煤样的微孔孔容较大，且结构较为单一。在预氧化300 ℃浸水后，随着浸水时间增加，<10 nm 的孔隙量以及峰值逐渐增加，10～50 nm 孔隙出现先增加后减小的趋势，其中 $O_{300}I_{180}$煤样的孔隙量较多。预氧化促进煤样孔隙开孔，形成氧化孔，而浸水会使煤样氧化孔合并，多个微孔合并为中小孔，预氧化温度越高，浸水时间越长，新生氧化溶胀孔数量增加越明显。在氧化温度较高时，浸水后由于孔隙表面某些有机物和无机物的去除，孔隙脱落较多。

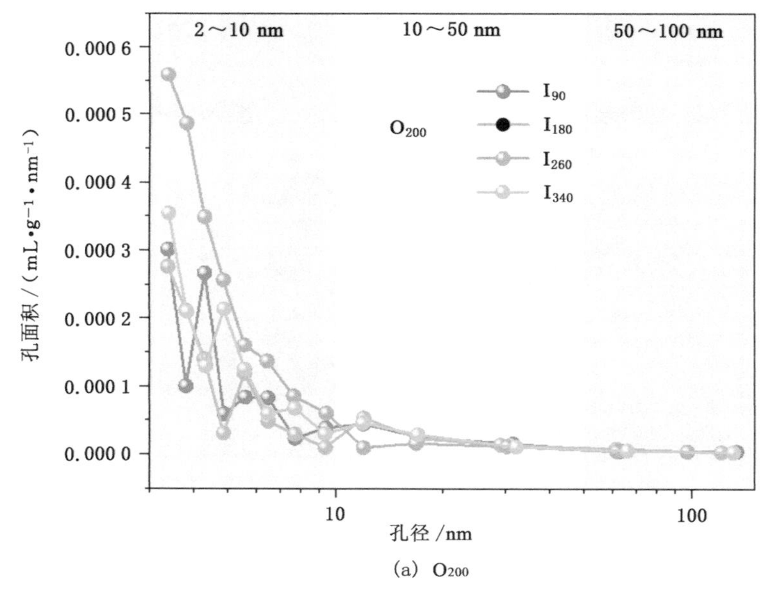

(a) O_{200}

图 2-17　煤样的孔径分布

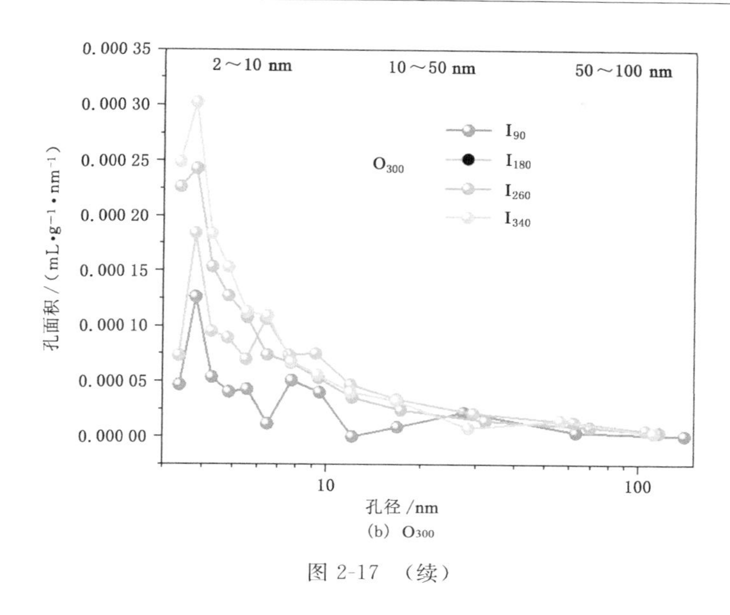

(b) O_{300}

图 2-17 （续）

高温氧化会使煤样疏松，孔隙结构发达，浸水处理后会产生较多的溶胀孔，另外一部分表层氧化物发生溶解[13]。各处理煤样的总孔容的变化如图 2-18所示。$O_{200}I_{260}$煤样的中孔孔容占比(44.23%)较大，其余煤样孔容占比基本持平。随着浸水时长的增加，预氧化 300 ℃煤样的中大孔孔容占比下降(大孔降低19.48%)，$O_{300}I_{340}$大孔孔容占比较高(43.89%)。由表 2-4 可知，长期浸水(340 d)下，预氧化 200 ℃煤样的比表面积增加，预氧化 300 ℃煤样降低明显(下降70.47%)。$O_{200}I_{260}$与$O_{300}I_{340}$煤样的平均孔径较大。$O_{200}I_{260}$煤样孔隙内残留物质疏通加强，开孔程度扩大。在 300 ℃氧化下，由于氧化孔隙疏松氧化物较易脱落，同时伴随新的细小孔生成，故而随着浸水时间增加小微孔增加[14]。

表 2-4　煤样的孔隙结构

煤样	BET 比表面积/($m^2 \cdot g^{-1}$)	平均孔径/nm	总微孔容/($\times 10^{-3}$ $cm^{-3} \cdot g^{-1}$)
$O_{200}I_{90}$	6.74	20.32	9.04
$O_{200}I_{180}$	5.43	22.04	8.40
$O_{200}I_{260}$	4.12	23.30	14.56
$O_{200}I_{340}$	6.08	21.36	10.36
$O_{300}I_{90}$	4.46	22.14	4.65
$O_{300}I_{180}$	7.79	23.83	9.66
$O_{300}I_{260}$	6.27	21.59	10.15
$O_{300}I_{340}$	2.30	25.81	11.15

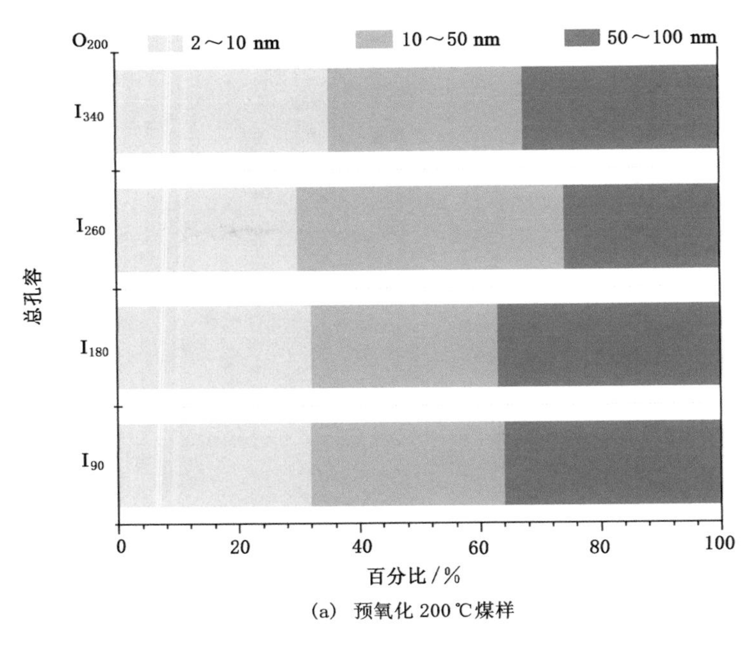

(a) 预氧化 200 ℃煤样

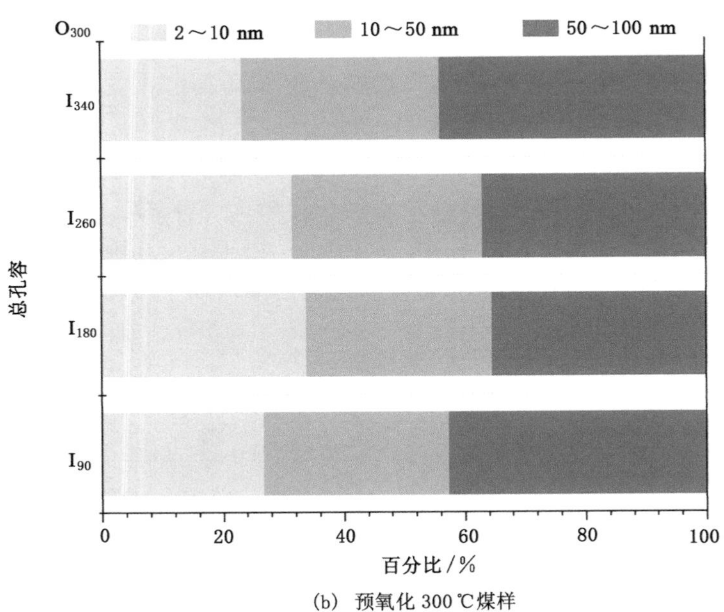

(b) 预氧化 300 ℃煤样

图 2-18　不同孔隙下孔容占比

2.3.2 FTIR 与 ESR 分析

为进一步探究预氧化煤样在浸水后脂肪烃基团与含氧官能团的变化规律，分别对浸水 90 d、180 d、260 d、340 d 的煤样进行红外光谱分析，红外光谱如图 2-19 所示，并将分析的官能团在图中标注。将红外光谱图分为 1 500～1 750 cm^{-1}和 2 800～3 000 cm^{-1}两个区段[15]，并且定量分析了官能团的变化，两个区段的拟合图如图 2-20 所示。

根据拟合结果，得到各处理煤样的—OH、—COOH、C ═ O 以及脂肪链长度[16]的变化，如图 2-21 所示。随着浸水时长的增加，O_{200}煤样的含氧官能团含量先增加后减少，在浸水 260 d 时含氧官能团含量最高，与 $O_{200}I_{90}$煤样相比，—OH、COOH 和 C ═ O 含量分别增加了 31.9%、34.7%和 35.4%。随着浸水时长的增加，O_{300}煤样的含氧官能团含量逐渐降低，在浸水 340 d 时含量最小，与 $O_{300}I_{90}$煤样相比，—OH、COOH 和 C ═ O 含量分别降低了 39.4%、38.6%和 37.2%。整体来看，随着浸水时长的增加 2 种氧化煤样的链长逐渐减小，O_{300}煤样链长普遍小于 O_{200}煤样，O_{200}煤样(最大变化 1.6%)的链长变化量普遍大于 O_{300}煤样。2 种预氧化煤样在浸水时长较小时，含氧官能团的含量相差较大，在浸水 340 d 时，2 种预氧化煤样的官能团含量基本持平。

200 ℃氧化后，低浸水时长下煤氧化反应的活性位点未完全激发，活性位点到官能团的转化较少，在浸水 260 d 后能较好地促进活性位到官能团的转化。结合前文孔隙特征变化，随着浸水时长增加，煤的孔隙结构越来越复杂，煤分子表层脱落加大，原有的官能团会伴随着无机分子“丢失”[17]，使得新的无机有机分子重新暴露出来，官能团含量降低。

300 ℃氧化后，初次氧化激活更多的官能团，官能团含量增加，在浸水后由于初次氧化煤样表层较为疏松，在浸水后表层激发的官能团随无机分子脱落，所以随着浸水时长的增加，官能团含量逐渐减少(含氧官能团是促进氧化反应碳氧气体生成的主要官能团)，最终含量减少到与 $O_{200}I_{340}$煤样基本持平。

在经历预氧化与浸水处理后，煤内部存在的自由基发生变化，催生的易氧化自由基在与氧气接触的过程中积累一定的热量，影响煤样进一步的氧化升温进程。因此，控制自由基的初始变化是防止煤自燃的重要方法[18]。

煤在外在因素的催化作用下产生大量的活性自由基。新生成的自由基很可能与氧反应，导致热量的释放和积累。因此，抑制自由基的连锁反应是防止煤自燃的重要方式。煤样的 ESR 光谱变化如图 2-22 所示。通过对预氧化煤在不同浸水周期下的 ESR 光谱分析，可以检测到煤样中的未配对电子，进而反映出煤中的自由基含量，通过自由基变化特征进一步揭示其对预氧化浸水煤样的氧化燃烧进程的影响。

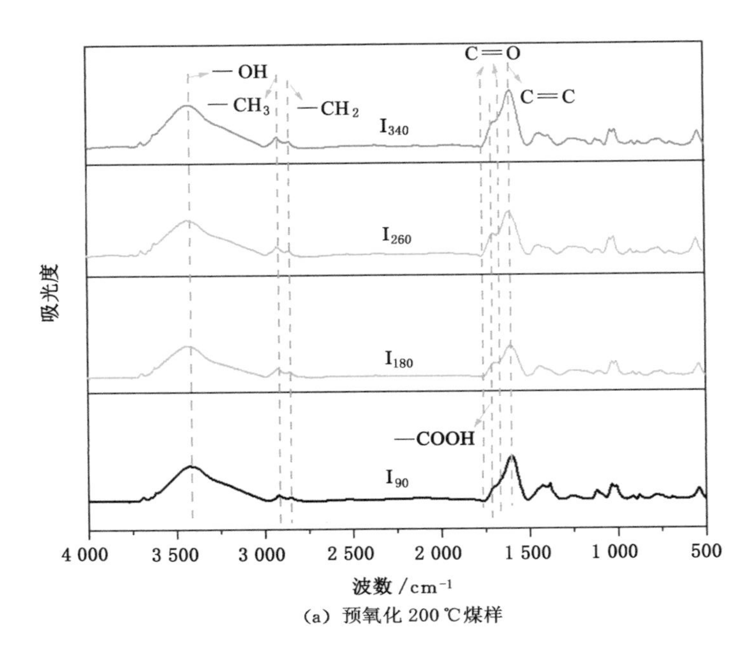

(a) 预氧化 200 ℃煤样

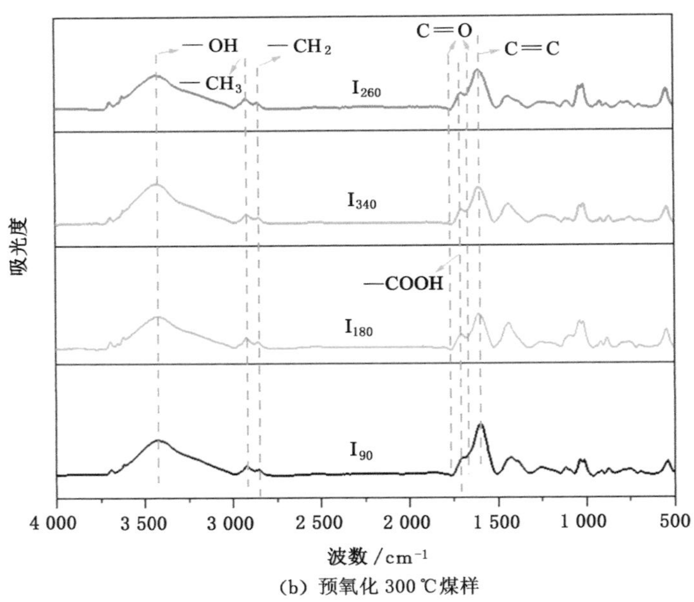

(b) 预氧化 300 ℃煤样

图 2-19　预氧化浸水煤样的红外光谱

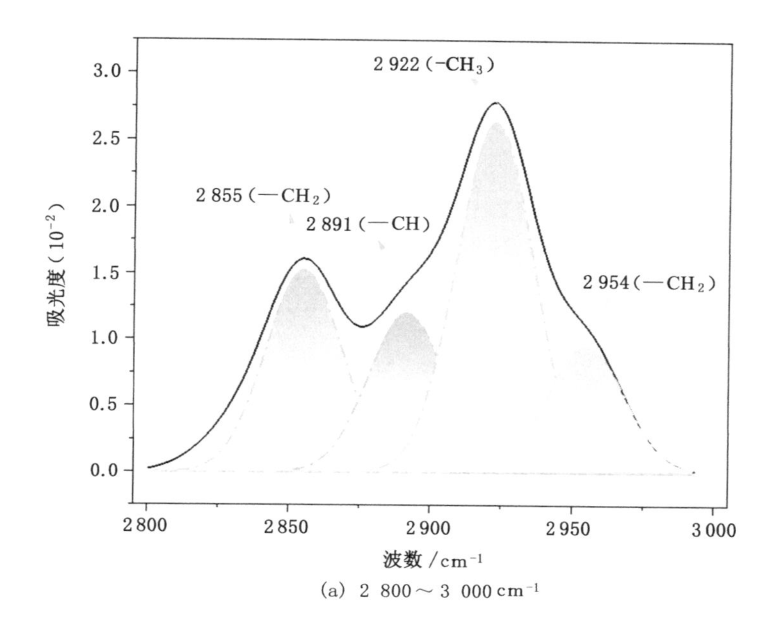

(a) 2 800～3 000 cm^{-1}

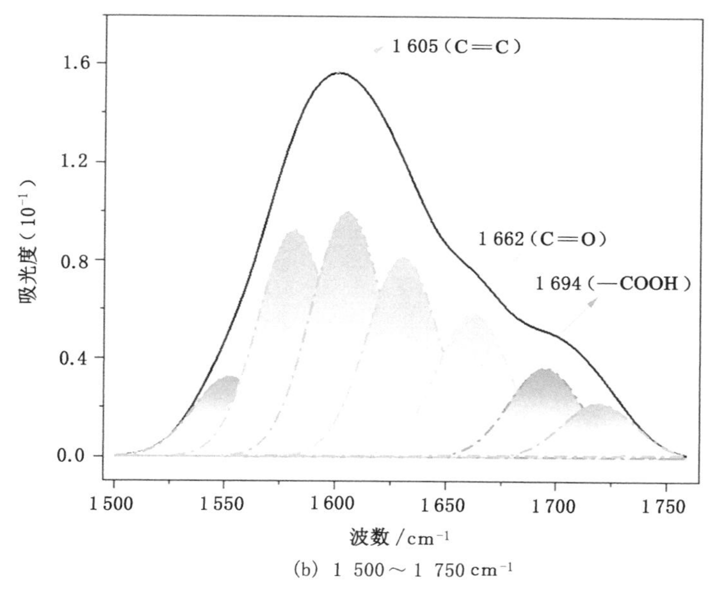

(b) 1 500～1 750 cm^{-1}

图 2-20　红外光谱拟合图

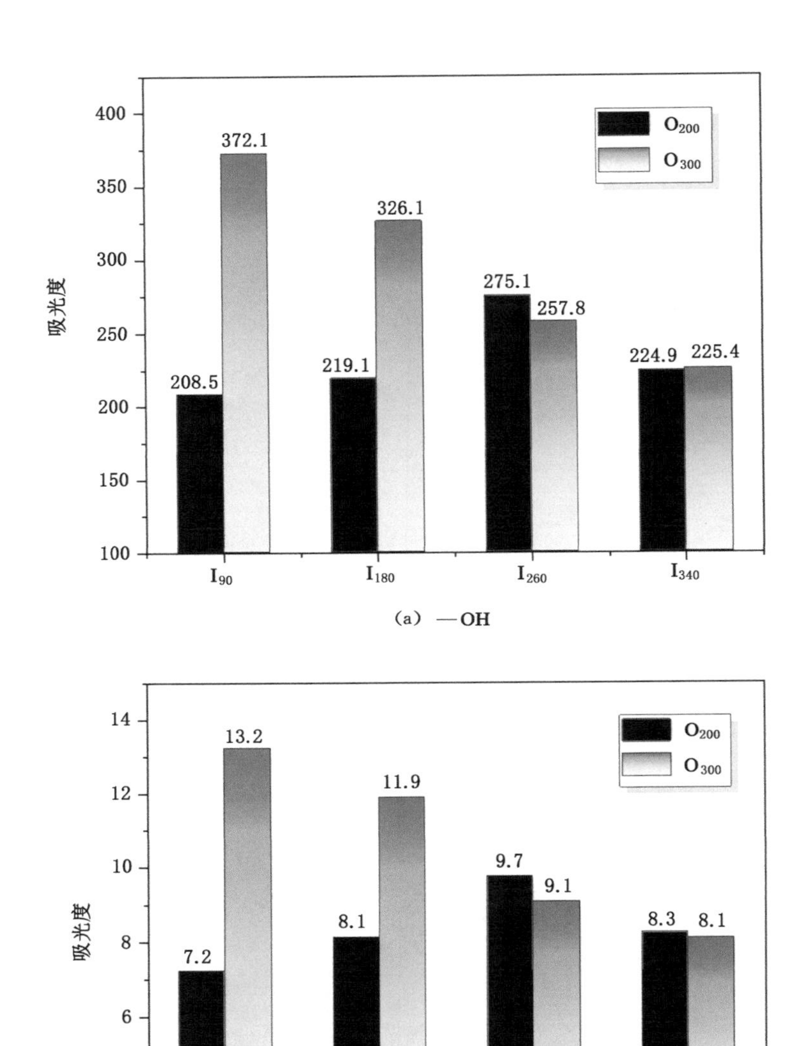

(a) —OH

(b) —COOH

图 2-21　官能团吸光度变化

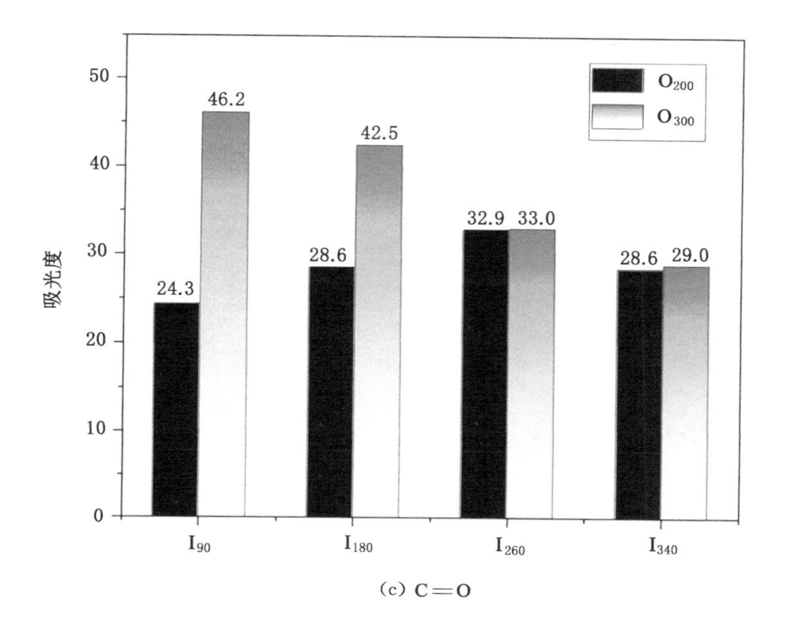

(c) C=O

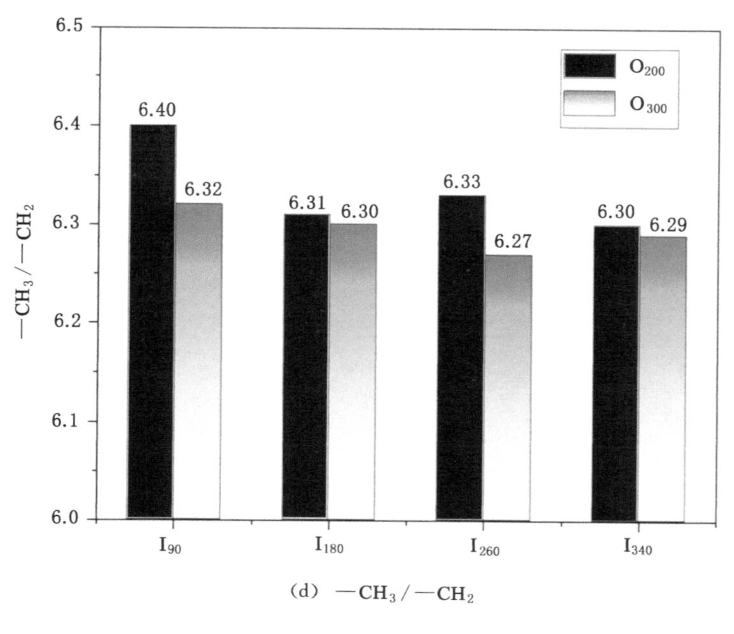

(d) $—CH_3/—CH_2$

图 2-21 （续）

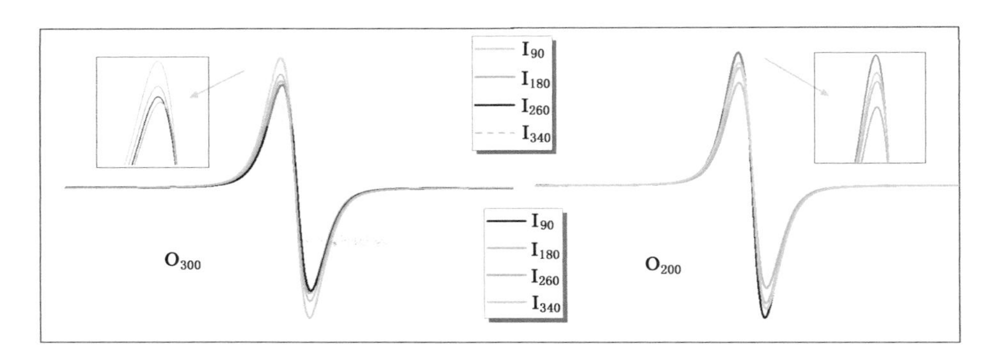

图 2-22　预氧化浸水煤样的 ESR 光谱变化

量化后的自由基浓度结果如图 2-23 所示，随着浸水时长的增加，200 ℃预氧化煤样的自由基浓度出现先降低再增高的趋势，在浸水 260 d 时最低，与含氧官能团含量的变化趋势相反。这一变化结果表明，随着浸水时长的增加，煤样在扩孔的同时，活性位点逐渐被水分子激活并且转化为含氧官能团。浸水延长至 340 d 时，浸水已转化的含氧官能团开始分解产生活性位点，造成自由基浓度增加。在预氧化 200 ℃时，浸水后的煤样自由基活性位与含氧官能团的相互转化较为紧密。由以上结果可知，浸水可以促进预氧化煤样的含氧官能团与活性位点相互转化。

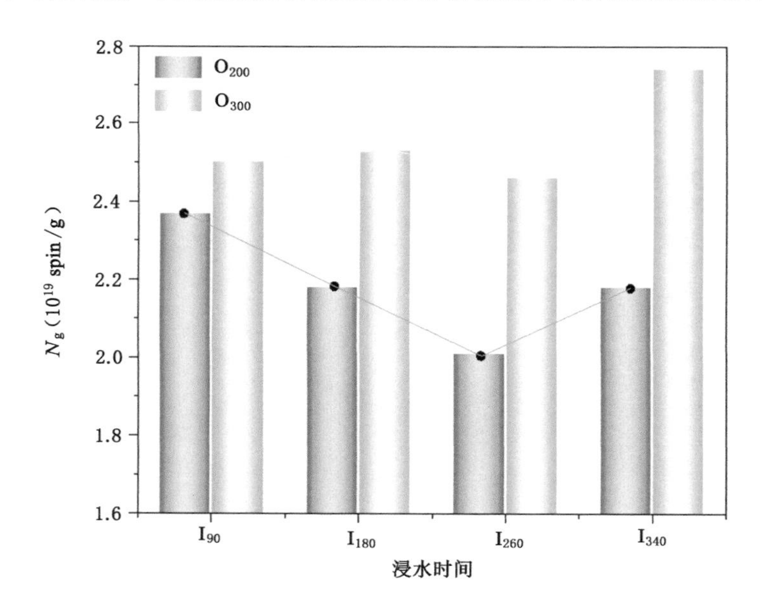

图 2-23　预氧化浸水煤样的自由基浓度

相对于预氧化 200 ℃煤样，预氧化 300 ℃煤样浸水后自由基浓度整体呈增加趋势，并且产生了较多相对稳定的自由基。在浸水时长小于 260 d 时，自由基变化较小，此时无机大分子脱落伴随含氧官能团含量降低，$O_{300}I_{260}$煤样基本能使表层氧化无机有机大分子脱落完毕。$O_{300}I_{260}$煤样由于初次氧化温度较高，长期浸水后煤分子中自由基被激发出来，产生较多的自由基活性位点。因此，浸水可以使高温氧化煤样含氧官能团脱落，促进部分含氧官能团转化为活性位点。

2.3.3 煤样燃烧热效应

为进一步分析不同预氧化浸水周期煤样的热演变特性，通过对热流积分得到煤样的放热量，各处理煤样氧化过程的 DSC 变化曲线如图 2-24 所示。不同浸水周期煤样的 DSC 曲线变化趋势相似，整个氧化燃烧过程以初始放热温度为节点大致分为吸热期和放热期两个阶段。

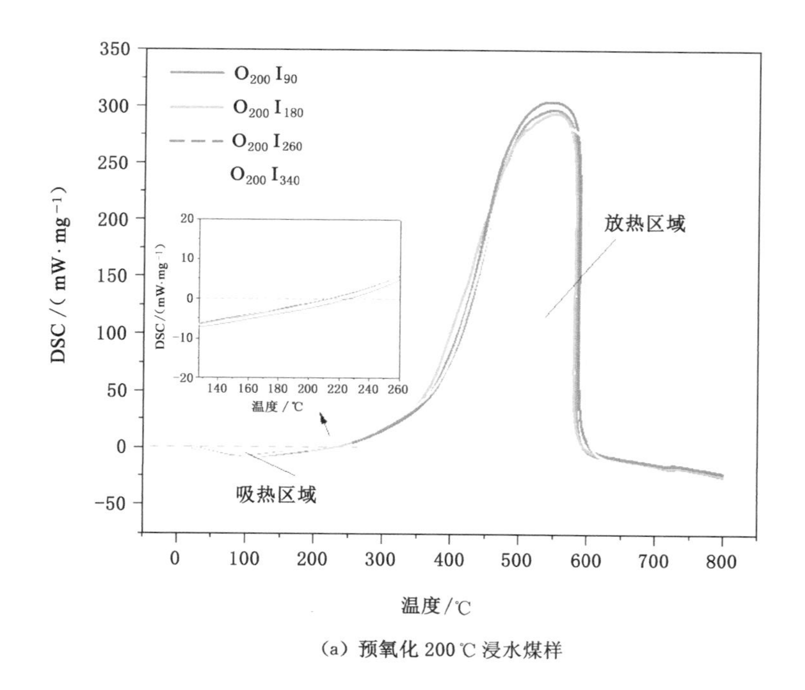

(a) 预氧化 200 ℃ 浸水煤样

图 2-24 煤样氧化过程的 DSC 变化曲线

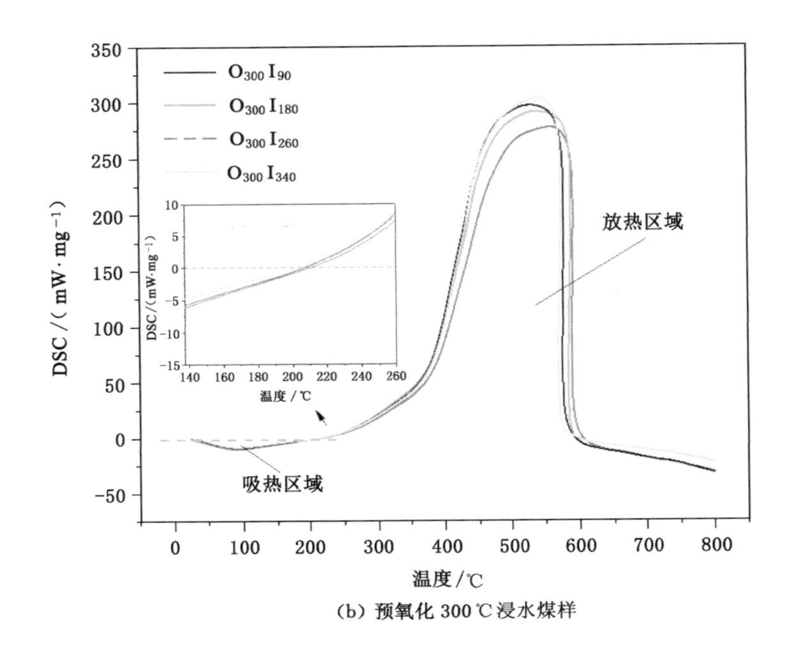

(b) 预氧化 300 ℃浸水煤样

图 2-24 （续）

热特征参数是煤氧化燃烧过程中的重要判定指标[19]，各预氧化浸水煤样的热特征参数如表 2-5 所示。初始放热温度受孔隙结构影响较大，随着浸水时长的增加，2 种预氧化煤样的内部孔隙更加发达，孔隙结构变得更加复杂。由于毛细力的作用，孔隙内会锁存一部分结合水，而孔径的增大会不同程度地减弱水分的锁存，故而随着孔径的增大，煤样的毛细吸附水量减小。随着浸水时长增加，预氧化煤样的小孔合并为大孔，微孔孔容减少，初始放热温度逐渐降低（最大降低 8%）。各处理煤样的最大吸热温度变化不大，由于预氧化 300 ℃煤样浸水后表层更加疏松，不同浸水时长会造成不同程度的脱落，比表面积发生变化，最大吸热量出现差异性变化。

表 2-5 预氧化浸水煤样的热特征参数

煤样	初始放热温度 /℃	最大吸热温度 /℃	最大吸热量 /($mW \cdot mg^{-1}$)	最大放热温度 /℃	最大放热量 /($mW \cdot mg^{-1}$)
$O_{200}I_{90}$	210.18	92.45	9.087	549.43	297.86
$O_{200}I_{180}$	207.05	92.13	9.732	552.73	294.74

表 2-5(续)

煤样	初始放热温度/℃	最大吸热温度/℃	最大吸热量/(mW·mg^{-1})	最大放热温度/℃	最大放热量/(mW·mg^{-1})
$O_{200}I_{260}$	206.72	92.92	8.507	542.73	304.96
$O_{200}I_{340}$	202.00	92.95	7.519	560.13	283.02
$O_{300}I_{90}$	225.90	92.05	8.323	528.06	297.49
$O_{300}I_{180}$	213.50	91.09	8.297	537.15	291.76
$O_{300}I_{260}$	214.28	92.42	8.392	559.25	277.92
$O_{300}I_{340}$	207.54	92.78	8.825	540.67	304.00

从预氧化 200 ℃浸水煤样来看，由于 $O_{200}I_{260}$ 较好地激活了煤分子内活性基团，官能团在断裂时释放出的热量增加，最大放热温度提前，最大放热量增大。从预氧化 300 ℃浸水煤样来看，$O_{300}I_{90}$ 煤样的最大放热温度相对其余煤样较低，而 $O_{300}I_{340}$ 煤样最大放热量较高，结合前文的自由基变化规律，间接说明了温度升高可以加速煤氧中自由基活性位与官能团转化，促进了氧化产热。

煤样的总吸/放热量如图 2-25 所示。

随着浸水时长的增加，预氧化煤样的小孔逐渐疏通为大孔，孔隙尺寸增大，锁水量相对减少，在低温氧化过程中水分蒸发时总吸热量较少，在低浸水时长下，预氧化煤样的总吸热量较大，随着浸水时长增加，氧化溶胀平孔增多，总孔容减小，孔内锁水量减少，$O_{300}I_{340}$ 煤样的总吸热量骤降。

受含氧官能团含量变化与平均孔径的影响，随着浸水时长的增加预氧化 200 ℃煤样总放热量出现先增加后减少的趋势，$O_{200}I_{260}$ 煤样总放热量较高，说明二次氧化激活了部分活性位，也进一步说明了活性位与官能团是可以相互转化的。预氧化 300 ℃煤样在浸水 260 d 后，平均孔径减小，含氧官能团与自由基含量减少，再次氧化时，链长缩短，参与反应的芳香烃系列的大分子结构氧化断裂产热较少，总放热量降低。$O_{300}I_{340}$ 煤样较好地激发了自由基活性位，同时微孔孔隙增多，提供了更多的活性位点，加速了氧化放热进程，使得总放热量增加。结果表明，总放热量受孔隙结构变化以及自由基官能团共同影响，$O_{300}I_{260}$ 煤样能较好地抑制煤自燃，$O_{200}I_{260}$ 在一定程度上会促进煤自燃的发生。

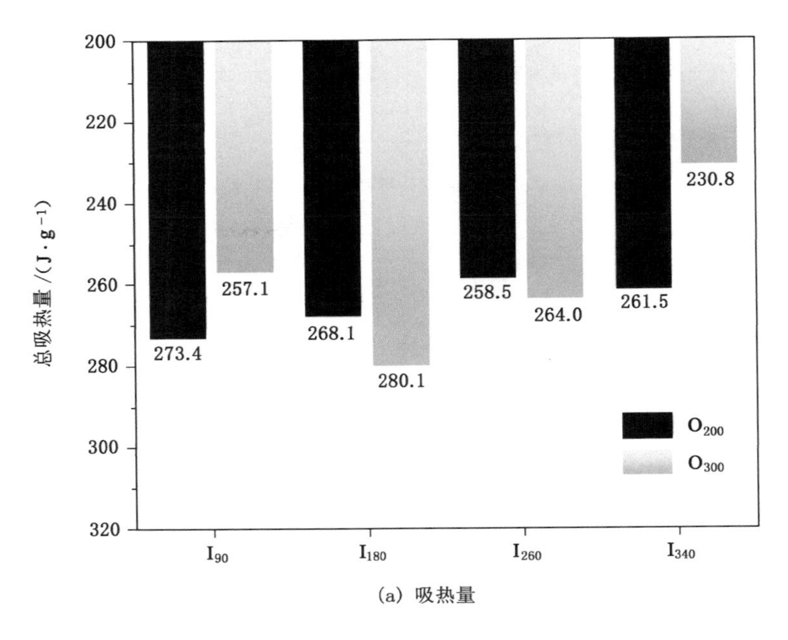

(a) 吸热量

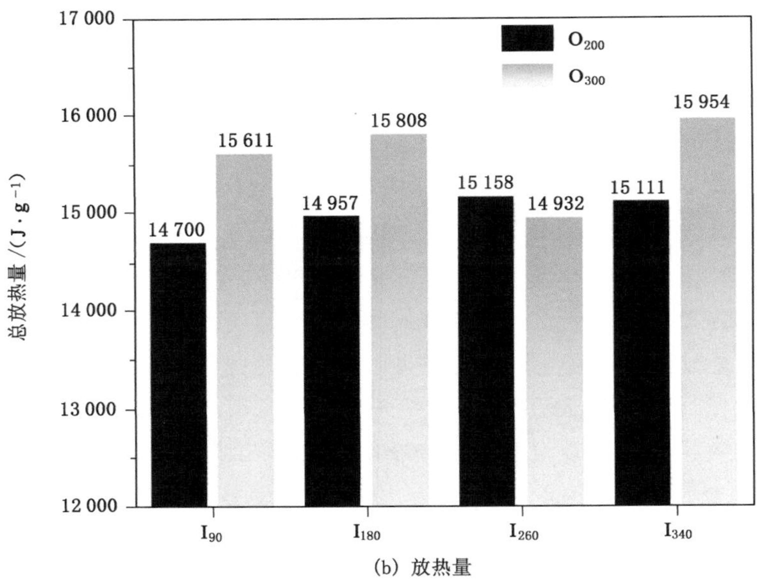

(b) 放热量

图 2-25 煤样的总吸/放热量

2.3.4 氧化过程的微反应机理

预氧化浸水的过程是不断破坏煤分子内部长键的过程。煤中的大量共价键在温度的刺激下发生断裂，产生大量的活性自由基，高温氧化增加了煤颗粒孔隙表面的疏松性。羧基的存在会增加煤样表面的亲水性，煤样中极性含氧官能团可以通过内部长键作用吸附一定量的水分子[20-21]，这类水分子主要附着在孔隙内壁上。结合 3.2 节内容，浸水后煤分子中预氧化催生的官能团伴随着水分子的浸入而流失，同时也会促进自由基活性位与含氧官能团的转化。相较而言，预氧化 200 ℃浸水煤样官能团与自由基活性位变化趋势相反，活性位点与官能团的转化较为密切，预氧化 300 ℃煤样长期浸水后官能团随矿物脱落较多，较好地激发自由基活性位的同时，水浸入后官能团随疏松有机无机物流失。这一过程如图 2-26 所示。

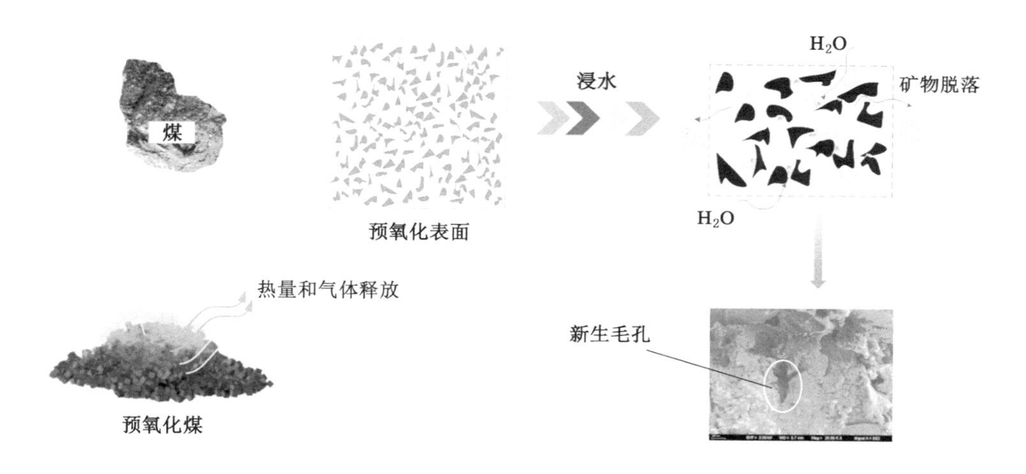

图 2-26 浸水处理预氧化煤样的孔隙演化机制

结合 J.H.Li 等的研究成果[22]，作出预氧化煤样的微反应机理图，如图 2-27 所示。水浸后的预氧化煤样，对活性官能团与自由基活性位点具有双重影响。一方面预氧化激发出较多的官能团与自由基活性位点，浸水后，官能团与自由基生成并相互转化。另一方面，随着浸水时长的增加，自由基与活性官能团流失，二次氧化时可参与反应的官能团减少。可通过有效控制高温氧化温度以及浸水时长来防止采空区煤自燃。

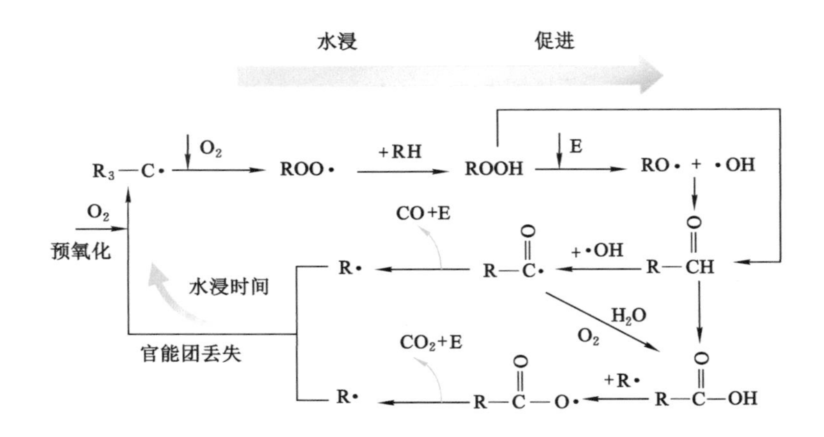

图 2-27　浸水预氧化煤样的微反应机理

2.4　本章小结

（1）煤样孔隙及裂隙状态的发育程度随浸水时长的增加呈规律性变化。浸水煤比表面积增加，增大了煤与氧气接触的面积，加快了吸附氧气的速率。除脂肪烃以外，I_{30}和I_{150}各基团含量相对 RC 的变化趋势一致，芳香环上 C＝C 和 C—H 含量降低，含氧官能团—OH 含量降低，缔合氢键百分比增加。程序升温测试结果整体表现为在低温氧化阶段前期I_{150}比I_{30}氧化活性高，而I_{90}的各项参数除了烷烃气体含量高于其他煤样以外都近似处于最低水平。

（2）高温氧化浸水煤样的孔隙结构呈现规律性变化。$O_{200}I_{260}$煤样的中孔孔容占比较大、平均孔径较大，而$O_{300}I_{180}$煤样平均孔径较大。随着浸水时长的增加，孔隙结构趋于单一。浸水会使官能团“丢失”，预氧化温度越高，浸水时间越长“丢失”现象越明显。较大的孔隙为煤样提供较多的活性位点，在二次氧化进程中可吸附更多的氧分子，侧链基团与含氧官能团断裂释放热量，$O_{200}I_{260}$与$O_{300}I_{340}$煤样总放热量较大，促进了煤样的氧化复燃进程。

参考文献

[1] 宋亚伟.浸水风干煤吸附及甲烷气氛下自燃特性研究[D].徐州：中国矿业大学，2020.

[2] 李增华，位爱竹，杨永良.煤炭自燃自由基反应的电子自旋共振实验研究[J].

中国矿业大学学报,2006(5):576-580.

[3] PILAWA B, WIEĘCKOWSKI A B, PIETRZAK R, et al. Oxidation of demineralized coal and coal free of pyrite examined by EPR spectroscopy [J].Fuel,2002,81:1925-1931.

[4] BEAMISH B B,ARISOY A.Effect of mineral matter on coal self-heating rate[J].Fuel,2008,87:125-130.

[5] SONG S,QIN B T,XIN H H,et al.Exploring effect of water immersion on the structure and low-temperature oxidation of coal: a case study of Shendong long flame coal,China[J].Fuel,2018,234:732-737.

[6] REICH M H,SNOOK I K,WAGENFELD H K.A fractal interpretation of the effect of drying on the pore structure of Victorian brown coal[J].Fuel, 1992,71(6):669-672.

[7] 徐凡,蒋剑春,孙康,等.基于活化能指标活性炭自燃倾向性研究[J].煤炭转化,2013,36(3):84-87.

[8] 赵婧昱,张永利,邓军,等.影响煤自燃气体产物释放的主要活性官能团[J].工程科学学报,2020,42(9):1139-1148.

[9] MOSOROV V.The Lambert-Beer law in time domain form and its application [J].Applied radiation and isotopes,2017,128:1-5.

[10] ZHAO J Y,DENG J,CHEN L,et al.Correlation analysis of the functional groups and exothermic characteristics of bituminous coal molecules during high-temperature oxidation[J].Energy,2019,181:136-147.

[11] WANG D M,XIN H H,QI X Y,et al.Reaction pathway of coal oxidation at low temperatures: a model of cyclic chain reactions and kinetic characteristics[J].Combustion and flame,2016,163:447-460.

[12] ZHAO J W, WANG W C, FU P, et al. Evaluation of the spontaneous combustion of soaked coal based on a temperature-programmed test system and in-situ FTIR[J].Fuel,2021,294:1-10.

[13] 唐一博,李云飞,薛生,等.长期水浸对不同烟煤自燃参数与微观特性影响的实验研究[J].煤炭学报,2017,42(10):2642-2648.

[14] ZHANG L J,LI Z H,YANG Y L,et al.Effect of acid treatment on the characteristics and structures of high-sulfur bituminous coal[J].Fuel, 2016,184:418-429.

[15] ZHOU C S,ZHANG Y L,WANG J F,et al.Study on the relationship between microscopic functional group and coal mass changes during low-

temperature oxidation of coal[J]. International journal of coal geology, 2017,171:212-222.

[16] E X Q,LIU X F,NIE B S,et al.FTIR and Raman spectroscopy characterization of functional groups in various rank coals[J].Fuel,2017,206:555-563.

[17] LI J H,LI Z H,YANG Y L,et al.Room temperature oxidation of active sites in coal under multi-factor conditions and corresponding reaction mechanism[J].Fuel,2019,256:1-11.

[18] ZHOU B Z, YANG S Q, WANG C J, et al. The characterization of free radical reaction in coal low-temperature oxidation with different oxygen concentration[J].Fuel,2020,262:1-9.

[19] ZHU H Q,ZHAO H R,WEI H Y, et al. Investigation into the thermal behavior and FTIR micro-characteristics of re-oxidation coal [J]. Combustion and flame,2020,216:354-368.

[20] HAN Y N,BAI Z Q,LIAO J J, et al. Effects of phenolic hydroxyl and carboxyl groups on the concentration of different forms of water in brown coal and their dewatering energy[J]. Fuel processing technology, 2016, 154:7-18.

[21] ZHAO H Y,LI Y H,SONG Q,et al.Drying,re-adsorption characteristics,and combustion kinetics of Xilingol lignite in different atmospheres[J].Fuel,2017, 210:592-604.

[22] LI J H,LI Z H,YANG Y L,et al. Laboratory study on the inhibitory effect of free radical scavenger on coal spontaneous combustion[J].Fuel processing technology,2018,171:350-360.

3 氧化浸水煤体复燃规律

煤样在特定温度氧化后，必然存在可分解有机物的分解，煤样表面结构出现变化，浸水后的煤样同样会存在孔隙的复杂变化，影响煤样的氧化燃烧进程。煤是具有多孔介质的复杂固体物质，其内部存在发达的孔隙结构，孔隙结构的存在增加了煤中有机物与外界气体接触的概率，并且为煤氧复合反应提供较大的表面积。所以预氧化浸水煤样物理结构的变化对煤自燃的影响具有重大意义，研究结果将为研究煤自燃过程中煤氧动力学理论提供参考。

3.1 实验部分

氧化煤样处理方式如下：① 原煤：将筛分后的煤样平铺在真空干燥箱内，设置30 ℃、−0.08 MPa(相对压力)环境下干燥 48 h 后放入密封袋，挤净袋内空气后将其放在真空干燥箱内封存备用，标记为 RC。② 预氧化煤样：煤样的预氧化过程和二次氧化过程均在具有程序升温控制模块的仪器(热重和原位红外光谱)中完成，而其他实验需要的预氧化煤通过程序升温实验获得。先将温度在一定空气氛围下升至目标预氧化温度(80 ℃、120 ℃、160 ℃、200 ℃)。待达到预氧化温度并保持5 min 后，将气源切换为氮气，在绝氧环境下降至初始温度，取出煤样封存备用，预氧化 80 ℃、120 ℃、160 ℃、200 ℃煤样分别记为 2# 80、2# 120、2# 160、2# 200。

预氧化浸水煤样处理过程：① 浸水煤样：取适量煤样放入烧杯与锥形瓶中，加入适量蒸馏水，用塑料薄膜将其密封并放置在阴凉干燥处浸泡 200 d，待浸泡结束后将水过滤掉，并置于阴凉处自然风干 3 d，然后放置在干燥箱内平铺，在 30 ℃、−0.08 MPa(相对压力)环境下干燥 48 h 后放入密封袋，标记为浸水 200 d 煤样(I_{200})。② 预氧化煤样浸水：取 2 份适量煤样利用程序升温系统按照初始温度30 ℃、干燥空气流量 50 mL/min、升温速率 1 ℃/min 条件下进行升温，2 份煤样分别升温至 200 ℃、300 ℃后持续氧化 5 h，隔绝空气降至室温，将 2 份预氧化煤样分别置于锥形瓶中浸入水中 200 d 后将水滤出，并置于阴凉处自然风干 3 d，然后放置在干燥箱内平铺，在 30 ℃、−0.08 MPa(相对压力)环境下干燥 48 h 后放入密封袋，标记为预氧化 200 ℃浸水($O_{200}I_{200}$)、预氧化 300 ℃浸水($O_{300}I_{200}$)煤样。预氧化

200 ℃煤样、预氧化 300 ℃煤样、原煤分别记为 O_{200}、O_{300}、RC。

原煤、预氧化煤样的程序升温实验参数设置如下：

(1) 预氧化过程参数：初始温度为 40 ℃，空气流量为 100 mL/min，氮气流量为 100 mL/min，升温速率为 1 ℃/min，终止温度为 80 ℃、120 ℃、160 ℃、200 ℃；

(2) 实验所用煤样参数：质量为 50±0.1 g、粒径为 0.15～0.18 mm。

程序升温实验、红外光谱实验、热重实验、电镜扫描实验、比表面积实验仪器以及简单设置过程均在第 2 章列出，此处不做赘述。

3.2 采空区内遗煤二次氧化特性

3.2.1 自燃特性参数的计算

(1) 耗氧速率。在数据处理中，我们采用了 K.Wang 等[1]的假设，假设采样器内漏风强度较小，风流流速恒定，忽略氧在混煤中的扩散，且认为煤温恒定。则煤体在通入新鲜空气后的耗氧速率为：

$$V_{O_2}(T)=\frac{20.9\%\cdot Q}{V_m}\ln\left(\frac{20.9\%}{C_{O_2}}\right) \tag{3-1}$$

式中 Q——供风风量，设置 $Q=100$ mL/min；

V_m——煤体体积，cm^3；

C_{O_2}——出口的氧气浓度，%。

(2) CO、CO_2 产生率。假设 CO、CO_2 产生率同耗氧速率成正比，则 CO、CO_2 产生率为：

$$V_{CO}(T)=\frac{C_{CO}V_{O_2}(T)}{20.9\%\left[1-\exp\frac{-SLV_{O_2}(T)}{20.9\%\cdot Q}\right]} \tag{3-2}$$

$$V_{CO_2}(T)=\frac{C_{CO_2}V_{O_2}(T)}{20.9\%\left[1-\exp\frac{-SLV_{O_2}(T)}{20.9\%\cdot Q}\right]} \tag{3-3}$$

式中 C_{CO}——出口处的 CO 浓度，%；

C_{CO_2}——出口处的 CO_2 浓度，%；

S——罐体底面积，cm^2；

L——罐体高度，cm。

(3) 放热强度。煤体自身的氧化放热推进着煤体温度的升高直至煤体自燃[2]。通常使用放热强度来描述煤体的放热性能[3]。假设煤氧化全部生成 CO 和 CO_2，且生成 CO 和 CO_2 的比例与实际生成率相同，则煤氧化放热强度为：

$$q(T)=\frac{V_{CO}(T)}{V_{CO}(T)+V_{CO_2}(T)}V_{O_2}(T)q_{CO}+\frac{V_{CO_2}(T)}{V_{CO}(T)+V_{CO_2}(T)}V_{O_2}(T)q_{CO_2} \tag{3-4}$$

式中 q_{CO}——生成CO所释放的平均反应热,取 $q_{CO}=306.45$ kJ/mol;

q_{CO_2}——生成 CO_2 所释放的平均反应热,取 $q_{CO_2}=450.14$ kJ/mol。

3.2.2 自燃特性分析

从图3-1可以看出,随着温度的升高,各煤样的自燃特征参数逐渐增加。基本上在130 ℃之前,自燃特征参数增加不明显,但在130 ℃以后,自燃特征参数迅速增加,呈指数增长。这些变化规律表明,氧化煤的自燃过程是先慢后快的过程。本书将该过程分为两个阶段。在快速氧化阶段,各煤样的自燃特性参数表现出较强的差异。尤其是当温度达到160 ℃后,差异进一步拉大并表现出明显的分级性,这可以很好地反映初次氧化对煤的规律性影响。故本书主要对比分析各煤样在快速氧化阶段的自燃特性。

如图3-1(a)、(d)所示,在快速氧化阶段,随着初始氧化温度的升高,煤样的耗氧速率呈现降低的趋势,这与放热强度的变化趋势一致。80 ℃预氧化煤的耗氧速率和放热强度在整个快速氧化阶段是所有煤样中最大的,而 $2^{\#}$ 200 煤的耗氧速率和放热强度最低。需要注意的是,预氧化120 ℃和160 ℃煤在快速氧化阶段的耗氧速率和放热强度并不是全程都大于原煤,而是在达到160 ℃左右后超过原煤并且差距越来越大。

广泛将CO和 CO_2 气态化合物作为煤自燃的重要指示气体。CO_2 气体的产生速率要大于CO气体的产生速率。预氧化温度对预氧化煤自燃过程中CO气体和 CO_2 气体的产生速率所产生的影响有所不同。其一,CO释放速率曲线中从缓慢增加转变为快速上升的转变温度要高于 CO_2 释放速率曲线中的转变温度;其二,CO产生率随预氧化温度的升高先减小后增大而 CO_2 产生率先减小后增大再减小。预氧化80 ℃煤的 CO_2 产生速率要大于其他预氧化煤的 CO_2 产生速率。特殊的是,原煤的CO生成速率要远大于预氧化煤,并且在80 ℃时有明显的增加,但原煤的其他特征参数均不是所有煤样中最高的,由此可以初步判断原煤所释放的CO气体有一部分来自煤体本身所吸附的CO。

综上所述,不同初始氧化温度的煤样在二次氧化过程中所表现的宏观的自燃特性具有明显的差异性。通过以上的比较分析可知,80 ℃氧化下煤能够消耗更多的氧气,释放更多的 CO_2 和热量,会在一定程度上促进煤的自燃,但200 ℃的氧化会抑制煤的自燃。

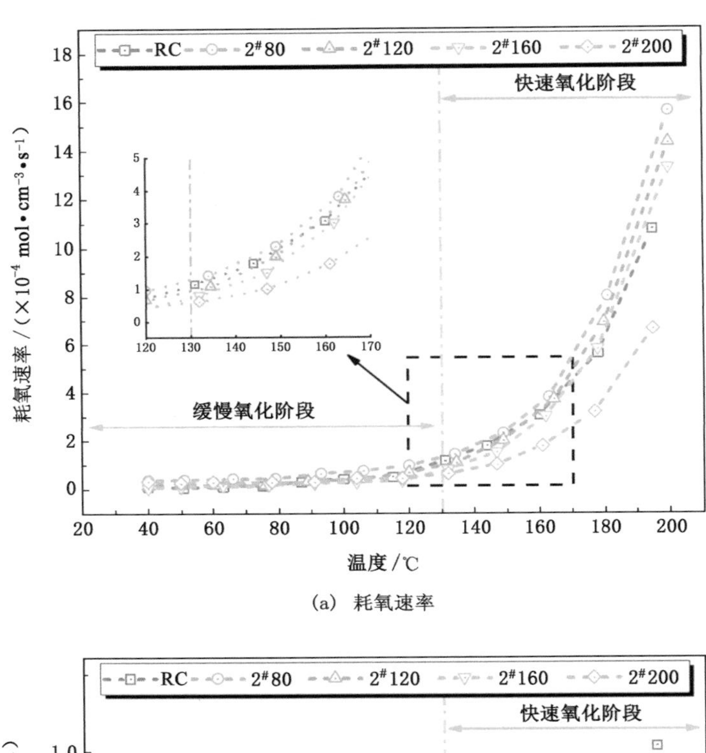

(a) 耗氧速率

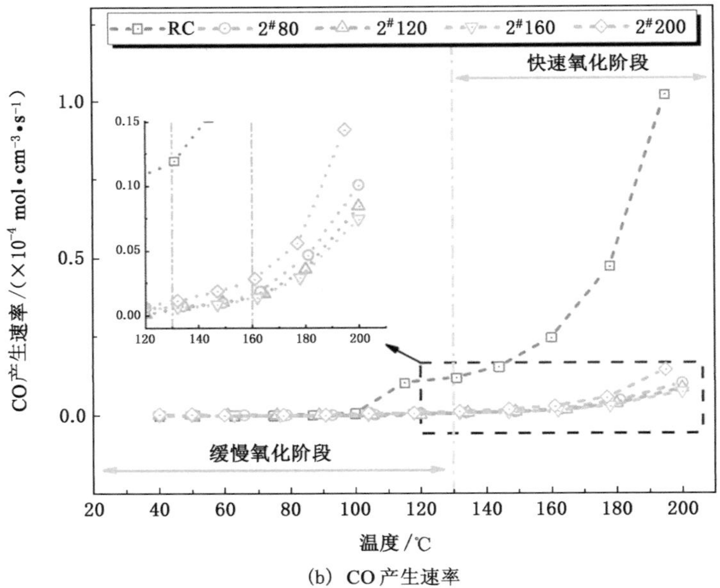

(b) CO 产生速率

图 3-1　煤自燃特征参数变化的曲线

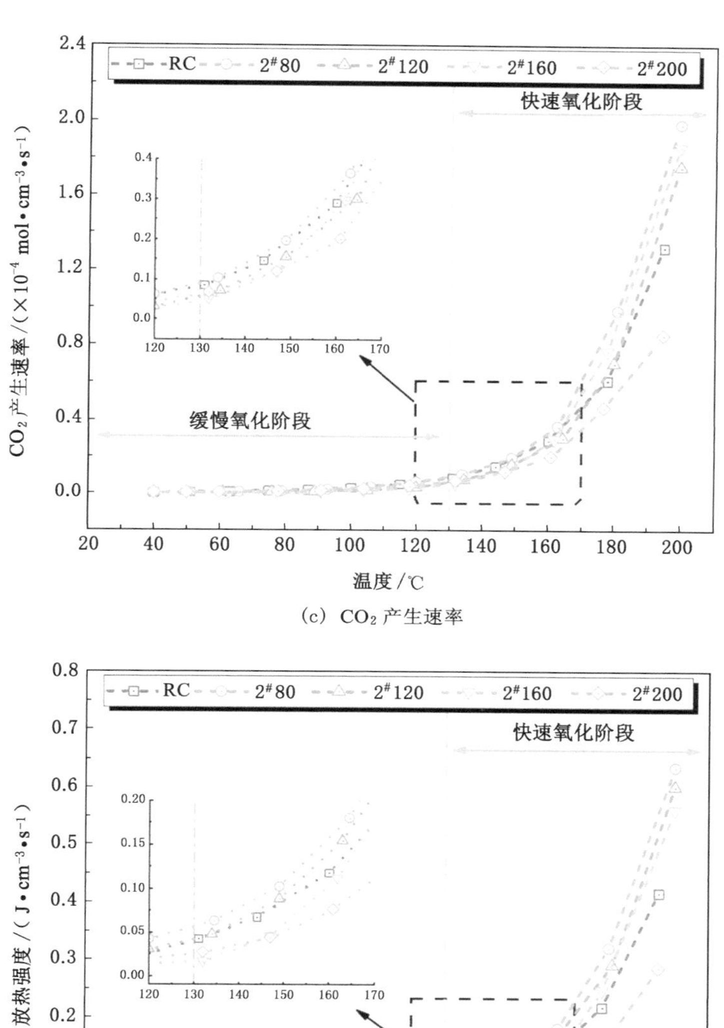

(c) CO_2产生速率

(d) 放热强度

图 3-1 (续)

3.2.3 热反应特征

原煤的 TG 曲线和相应的 DTG 曲线如图 3-2 所示，划分了煤氧化燃烧的5 个阶段。

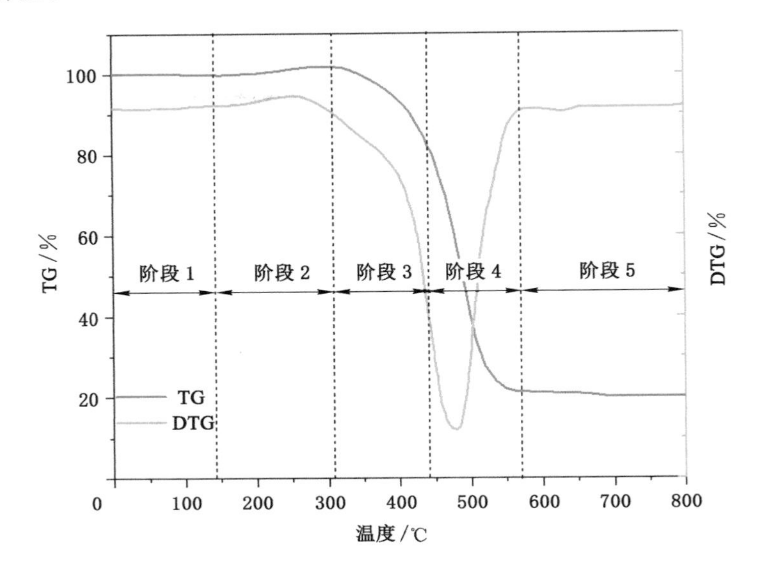

图 3-2 煤样的 TG 曲线和 DTG 曲线

特征温度是煤的一个重要特征参数。不同氧化程度的煤的特征温度列于表 3-1。

表 3-1 不同氧化程度的煤的特征温度

特征温度点	原煤样/℃	预氧化 80 ℃煤样/℃	预氧化 120 ℃煤样/℃	预氧化 160 ℃煤样/℃	预氧化 200 ℃煤样/℃
T_1	47.77	47.08	45.69	40.37	51.77
T_2	137	135.75	131.02	112.5	133.9
T_3	209.04	212.42	211.88	209.4	210.5
T_4	268.97	270.04	267.55	269.22	268.97
T_5	309.13	309.02	308.26	307.84	306.35
T_6	436.38	434.19	432.59	435.58	438.28
T_7	487.35	493.4	485.98	484.15	493.05
T_8	579.06	580.9	579.0	582.08	581.08

将表 3-1 画成柱状图如图 3-3 所示。

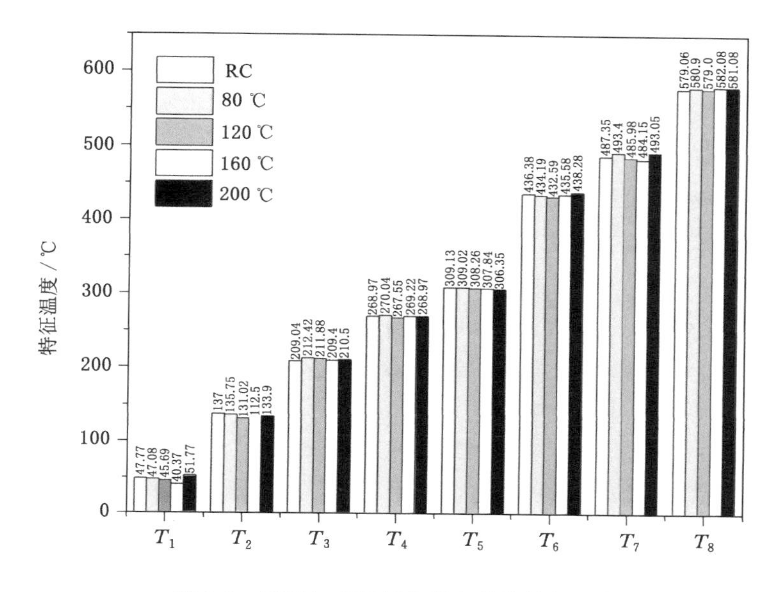

图 3-3 原煤与不同氧化程度煤的特征温度

由表 3-1 和图 3-3 可以看出，T_3 之后的特征温度变化较小，说明不同预氧化温度对其影响较小。而 T_1 和 T_2 特征变化幅度相对较大。故重点分析 T_1、T_2 的特征温度变化的规律。

临界温度 T_1，它是 DTG 曲线上第一个最大峰值点对应的温度。在 T_1 之前，煤中水分蒸发和原始气体解吸使煤样质量损失率越来越大，随着温度的升高，煤中的活性结构与氧结合生成煤样复合物附在煤样表面，使煤样质量损失率逐渐变小。在临界温度 T_1 处，煤中水分蒸发、原始吸附气体解吸和煤吸附氧的速率差达到最大值。预氧化温度低于 160 ℃的氧化煤中的临界温度 T_1 均比原煤的小。说明经过预氧化，煤中水分蒸发、原始气体脱附速率和煤吸附氧的速率差更容易达到最大值，且随预氧化温度的升高而下降，这是由于预氧化温度越高，煤中所含水分和原始气体就越少，活性结构就越多，所以煤样更容易吸附氧气。当预氧化温度超过 160 ℃时，临界温度 T_1 随预氧化温度的升高呈上升趋势。这可以解释为预氧化温度过高，过度消耗了煤样中的活性结构，使煤氧附合能力减弱，进而 T_1 升高。

干裂温度 T_2 标志着水分蒸发及气体脱附阶段的结束和吸氧增重阶段的开始。在这一温度点，煤结构中的烷基侧链、含氧官能团、桥键等开始断链，产生不同类型的气体，减少了煤样质量。与此同时，煤氧复合反应进一步加剧，生成的煤氧聚合物需要在较高的温度下才能分解，增加了煤样质量。在此温度下，达到了消耗煤样质量和增加煤样质量的平衡状态。干裂温度 T_2 随预氧化温度的升高先降低后升高，在预氧化温度为 160 ℃的煤样中最小。这可以解释为在预氧化温度低于 160 ℃时，预氧化煤样中的活性结构随预氧化温度的升高而增多，从而对氧的吸附速率加快，所以平衡点前移。当预氧化温度高于 160 ℃时，预氧化煤样中的活性结构被第一次氧化过度消耗，煤对氧的吸附强度减弱，所以平衡点后移。

根据 X.K.Chen 等[4]的研究，可以利用特征温度点将煤自燃划分为 5 个阶段：第 1 阶段是水分蒸发及气体脱附阶段（室温～T_2）；第 2 阶段是吸氧增重阶段（T_2～T_4）；第 3 阶段是热分解阶段（T_4～T_5）；第 4 阶段是燃烧阶段（T_5～T_8）；第 5 阶段是燃尽阶段（T_8～800 ℃）。

由于被预氧化温度影响较大的只有 T_1 和 T_2，故重点研究水分挥发及脱附阶段（室温～T_2）和吸氧增重阶段（T_2～T_4）。

表 3-2 为不同预氧化温度煤在水分蒸发及气体脱附阶段和吸氧增重阶段的平均质量变化率，计算公式为[5]：

$$v=\frac{m_2-m_1}{t} \tag{3-5}$$

式中 v——煤的平均质量变化率，%/min；

m_1——每个阶段的开始时煤炭的质量，%；

m_2——每个阶段结束时煤炭的质量，%；

t——每个阶段的时间，s。

表 3-2 不同预氧化温度煤的平均质量变化率

煤样	水分蒸发及气体脱附阶段			吸氧增重阶段		
	时间/min	质量变化率/%	平均质量变化率/(%·min^{-1})	时间/min	质量变化率/%	平均质量变化率/(%·min^{-1})
原煤	25.45	−0.49	−0.020 0	32.58	1.91	0.058 6
80 ℃	25.27	−0.29	−0.011 5	32.86	1.877	0.057 1
120 ℃	24.42	−0.19	−0.007 8	33.56	1.92	0.057 2
160 ℃	20.70	−0.16	−0.007 7	37.11	1.88	0.050 7
200 ℃	24.72	−0.09	−0.003 6	32.73	1.54	0.047 1

由表 3-2 可以看出，在水分蒸发及气体脱附阶段中，不同煤样的时间与温度的变化规律一致。但预氧化的煤样的质量变化率都比原煤的小，且随预氧化温度的升高而明显降低。说明一次氧化消耗了煤中的可燃物，对二次氧化影响较大。不同预氧化温度煤样的平均质量变化率与质量变化率保持一致，说明预氧化温度越高，煤样在此阶段反应越弱。

在吸氧增重阶段，预氧化煤所用的时间都比原煤的要多，且随预氧化温度的升高呈现先升高后降低的趋势。在预氧化温度为 160 ℃的煤样中时间取得最大值，说明预氧化温度为 160 ℃煤样的水分挥发及脱附阶段时间最短，吸氧增重阶段持续时间最长。预氧化煤的平均质量变化率都比原煤的要小，且随预氧化温度的升高而降低，这是因为第一次氧化使煤中的可燃物减少。除此之外，还可以看出吸氧增重阶段的平均质量变化率要明显大于水分挥发及脱附阶段的平均质量变化率，说明第 2 阶段的反应要比第 1 阶段的反应更剧烈。

3.2.4　氧化动力学分析

通过上述分析可得，预氧化温度的不同对煤自燃的水分挥发及脱附阶段和吸氧增重阶段影响较大。故本节拟通过普适积分法结合 Achar 微分法计算这两阶段的活化能，即利用普适积分法和微分方程法相结合的方式确定各阶段的最概然机理函数，即若 2 种方法算出的活化能 E 和指前因子 $\ln A$ 大致相同，且拟合直线的 R^2 都在 0.98 以上，则说明所选的最概然机理函数正确[6]，进而探讨不同预氧化温度对活化能和指前因子的影响。

（1）普适积分法

$$\ln \frac{G(\alpha)}{T-T_0}=\ln\left(\frac{A}{\beta}\right)-\frac{E}{RT} \tag{3-6}$$

（2）Achar 微分法

$$\ln\left[\frac{\frac{\mathrm{d}\alpha}{\mathrm{d}t}}{f(\alpha)}\right]=\ln A-\frac{E}{RT} \tag{3-7}$$

表 3-3 列出了常用的 28 种最概然机理函数的积分形式 $G(\alpha)$ 和微分形式 $f(\alpha)$。

表 3-3　反应机理函数的积分形式积分形式 $G(\alpha)$ 和微分形式 $f(\alpha)$

序号	函数名称	机理	积分形式 $G(\alpha)$	微分形式 $f(\alpha)$
1	抛物线法则	一维扩散	α^2	$\frac{1}{2\alpha}$
2	Valensi 方程	二维扩散圆柱形对称	$\alpha+(1-\alpha)\ln(1-\alpha)$	$-\ln(1-\alpha)^{-1}$

表 3-3(续)

序号	函数名称	机理	积分形式 $G(\alpha)$	微分形式 $f(\alpha)$
3	G-B 方程	三维扩散 球形对称	$\left(1-\frac{2}{3}\alpha\right)-(1-\alpha)^{2/3}$	$\frac{3}{2}[(1-\alpha)^{-1/3}-1]^{-1}$
4	Jander 方程	三维扩散 球形对称	$[1-(1-\alpha)^{1/3}]^2$	$\frac{3}{2}(1-\alpha)^{2/3}[1-(1-\alpha)^{1/3}]^{-1}$
5	Jander 方程	三维扩散	$[1-(1-\alpha)^{1/3}]^{1/2}$	$6(1-\alpha)^{2/3})[1-(1-\alpha)^{1/3})]^{1/2}$
6	Jander 方程	三维扩散	$[1-(1-\alpha)^{1/2}]^{1/2}$	$4(1-\alpha)^{1/2})[1-(1-\alpha)^{1/2})]^{1/2}$
7	反 Jander 方程	三维扩散	$[(1+\alpha)^{1/3}-1]^2$	$\frac{3}{2}(1+\alpha)^{2/3}[(1+\alpha)^{1/3}-1]^{-1}$
8	Mample 单行法则,一级	随机成核和随后生长	$-\ln(1-\alpha)$	$1-\alpha$
9	A-E 方程	随机成核和随后生长	$[-\ln(1-\alpha)]^{2/3}$	$\frac{3}{2}(1-\alpha)[-\ln(1-\alpha)]^{1/3}$
10	A-E 方程	随机成核和随后生长	$[-\ln(1-\alpha)]^{1/2}$	$2(1-\alpha)[-\ln(1-\alpha)]^{1/2}$
11	A-E 方程	随机成核和随后生长	$[-\ln(1-\alpha)]^{1/3}$	$3(1-\alpha)[-\ln(1-\alpha)]^{1/3}$
12	A-E 方程	随机成核和随后生长	$[-\ln(1-\alpha)]^4$	$\frac{1}{4}(1-\alpha)[-\ln(1-\alpha)]^{-3}$
13	A-E 方程	随机成核和随后生长	$[-\ln(1-\alpha)]^{1/4}$	$4(1-\alpha)[-\ln(1-\alpha)]^{3/4}$
14	A-E 方程	随机成核和随后生长	$[-\ln(1-\alpha)]^2$	$\frac{1}{2}(1-\alpha)[-\ln(1-\alpha)]^{-1}$
15	A-E 方程	随机成核和随后生长	$[-\ln(1-\alpha)]^3$	$\frac{1}{3}(1-\alpha)[-\ln(1-\alpha)]^{-2}$
16	收缩圆柱体	相边界反应 圆柱形对称	$1-(1-\alpha)^{1/2}$	$2(1-\alpha)^{1/2}$
17	反应级数	$n=3$	$1-(1-\alpha)^3$	$\frac{1}{3}(1-\alpha)^{-2}$
18	反应级数	$n=2$	$1-(1-\alpha)^2$	$\frac{1}{2}(1-\alpha)^{-1}$
19	反应级数	$n=4$	$1-(1-\alpha)^4$	$\frac{1}{4}(1-\alpha)^{-3}$

表 3-3(续)

序号	函数名称	机理	积分形式 $G(\alpha)$	微分形式 $f(\alpha)$
20	收缩球状	相边界反应球形对称	$1-(1-\alpha)^{1/3}$	$3(1-\alpha)^{2/3}$
21	反应级数	$n=1/4$	$1-(1-\alpha)^{1/4}$	$4(1-\alpha)^{3/4}$
22	幂函数法则	$n=3/2$	$\alpha^{3/2}$	$\frac{2}{3}\alpha^{-1/2}$
23	幂函数法则	$n=1/2$	$\alpha^{1/2}$	$2\alpha^{1/2}$
24	幂函数法则	$n=1/3$	$\alpha^{1/3}$	$3\alpha^{2/3}$
25	幂函数法则	$n=1/4$	$\alpha^{1/4}$	$4\alpha^{3/4}$
26	二级	化学反应	$(1-\alpha)^{-1}$	$(1-\alpha)^2$
27	反应级数	化学反应	$(1-\alpha)^{-1}-1$	$(1-\alpha)^2$
28	2/3 级	化学反应	$(1-\alpha)^{-1/2}$	$2(1-\alpha)^{3/2}$

经过数据处理，发现各煤样在水分蒸发和气体脱附阶段时，2 种方法的直线的拟合情况都不太理想，这可能是在这一阶段既有煤样中的水分蒸发和原始气体解吸，又有煤样复合作用，所以反应机理比较复杂。在此就只确定吸氧增重阶段的最概然机理函数。将各煤样在吸氧增重阶段用 2 种方法算出的活化能、指前因子和 R^2 列于表 3-4～3-8 中。

表 3-4　原煤吸氧增重阶段

序号	普适积分法			Achar 微分法		
	E	$\ln A$	R^2	E	$\ln A$	R^2
1	141.769 3	20.084	0.974 17	118.799 3	23.613	0.892 27
2	150.738 6	21.788	0.985 82	137.158 6	27.776	0.965 22
3	153.639	21.062	0.989 02	−0.013 98	−3 193.5	0.533 8
4	159.840 2	22.723	0.994 2	155.795 8	31.212	0.988 07
5	33.874 85	−3.522	0.990 74	31.018 93	3.859	0.826
6	32.759 13	−3.619	0.985 1	26.169 84	2.777	0.786 57
7	135.237 9	16.107	0.966	109.063 2	18.776	0.859
8	81.007 95	7.701	0.995	84.439 2	17.444	0.941 24
9	51.311 67	1.047	0.994 52	55.115 55	10.477	0.885

表 3-4(续)

序号	普适积分法			Achar 微分法		
	E	$\ln A$	R^2	E	$\ln A$	R^2
10	36.463 53	−2.280 5	0.993 78	40.337 5	6.878	0.810 5
11	21.615 39	−5.608	0.991 79	25.559 45	3.162	0.641
12	348.274 5	67.591	0.996	350.676 6	78.488	0.991
13	14.191 32	−7.271	0.988 78	18.170 42	1.218 4	0.478 37
14	170.096 8	27.664	0.995 66	173.34	38.063 1	0.980 81
15	259.185 6	47.628	0.995 82	25.559 45	5.359	0.641
16	73.599 15	5.025	0.989 11	66.580 98	12.014 2	0.952 66
17	52.950 72	1.245	0.895 77	−30.707 1	−12.164	0.047 89
18	58.577 75	2.371 26	0.931 02	14.070 17	−0.734 5	0.019 8
19	48.701 73	0.367 69	0.864 56	−70.818 4	−22.277	0.185 15
20	75.863 31	5.226	0.993 26	72.611 21	13.208	0.961
21	77.033 07	5.252	0.994	75.626 32	13.719	0.959 67
22	104.298 6	11.995	0.973	81.718 66	15.320 24	0.834 26
23	29.357 12	−4.182 1	0.959 39	7.557 343	−1.788	0.069 45
24	16.866 88	−6.878	0.943 01	−4.802 88	−4.861	0.039
25	10.621 77	−8.226	0.916 81	−10.983	−6.483	0.155
26	26.039 46	−3.147	0.350 59	127.426 5	28.805	0.807 5
27	102.136 2	13.332	0.930 7	127.426 5	28.805	0.807 5
28	8.979 284	−7.705	0.206 7	102.762 3	21.608	0.887 45

表 3-5 80 ℃预氧化煤吸氧增重阶段

序号	普适积分法			Achar 微分法		
	E	$\ln A$	R^2	E	$\ln A$	R^2
1	127.560 5	28.086 2	0.941 46	124.452	24.862	0.890 84
2	135.746 2	29.540 2	0.953 58	139.095 2	28.046	0.944 39
3	137.347 7	28.516 2	0.976 08	146.037 2	28.381	0.964
4	142.914 9	30.035 2	0.982 53	159.048 9	31.812	0.980 48
5	12.580 66	2.884 2	0.630 7	21.113 81	1.521	0.627 58
6	11.414 94	2.775 2	0.595	16.258 27	0.429	0.527 65
7	121.468 1	24.217 2	0.923 42	114.927 2	20.082 7	0.858

表 3-5(续)

序号	普适积分法			Achar 微分法		
	E	ln A	R^2	E	ln A	R^2
8	62.342 92	14.691 2	0.988	79.823 21	16.313	0.947 49
9	32.178 51	7.946 2	0.900 6	46.679 07	8.479	0.828
10	15.324 27	4.165 03	0.678	31.810 02	4.869	0.68
11	−1.529 96	0.384 2	0.015 85	15.543 04	0.818	0.302
12	342.251 4	77.316 2	0.979 91	362.916 3	81.059	0.980 98
13	−9.957 08	−1.506 8	0.373	7.488 668	−1.274	0.084 2
14	157.420 8	35.975 2	0.977 17	31.355 94	6.15	0.658 76
15	251.849	57.110 48	0.975 06	268.647 4	59.674	0.982 41
16	58.068 32	12.729 2	0.937 32	60.661 4	10.554	0.966 79
17	38.777 57	9.311 2	0.765	−34.722	−12.873	0.105
18	44.323 26	10.414 2	0.833 56	2.991 086	−3.3023	0.001 68
19	34.562 71	8.445 2	0.701 02	−71.896	−22.450	0.209 86
20	60.399 76	12.946 2	0.945 56	65.554 03	11.488	0.976 56
21	61.662 73	12.996 2	0.948 85	70.070 22	12.354	0.972 59
22	96.107 15	21.412 2	0.911 83	80.329 91	14.969	0.857 57
23	8.543 425	2.351 2	0.460 1	—	—	—
24	−6.050 51	−0.825 8	0.251 4	−13.549 7	−6.854	0.254
25	−13.347 5	−2.413 8	0.565	−20.046	−8.547	0.415 43
26	—	—	—	118.173 1	26.453	0.820 71
27	—	—	—	118.173 5	26.453	0.820 71
28	−18.435 6	−2.651 8	0.241	98.995 01	20.689	0.879 9

表 3-6 120 ℃预氧化煤吸氧增重阶段

序号	普适积分法			Achar 微分法		
	E	ln A	R^2	E	ln A	R^2
1	139.345 7	23.027 2	0.969 72	119.997 9	23.887 3	0.906 72
2	147.019 5	24.368 2	0.977 97	133.505 8	26.815	0.956 3
3	144.069 5	22.288 2	0.982 32	140.097 3	27.07	0.973 42
4	156.745 1	25.456 2	0.986 89	152.168 1	30.293	0.985 65
5	33.017 83	−0.226 8	0.980 99	26.776 8	2.83	0.747 42

表 3-6(续)

序号	普适积分法			Achar 微分法		
	E	ln A	R^2	E	ln A	R^2
6	31.857 68	−0.334 8	0.974 86	20.652 99	1.443	0.614 89
7	133.474 1	19.209 2	0.959 38	110.959	19.219 3	0.877 97
8	79.332 81	10.803 2	0.989 28	79.847 49	16.351 4	0.932 07
9	50.519 1	4.359 2	0.986 39	49.841 2	9.224	0.837 58
10	35.865 64	1.080 2	0.984 68	34.838 05	5.576	0.706
11	21.108 58	−2.223 8	0.981 47	19.834 9	1.809 54	0.420 39
12	342.934 8	69.794 2	0.989 98	353.617 4	79.096	0.963 02
13	13.806 25	−3.857 8	0.975 17	12.333 33	−0.159	0.212 12
14	167.746 8	30.594 13	0.989 07	169.618 2	37.15	0.977 99
15	259.185 6	50.064 2	0.995 8	263.496 3	58.62	0.949 72
16	71.813 5	8.088 2	0.981 22	61.814 79	10.842	0.946 69
17	52.605 09	4.684 2	0.886	−29.205	−11.669	0.069
18	58.099 2	5.776 52	0.923 21	7.210 954	−2.351 64	0.011 17
19	48.213 02	3.776 2	0.854 1	−64.414 1	−20.789 7	0.167 55
20	74.324 26	8.348 9	0.985 04	67.825 69	12.042	0.956 21
21	75.258 87	8.323 2	0.987 79	70.831 14	12.557	0.954 11
22	102.482 8	15.080 2	0.968 27	81.973 92	15.379 88	0.862 94
23	28.971 89	−0.763 8	0.950 19	5.302 348	−2.303 9	0.042
24	16.614 59	−3.428 8	0.930 67	−7.476 25	−5.474	0.082
25	10.325 49	−4.786 8	0.903 54	−13.865 5	−7.143 34	0.236
26	26.529 29	0.556 2	0.351 1	116.481 3	26.132	0.790 86
27	104.955 5	17.549 2	0.911 29	116.481 3	26.132	0.790 86
28	9.242 483	−4.094 8	0.184 55	97.880 18	20.474	0.864 37

表 3-7　160 ℃预氧化煤吸氧增重阶段

序号	普适积分法			Achar 微分法		
	E	ln A	R^2	E	ln A	R^2
1	121.356 5	27.095 86	0.978 96	116.489 5	23.633	0.941 42
2	131.724 4	29.288 73	0.983 64	139.558 4	29.258	0.987 08
3	133.367 7	28.249 72	0.984 41	142.908 4	28.687 3	0.986 33

表 3-7(续)

序号	普适积分法			Achar 微分法		
	E	$\ln A$	R^2	E	$\ln A$	R^2
4	144.201 5	31.262 6	0.983 77	147.091 8	29.928	0.983 02
5	13.785 28	3.201 13	0.625 52	25.139 22	2.655	0.557 2
6	8.908 455	2.055 96	0.438 46	22.685 93	2.165	0.545
7	115.248 9	23.167 02	0.970 79	107.156 2	18.816 8	0.916 85
8	54.543 02	12.927 2	0.962 01	70.567 2	14.99	0.887
9	25.441 94	6.284 35	0.848 09	44.263 87	8.098	0.741 62
10	10.891 41	2.962 86	0.484 43	29.978 7	4.554	0.563
11	−3.659 13	−0.358 8	0.084 75	15.693 52	0.892 39	0.255 04
12	317.245 5	72.909 2	0.982 67	329.967 4	75.016 6	0.983 35
13	−10.934 4	−2.019 36	0.434 77	8.550 932	−1.023 46	0.090 41
14	142.182 4	32.939 2	0.982 69	158.545 3	35.247	0.968 57
15	229.149 4	52.785 12	0.986 03	244.256 3	55.191	0.980 2
16	50.577 11	11.113 2	0.972 79	63.250 33	11.652 57	0.923 62
17	32.583 95	7.836 2	0.889	—	—	—
18	36.893 88	8.660 2	0.923 69	34.814 78	5.104	0.598 71
19	28.945 68	7.084 2	0.842	−3.090 98	−4.781 14	0.001 35
20	57.171 59	12.534 2	0.963 69	66.409 83	12.128 69	0.913 42
21	52.469 07	10.955 2	0.969 06	67.989 58	12.281 79	0.907 32
22	83.407 53	18.738 98	0.983 26	79.916 78	15.313 4	0.908 64
23	8.068 488	2.158 2	0.511 9	6.771 279	−1.847 67	0.089 9
24	−4.488 02	−0.605 35	0.191 29	−5.419 64	−4.930 28	0.059 48
25	−10.766 3	−1.987 09	0.536 92	−11.515 1	−6.557	0.222
26	−15.553 2	−2.137 8	0.215 44	93.105 24	20.549 8	0.64 62
27	64.616 55	15.767 2	0.893 3	93.105 24	20.549 8	0.646 2
28	−24.216 9	−4.584 8	0.574	82.207 36	16.942	0.841 15

表 3-8　200 ℃预氧化煤吸氧增重阶段

序号	普适积分法			Achar 微分法		
	E	$\ln A$	R^2	E	$\ln A$	R^2
1	98.442 7	18.071 9	0.980 82	104.824 6	20.465	0.905
2	104.963 9	19.145 39	0.986 1	118.264 5	23.388	0.956 99

表 3-8(续)

序号	普通积分法			Achar 微分法		
	E	$\ln A$	R^2	E	$\ln A$	R^2
3	108.037 9	18.425 21	0.987 18	124.951 5	23.674	0.973 85
4	114.097 6	20.101 51	0.986 06	133.744 3	26.15	0.991 72
5	1.663 432	−3.115 6	0.018 26	24.477 45	2.28	0.636 96
6	0.515 435	−3.222	0.001 52	19.564 01	1.167 63	0.555 87
7	90.534 04	13.773	0.984 69	95.941 51	15.83	0.875 18
8	44.537 13	7.171 46	0.918 41	74.110 37	15.066	0.902 89
9	17.749 13	1.162	0.643	47.286 16	8.642	0.794
10	4.355 121	−1.843 2	0.090 24	33.874 05	5.346	0.659 2
11	−9.038 88	−4.848	0.274	20.461 95	1.932	0.403
12	285.629 2	61.259 43	0.975 03	315.528 2	70.613	0.971
13	−15.735 9	−6.351	0.515	13.755 9	0.139	0.228 64
14	124.901 1	25.201	0.972 96	154.582 2	33.812	0.962 52
15	205.265 2	43.230 1	0.975 2	235.055 6	52.271	0.969 65
16	36.857 76	4.414	0.964 12	55.951 1	9.507	0.936
17	18.307 3	1.154 35	0.919 12	−35.593 4	−13.225	0.099
18	23.628 02	2.209 5	0.963 73	—	—	—
19	14.266 66	0.324 8	0.847 5	−71.163 8	−22.471	0.192 29
20	39.141 5	4.623 44	0.953 86	62.004 19	10.724	0.939 9
21	40.361 93	4.664	0.947 15	65.030 74	11.247	0.934
22	64.878 37	10.84	0.988 11	71.232 55	12.939	0.855
23	−2.250 31	−3.623	0.045	4.048 436	−2.636	0.023
24	−13.438 4	−6.034	0.534	−7.148 92	−5.455	0.068 7
25	−19.032 5	−7.239	0.657 7	−12.747 6	−6.949	0.187 51
26	—	—	—	110.874 4	24.913 7	0.753
27	67.695 08	13.366	0.716	110.874 4	24.913 7	0.753
28	−17.638 5	−5.979	0.233 64	92.269 64	19.238	0.825

由表3-4～3-8可以看出，原煤、80 ℃预氧化煤、120 ℃预氧化煤、160 ℃预氧化煤和200 ℃预氧化煤的最概然机理函数一致，都是4号函数，即Jander方程，机理是三维扩散、球形对称。说明预氧化温度的不同对吸氧增重阶段的反应机理影响不大。

根据最概然机理函数求得各煤样在吸氧增重阶段的活化能。如表3-9所示。

表3-9　各煤样在吸氧增重阶段的活化能和指前因子

煤样	E	$\ln A$
原煤	157.818	26.968
80 ℃	150.98	30.924
120 ℃	154.45	27.875
160 ℃	145.65	30.590
200 ℃	125.57	23.510

由表3-9可以看出，就活化能来说，预氧化煤样在吸氧增重阶段的活化能都比原煤的小，说明经过预氧化，煤样中的水分蒸发和原始气体解吸使孔隙增多，使煤氧更容易发生反应。且随预氧化温度的升高活化能减少，说明预氧化温度越高，煤氧复合反应更容易。由于指前因子反映的是反应速率的大小，在160 ℃之前，预氧化煤的指前因子都比原煤的要大，说明预氧化煤在此阶段的反应速率要大于原煤；而在160 ℃以后，预氧化煤的反应速率比原煤的小。这可以解释为在预氧化温度小于160 ℃时，煤样的活化分子增多，煤氧复合反应增强，所以反应速率增大；当预氧化温度大于160 ℃时，由于温度过高，一次氧化过度消耗了煤样中的活化分子，所以煤氧复合反应减少，故氧化反应速率降低。

3.2.5　微观结构特征及官能团迁移规律

孔体积(PV)和比表面积(SSA)是反映煤孔隙结构的重要参数，通过BET测试获得的数据如表3-10所示。可以看出，随着初始氧化温度的升高，煤的比表面积呈先降低后升高再降低的波动式变化，与孔体积的变化趋势一样。其中160 ℃预氧化煤的比表面积最大，80 ℃预氧化煤的比表面积相比于原煤有明显的增加。比表面积先降低是由于随着温度的升高，煤体表面覆盖了吸附氧气形成的固体产物[7]，后上升是由于达到一定温度后含氧复合物开始分解，释放了一定的内部空间，再降低是由于随着含氧复合物不断地氧化分解造成内部孔隙的塌陷。

表 3-10　样品的孔隙性质

煤样	SSA/($m^2 \cdot g^{-1}$)	PV/($cm^3 \cdot g^{-1}$)
原煤	0.35	0.002 73
氧化 80 ℃	0.412 915	0.002 346
氧化 120 ℃	0.287 248	0.002 175
氧化 160 ℃	0.494 798	0.002 465
氧化 200 ℃	0.365 637	0.002 189

由图 3-4 可知，煤体内部并不均匀而是含有大量的孔隙且呈随机分布状态。按照孔径的大小将煤体内部孔隙分类，结果如图 3-4 所示，分为：微孔(<10 nm)、中孔(10～100 nm)、大孔(>100 nm)。煤样未经过预氧化处理时主要以大孔为主，微孔和中孔占较小的比例。煤样经过初次氧化处理之后，大孔的比例呈现不同程度的下降，其中 160 ℃预氧化煤的中孔和微孔所占比例显著增加。这说明一次氧化使得煤体的微观孔隙结构发生了不同程度的改变，使得氧化煤的自燃倾向性增大成为可能。

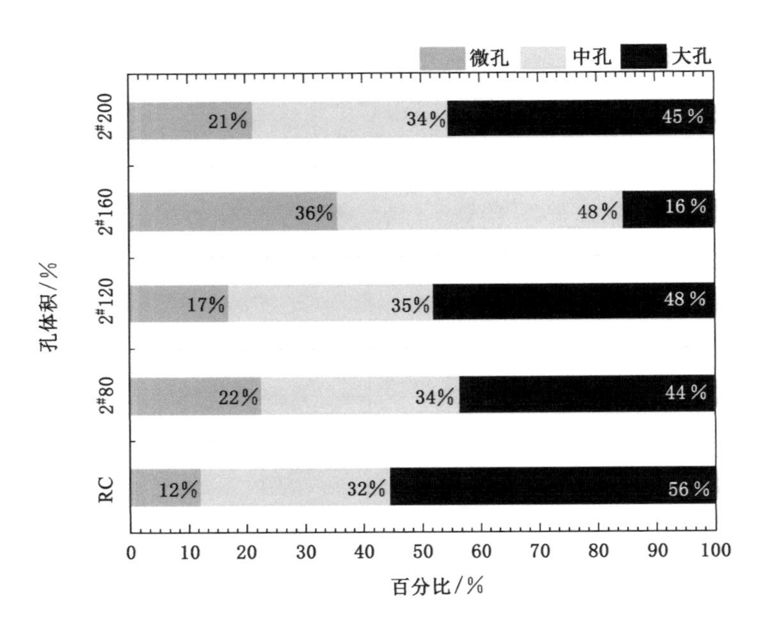

图 3-4　样品的孔体积分布

根据之前的研究，为了能够清楚地确认官能团的峰位置以及将一次氧化对煤样官能团的影响定量化，首先将原始红外光谱[图 3-5(a)]分为 3 个部分(3 000～3 700 cm^{-1}、2 800～3 000 cm^{-1}和 1 000～2 000 cm^{-1})，利用 Peakfit 软件对不同煤样的 3 段光谱分别进行处理获得初始峰面积。最后用公式(3-8)对其进行校正[8]，从而得到不同活性官能团的相对浓度，以相对浓度来表示官能团的含量。本研究选取的官能团以及对应的峰值如表 3-11 所示。

$$c=\frac{f_{A}}{f} \tag{3-8}$$

式中　c——不同官能团的相对浓度；

f_{A}——峰面积；

f——单位吸光峰面积。

各官能团的值见表 3-12。

表 3-11　各官能团对应的峰值

波数/cm^{-1}	官能团	归属
3 660	—OH	—OH 自由基
3 550～3 200		—OH 伸缩振动
2 957	$—CH_3$	甲基的反对称伸缩振动
2 882		甲基的对称伸缩振动
2 918	$—CH_2$	亚甲基的反对称伸缩振动
2 847		亚甲基的对称伸缩振动
1 720	C═O	脂肪酸酐伸缩振动
1 572	—CO—	酯基反对称伸缩振动

表 3-12　各官能团对应的值

标号	官能团	单位吸光峰面积 f
1	—OH 自由基	4.91
2	羟基处于缔合态	632.00
3	甲基的反对称伸缩振动	44.11
4	甲基的对称伸缩振动	33.15
5	亚甲基	86.88
6	羰基	85.78
7	羧基	245.84

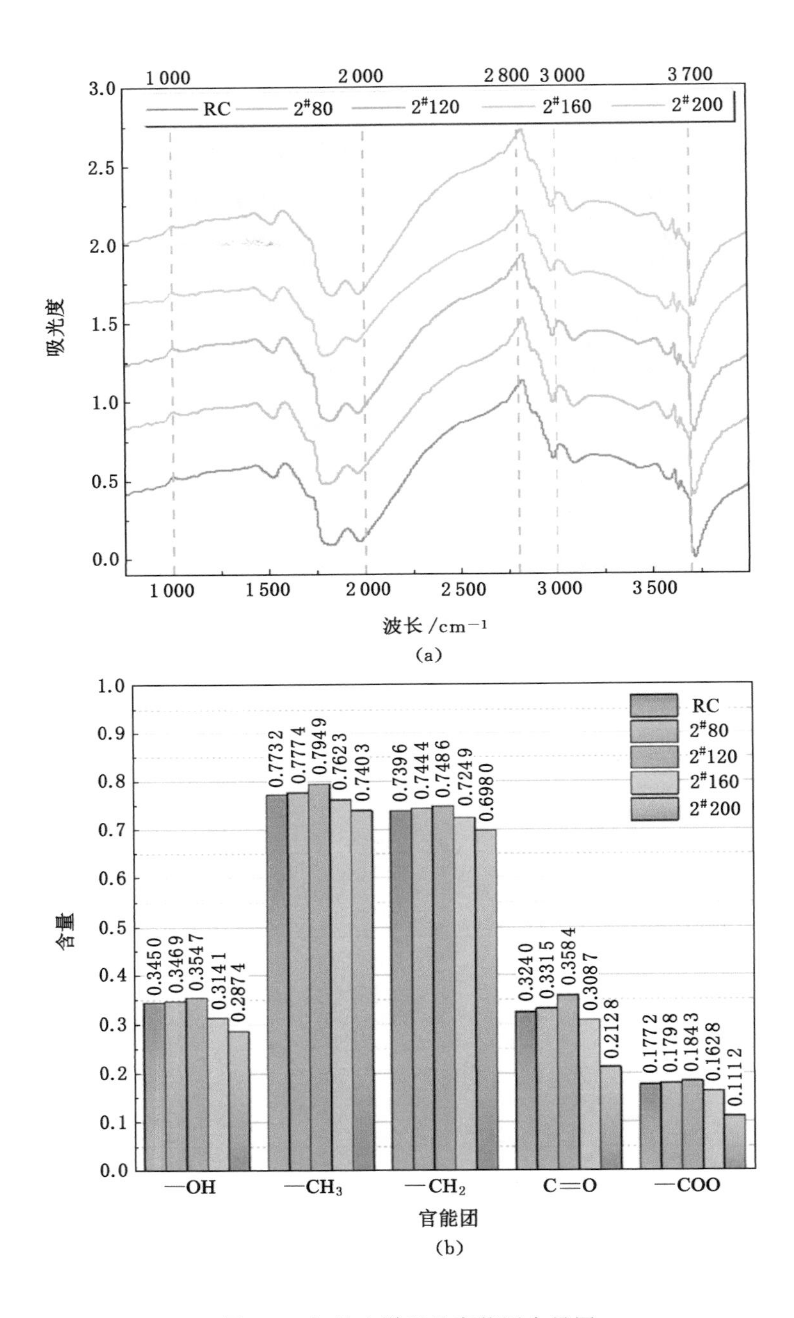

图 3-5　红外光谱以及官能团含量图

从图3-5(b)可看出,预氧化120 ℃煤中各主要官能团的初始含量均大于其他煤样的,但与预氧化80 ℃煤和原煤的含量相差不大,而预氧化200 ℃煤中各主要官能团的初始含量要明显小于其他煤样的。煤自燃过程中煤体与氧气反应会生成不稳定的煤样络合物和稳定的固体产物,不稳定的煤样络合物随着温度的上升和氧化时间的延长会很快分解生成—OH、C＝O和—COO等次生基团,而稳定的固体产物分解生成次生基团则需要足够高的能量。显然,在预氧化过程中,温度达到80 ℃时,稳定的固体产物能够吸收足够的能量生成活性基团,导致官能团含量的增加。当温度大于120 ℃时,由于温度升高,反应速率增加,稳定的固体产物不断分解,活性基团的生成速率小于消耗速率,导致各活性官能团的含量明显减少。

根据氧化煤的低温氧化特征分析,在快速氧化阶段各煤样在160 ℃时的自燃特征参数开始出现明显的分级现象。故选取各煤样在温度达到130 ℃、145 ℃、160 ℃、180 ℃和200 ℃时的红外光谱数据进行处理,得到各官能团的含量随温度的变化曲线,如图3-6(a)～(e)所示。为了进一步表示各煤样的低温氧化过程之间的差异,进一步处理了与5种官能团含量随温度变化有关的数据。计算预氧化煤和原煤中官能团的变化率[公式(3-9)]分析为每个温度段(130～145 ℃、145～160 ℃、160～180 ℃和180～200 ℃)中官能团含量的变化率。对每段的变化率取绝对值求和来表示官能团含量随温度的总变化率,数值越大,说明对应官能团参与的反应越剧烈,结果如图3-6(f)所示。

$$V_{T_2-T_1}=\frac{A_{T_2}-A_{T_1}}{N_2-N_1} \tag{3-9}$$

式中　T_1和T_2——各个温度段的开始温度和终点温度,℃;

A_{T_1}和A_{T_2}——在T_1和T_2时官能团的含量;

T_2-T_1——从T_1到T_2的官能团的变化速率,℃$^{-1}$。

从图3-6(a)可以看出,羟基(—OH)的含量随温度的升高先增加后减少,拐点温度为160 ℃。煤的氧化过程中—OH的消耗主要是由于其与氢原子发生反应生成水。在160 ℃之前,羟基的生成量大于消耗量,在160 ℃时羟基的含量达到最大。随后,随着温度的升高,煤氧反应速率加快,随着水在加热过程中逐渐蒸发,——OH的含量降低。160 ℃预氧化煤的羟基含量的初始含量低但在快速氧化阶段整体上要大于其他煤样的,这可能是预氧化过程导致其比表面积明显增加,缓慢氧化阶段生成了大量的羟基。但是由图3-6(f)可知,预氧化160 ℃煤样在快速氧化阶段羟基的总变化率并不突出;预氧化80 ℃煤羟基的总变化率明显大于其他煤样的,并且在二次氧化160 ℃时羟基的含量最大,说明预氧化80 ℃煤体在氧化过程中—OH的反应最为剧烈。

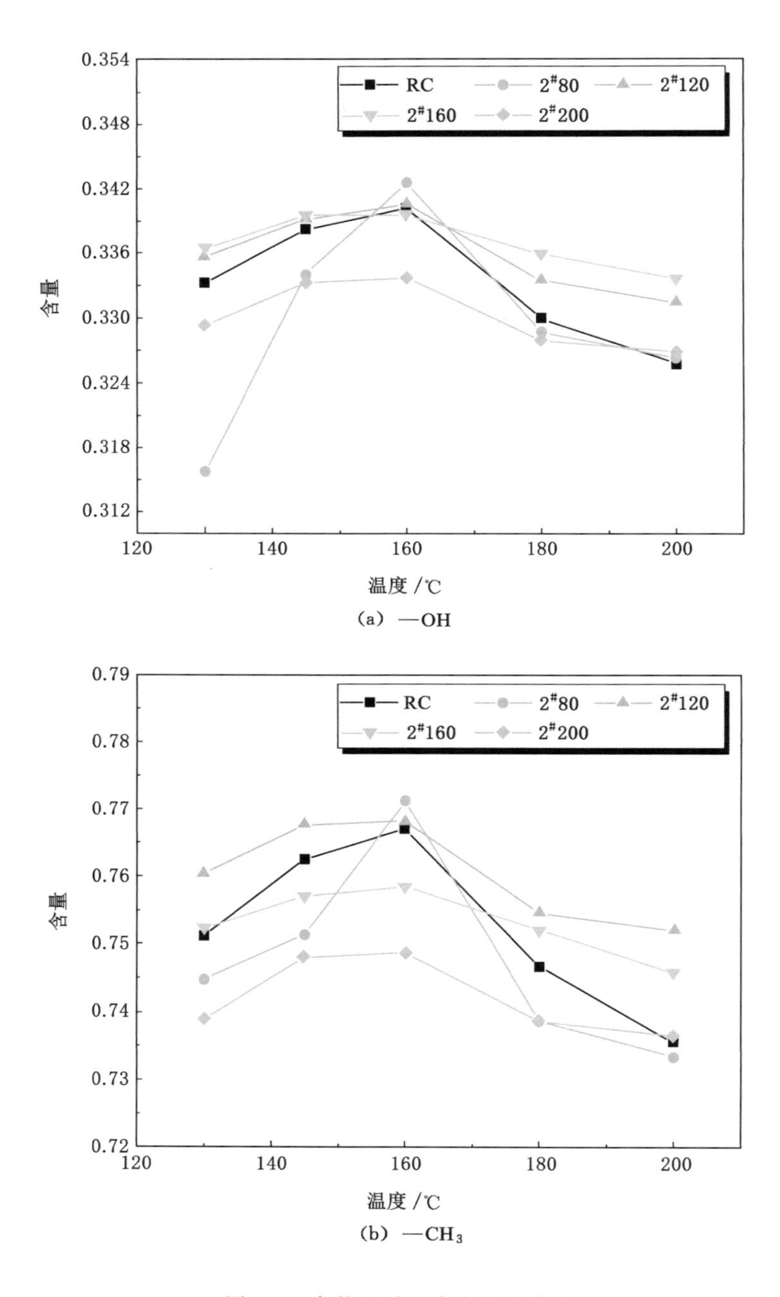

(a) —OH

(b) $—CH_3$

图 3-6 官能团随温度变化的曲线

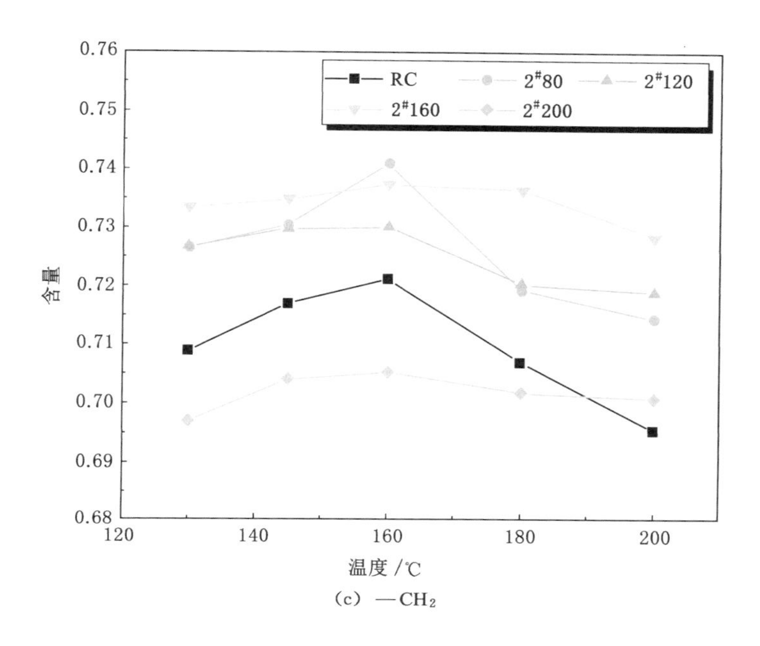

(c) —CH_2

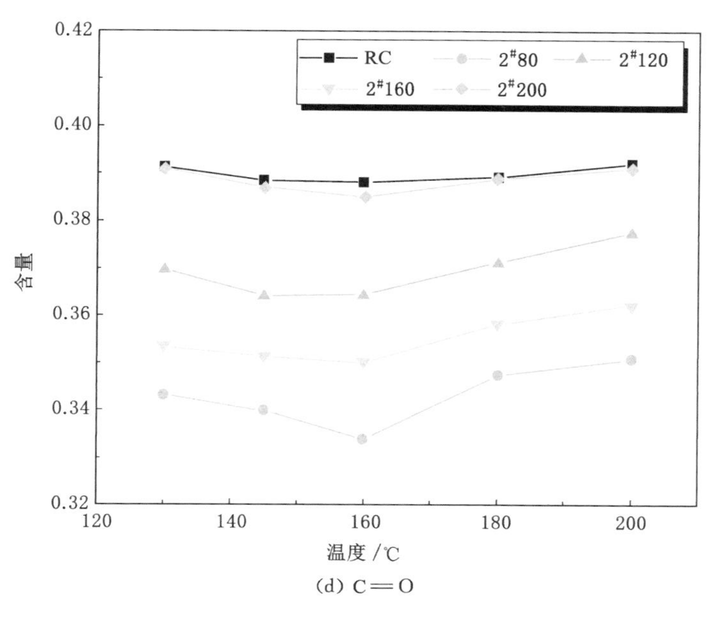

(d) C═O

图 3-6 （续）

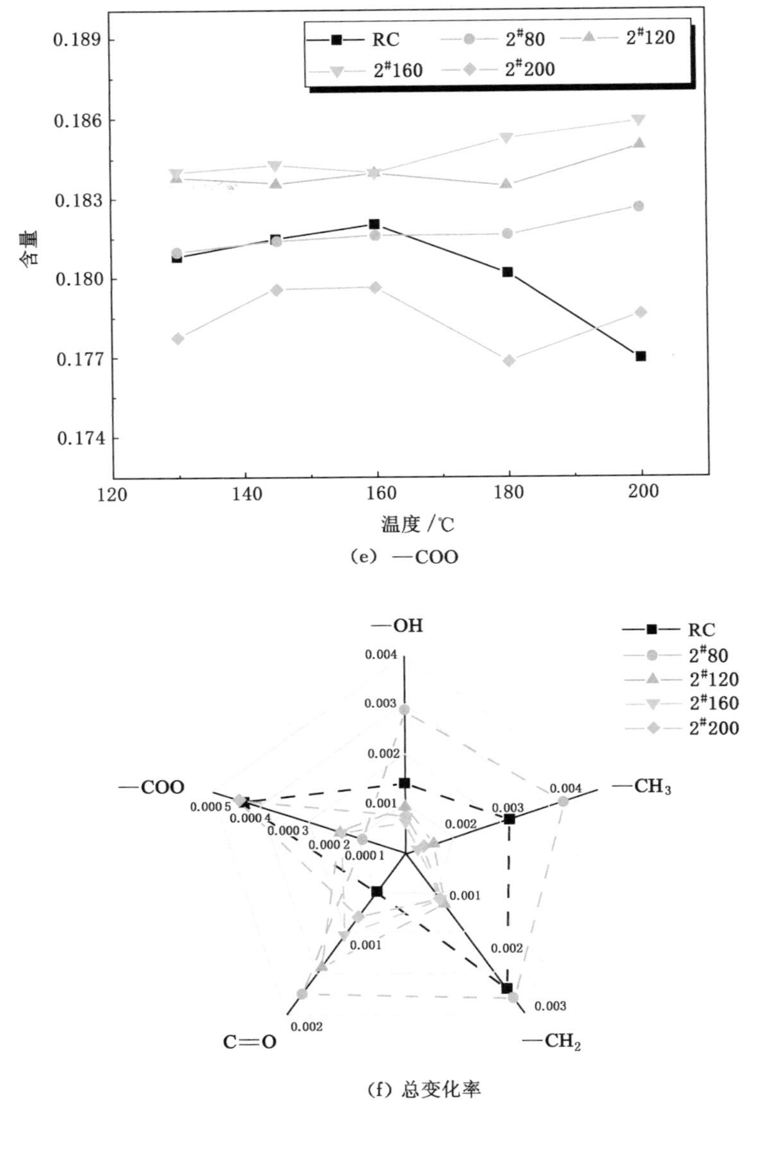

(e) —COO

(f) 总变化率

图 3-6 (续)

如图 3-6(b)、(c),煤样中甲基(—CH_3)和亚甲基(—CH_2)的含量随温度的升高呈先上升后下降的趋势,拐点温度依旧为 160 ℃,总体上含量呈减少趋势,这是因为达到一定温度后,环烷烃键断链,生成更多的脂肪烃。随着温度的升高，煤与氧气接触频率加快，脂肪烃侧链由于氧分子的攻击而加速断裂，导致—CH_2和—CH_3 含量降低。而煤样的羰基(C═O)的含量变化趋势与甲基和亚甲基的含量变化趋势相反，总体上呈增大趋势。这表明 C═O 基团的变化主要受脂肪族的氧化的影响。甲基、亚甲基和羰基的含量变化的拐点温度均为 160 ℃，并且预氧化 80 ℃煤在拐点温度时还原性官能团(甲基和亚甲基)的含量最多。预氧化 200 ℃煤的羰基含量明显大于其他预氧化煤的羰基含量，说明在缓慢氧化阶段有所蓄积。

从图 3-6 可以看出，羧基(—COO—)的含量相比其他官能团的要少很多，其总变化率也最小，并且煤样的羧基含量没有统一的变化趋势。原煤的羧基含量随温度的升高先升高后降低，总体呈降低趋势，而预氧化煤则以不同的变化趋势波动式上升。

图 3-6(f)是各煤样官能团的总变化率雷达图，从图中可以明显看出总体上预氧化 80 ℃煤的氧化过程中各官能团的总变化率所围成的面积最大，说明该煤样内部发生的反应最为剧烈。

根据煤自燃反应的链式循环过程，羧基和羰基是 CO_2 和 CO 的直接来源。而 C═O 和羰基基团的变化主要受脂肪族的氧化的影响。预氧化 80 ℃煤能够产生最多的甲基和亚甲基并且反应最剧烈，这解释了为什么该煤样在宏观上表现出最快的耗氧速率、最快的气体产生速率(CO_2 和 CO)以及最高的放热强度。而预氧化 200 ℃煤最弱的微观特征也验证了该煤样最弱的宏观表现。

综上所述，预氧化 80 ℃煤达到拐点温度(160 ℃)时拥有更多的还原性官能团(—OH、—CH_3 和—CH_2)，而氧化性官能团(C═O、—COO)含量总体较少，并且反应最为剧烈，说明该煤样与氧结合的能力增强。而预氧化 200 ℃煤样与氧结合的能力减弱。

3.3 高温氧化浸水煤体的物理结构特征

3.3.1 表面形貌的变化

为了更清晰地得出各处理煤样形貌的变化，图 3-7 清晰地展示出煤样放大 5 000倍的 SEM 图。

煤内部结构较为复杂，内部含有较多的矿物质，有些矿物质分布在煤的表面，有些矿物质分布在煤体内部，大部分原煤的孔隙空间被这类矿物质阻塞[9]，由图 3-7 可以看出，相对来说，原煤的平整光滑表面，浸水 200 d 的煤样表面更加粗糙，原生孔隙相对增多，松散性相对较大，增大了煤表面的煤氧接触面积，在氧化过程中对气体吸附能力更强，浸水会使原有煤结构破裂性更强，疏通含有松散矿物质的孔隙，逐步演化为溶胀孔，使内部孔隙增大。煤样经过预氧化后，出现了较多的小孔隙，并且随预氧化温度的升高，小孔隙密度增大，预氧化处理对煤样的表面粗糙度影响较小，但会使煤样表面较易氧化物质脱落，形成深凹孔隙，氧化孔数量增加。

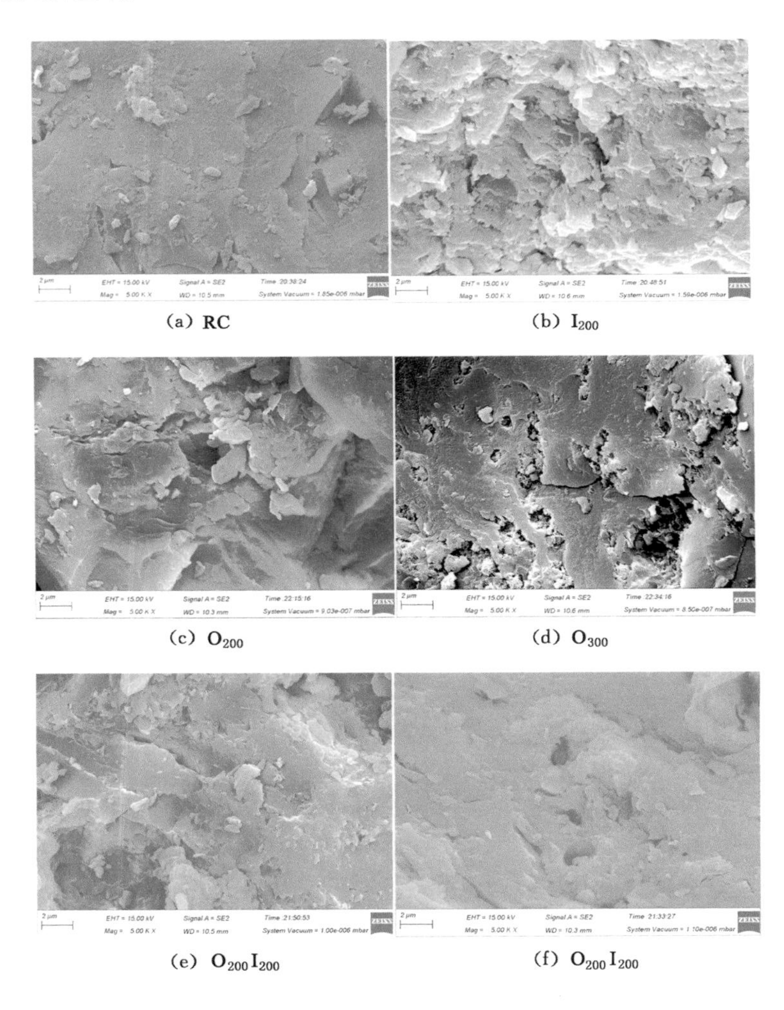

(a) RC　(b) I_{200}

(c) O_{200}　(d) O_{300}

(e) $O_{200}I_{200}$　(f) $O_{200}I_{200}$

图 3-7　预氧化浸水煤样放大 5 000 倍 SEM 图

通过观察预氧化浸水煤表面结构，发现预氧化煤浸水后的煤样表面结构相对浸水煤样的较为光滑，粗糙性减弱。主要原因为高温预氧化使得煤样表层有机物分解，氧化孔增加，浸水后氧化孔隙内与表层疏松性有机物和无机物脱落，氧化层被水分子溶解的同时疏通了孔隙内部通道，使得煤样孔隙相对增大。在预氧化 200 ℃浸水后，煤样出现部分孔隙，在水分的冲刷条件下，相对平整，但孔隙结构仍较为复杂。预氧化 300 ℃浸水后的煤样，氧化溶胀孔明显增大，出现了“孔中孔”的现象，但是其孔隙结构相对预氧化 200 ℃浸水煤样的来说较为简单。

原煤样表面相对光滑，浸水后煤体表面会变得更加粗糙，此时煤样氧化溶胀孔增多，而煤样经历高温氧化后，易氧化的表层有机物被分解，氧化孔增多。经历预氧化浸水后的煤样粗糙度减小，由于水的浸入进一步疏通松散的矿物质使孔隙增大，氧化溶胀孔会明显扩大。

3.3.2 煤样的孔隙结构变化

1. 孔隙分类

煤中微孔隙大小是煤在氧化过程中燃烧快慢的决定性因素之一。目前，对煤结构的分析主要体现在孔隙类型、孔隙体积、比表面积等方面，其中对孔隙分类的研究类别较杂且较多[10-13]，IUPAC 孔隙分类法是当前学术界普遍认可并接受的方法。该方法主要对 10 nm 以上的孔隙变化定了标准，对 10 nm 以下的小孔隙没有细分，在低温氧化煤自燃的过程中，尤其是预氧化浸水煤样，小孔及微孔结构的变化对煤自燃有较大的影响，故本书采用张双全[14]对于孔隙划分的方法分析，通过充分考虑孔隙结构的不同对气体运移和吸附的影响，找出了预氧化浸水煤的孔隙结构变化规律，分类结果如表 3-13 所示。其中中小孔能形成弯液面，蒸气压降低时发生毛细凝聚，水受毛细作用束缚在其中，而大孔对水的束缚作用较小，水基本可以在孔内自由流动[15]，图 3-8 绘制出了预氧化浸水煤样孔隙结构演化过程，通过预氧化浸水处理，煤样孔隙结构发生变化，从而影响孔隙对水的束缚能力。

表 3-13 煤中孔隙分类

孔类别	孔径/nm	孔隙成因	气体吸附特性
大孔	1 000～100	构造孔、胶体孔	多分子层吸附
中孔	100～10	胶体孔	毛细管凝结
小孔	10～2	胶体孔、变质孔	毛细管凝结
微孔	2～0	变质孔	毛细管充填

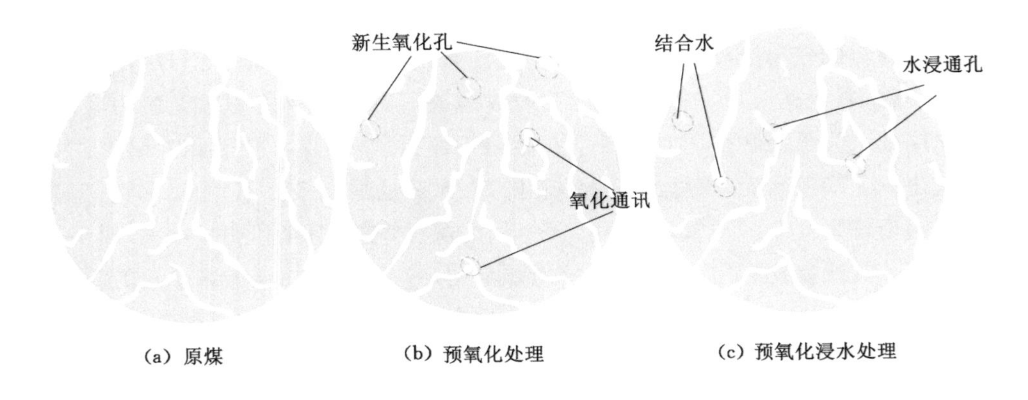

图 3-8 预氧化浸水处理煤样微观演化结构图

2. 吸附/脱附曲线及孔体积演化

煤样吸附曲线能在一定程度上表示随压力的变化煤样孔隙对氮气的吸附能力,吸附曲线即吸附等温线。预氧化浸水后的煤样由于变质程度的不同,孔隙结构存在较为复杂的变化,故而其氮气吸附/脱附量也不尽相同。图 3-9 为浸水煤样吸附/脱附曲线对比。

从图 3-9 可以看出,(a)～(d)吸附曲线变化趋势基本一致,其下半焦趋向于 X 轴,属于Ⅲ型吸附等温线,在相对压力小于 0.8 时(中压以下),吸附量上升较缓,而在高压下吸附量增加较快,说明在中压影响的孔隙结构主要为大孔,相对于原煤样的最大吸附量,其余处理煤样的氮气吸附量较高,$O_{200}I_{200}$煤样最大吸附量最高,说明该煤样孔隙结构较为发达。图 3-9(f)煤样与其余煤样相比存在较大变化,属于Ⅱ型吸附等温线,在曲线 0～0.1 相对压力下上升较快,说明此时存在低相对压力下充填微孔隙,在 0.1～0.9 左右出现较缓的增长,此时高相对压力下由于毛细凝聚现象促使较大孔隙的气体充填,故 O_{300}煤样存在较多的微孔隙,在浸水后使这一孔隙类型"回归"Ⅲ型吸附等温线。

煤中孔根据开孔程度不同分为开放性孔、半开放性孔和封闭孔,而根据形状可划分为圆筒形孔、平行板孔、楔形孔、锥形孔以及墨水瓶形孔,而圆筒形孔、平行板孔、楔形孔和锥形孔可以依据其一端和两端开放程度分别归属到开放性孔和半开放性孔中,墨水瓶形孔则是一种特殊类型的孔,它的存在能够引起脱附曲线的急剧下降[16]。从图 3-9 可以看出,各煤样存在一个吸附滞后的状态,均存在一个较为明显的滞后环,预氧化 300 ℃煤样吸附曲线相对较低,滞后性相对较大,表面存在较多的墨水瓶孔与锥形孔。预氧化浸水基本不改变煤样的孔隙形状,而预氧化 300 ℃对煤样孔隙结构存在一个较大改变。

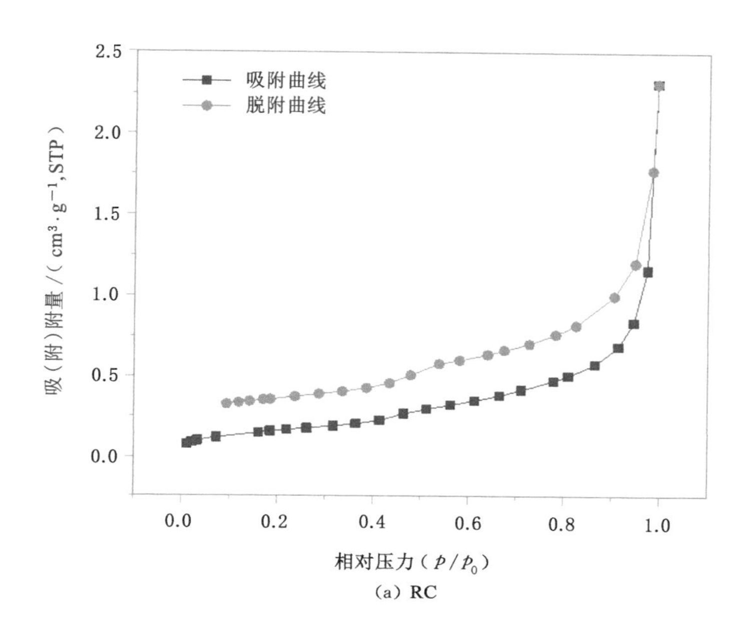

(a) RC

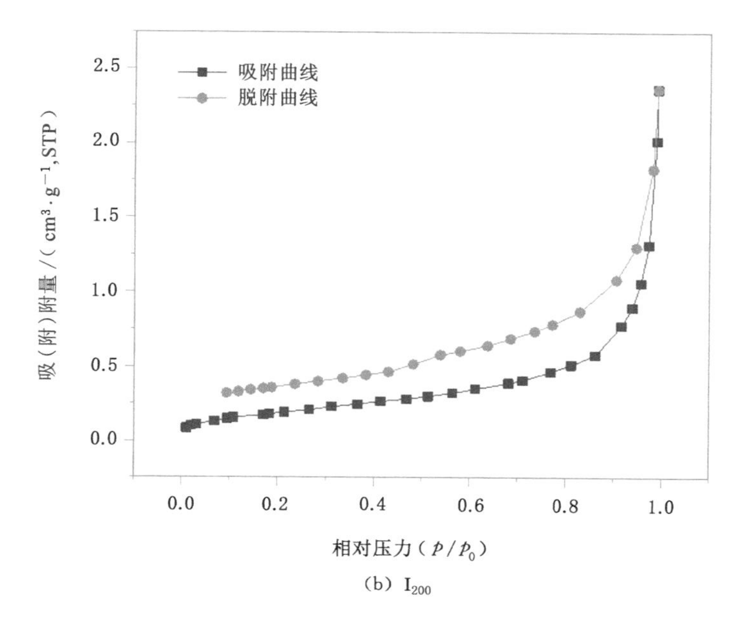

(b) I_{200}

图 3-9 煤样的吸附/脱附曲线

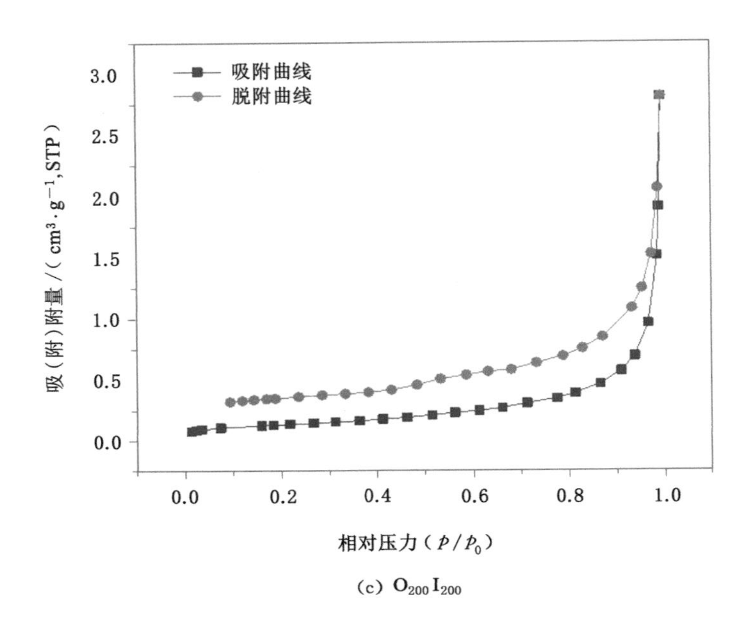

(c) $O_{200}I_{200}$

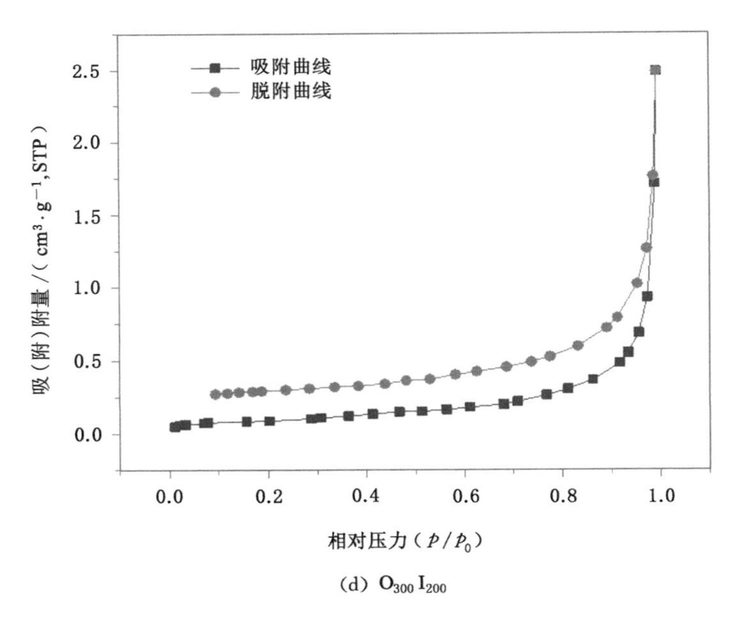

(d) $O_{300}I_{200}$

图 3-9 (续)

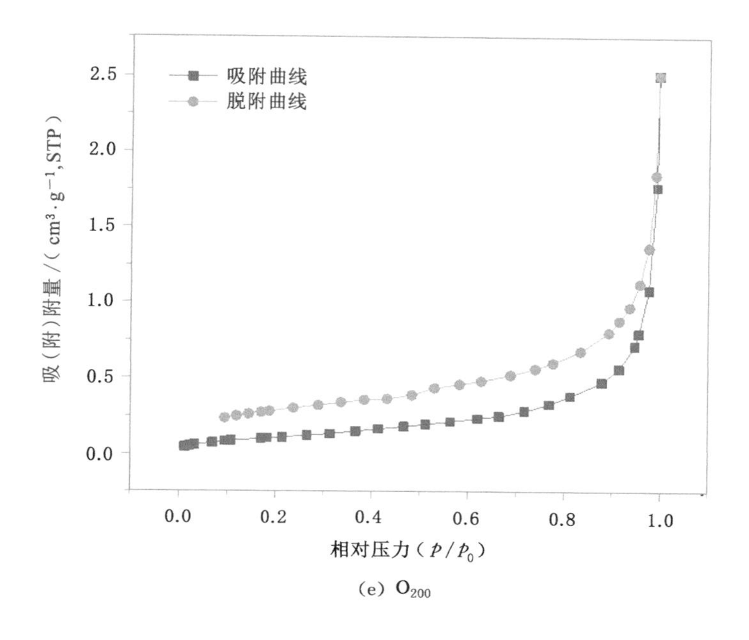

(e) O_{200}

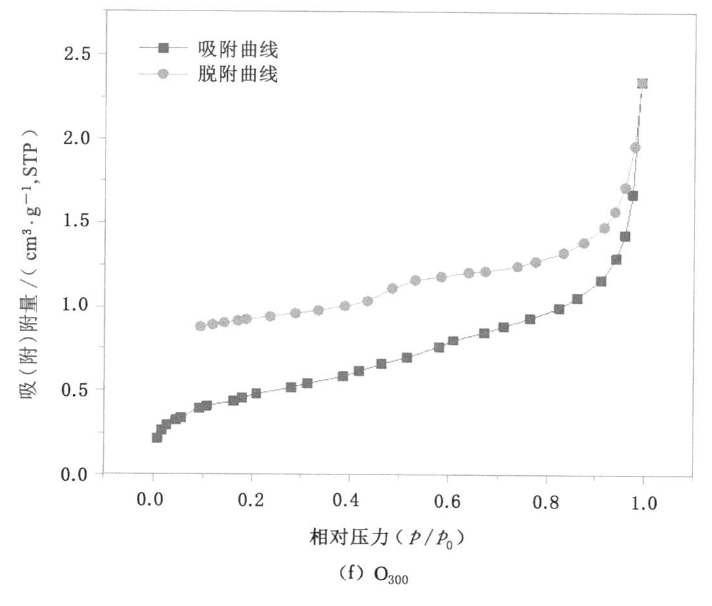

(f) O_{300}

图 3-9 (续)

孔体积变化率(dV)体现了在特定孔径下孔体积的变化速率,数值越大,表示孔径下孔的数量越多,而累计孔容随着孔径增大而逐渐增加,代表了该孔直径范围下所有孔体积之和。图 3-10 为各处理煤样的孔体积变化率和累计孔容趋势变化,预氧化浸水前后各煤样累计孔容变化趋势大体一致,均在中孔孔径范围内增大较为明显,预氧化 300 ℃煤样在小孔范围内也存在相对于其余煤样增长较快的趋势。相对于原煤,浸水后煤样小孔与中孔体积变化率整体上大于原煤的,孔的数量也明显增多,说明在浸水 200 d 后,煤样开孔作用更强,使得原有煤质孔隙激发出来,而中孔增多体现了浸水使扩孔作用大大增强,小孔逐渐演化为中孔,并且孔的数量有所增加。预氧化 200 ℃增加了 5～10 nm 孔隙的数量,使得中孔范围内的数值增大,而浸水后小孔数量与孔体积变化率增加愈加明显,小孔隙峰值明显大于预氧化煤样,从预氧化 300 ℃到预氧化 300 ℃浸水煤样,可以明显看出,4～7 nm 孔数值呈现减小的趋势,而大于 7 nm 孔的小孔以及中孔呈现增加的趋势,可以得出预氧化 300 ℃使 7 nm 以下的小孔隙较多增加,而浸水逐渐向 7 nm 以上以及中孔演化。从以上结论中可以看出浸水会增加小孔与中孔数量,预氧化会增加小孔数量,预氧化浸水会朝着 7 nm 以上小孔、中孔与大孔演化,预氧化促进了煤体孔隙初次发育,浸水会让已形成氧化孔再次发育,破坏聚合物交联结构,从而促成氧化溶胀孔出现,推测原因可能是高温预氧化使得煤体表面形成易脱落氧化层,同时开发出小孔隙增加,浸水会使易脱落氧化层遇水膨胀脱落,使表面氧化层有机无机物质溶解,进而促成了原生孔隙的增大。

结合图 3-11,I_{200} 到 $O_{200}I_{200}$、$O_{300}I_{300}$ 煤样低于 10 nm 的小孔由 73.5%降低到 71.9%和 71%,大孔(＞50 nm)比例由 11.8%增长到 12.5%、12.9%。RC 到 O_{200}、O_{300} 煤样中孔(10～50 nm)逐渐增加。由总孔容占比可以看出,O_{300} 小孔容占比(48.50%)较大,而 $O_{300}I_{200}$ 煤样大孔容占比(67.99%)较大.说明了 300 ℃氧化处理可以使小孔数量增加,在浸水后由于水分子的入侵,使氧化疏松的小孔表面无机有机物受到疏通,开孔扩孔程度较大。而 $O_{200}I_{200}$ 相对于 O_{200} 煤样大孔孔容占比较少,中孔的孔容占比增加,说明 200 ℃氧化处理使煤样表层有机与无机物疏松化较小,再次浸水扩孔能力相对预氧化 300 ℃煤样较弱。

3. 孔隙结构参数

根据氮气吸附/脱附等温曲线,用 BET 法计算各煤样的比表面积值,用 BJH 法计算各煤样的总孔体积和平均孔径等参数,氮气吸附法计算原理是通过改变氮气压力的变化来测定吸附脱附的过程,运用此法得到以上数值的好处在测定过程中不破坏煤体的孔隙结构,能较为准确地得到等温吸附与脱附曲线,计算出各孔隙大小参数,如表 3-14 所示。

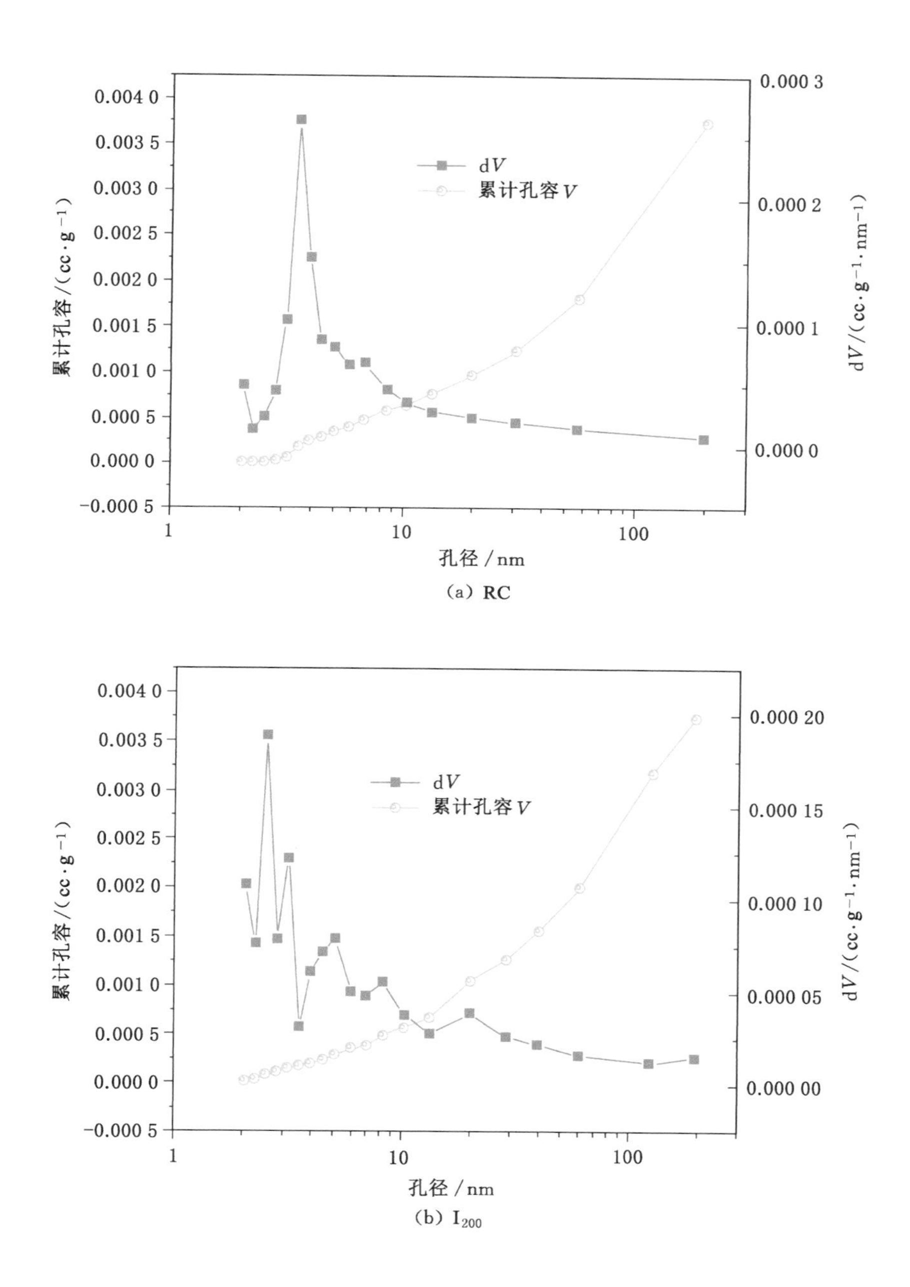

(a) RC

(b) I_{200}

图 3-10　预氧化浸水孔径分布

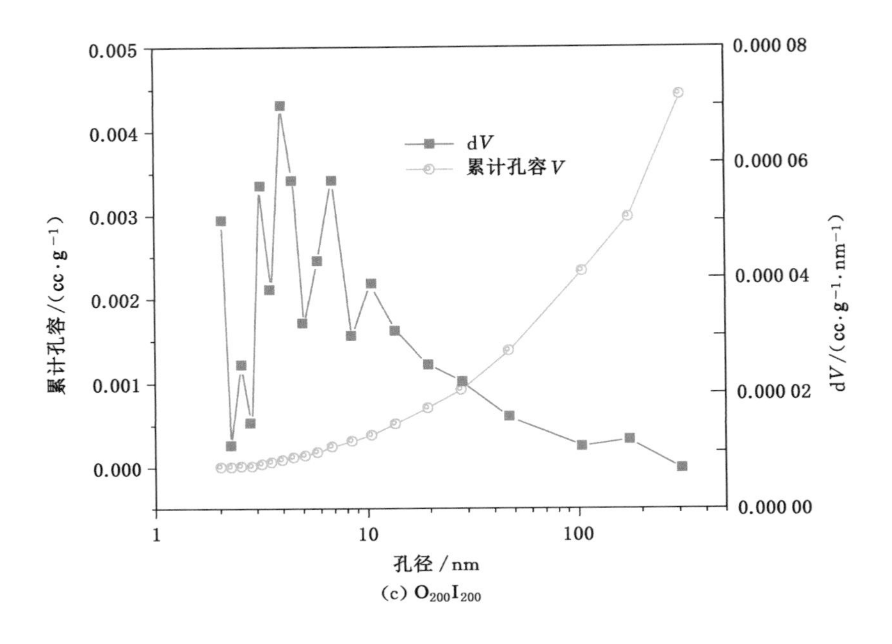

(c) $O_{200}I_{200}$

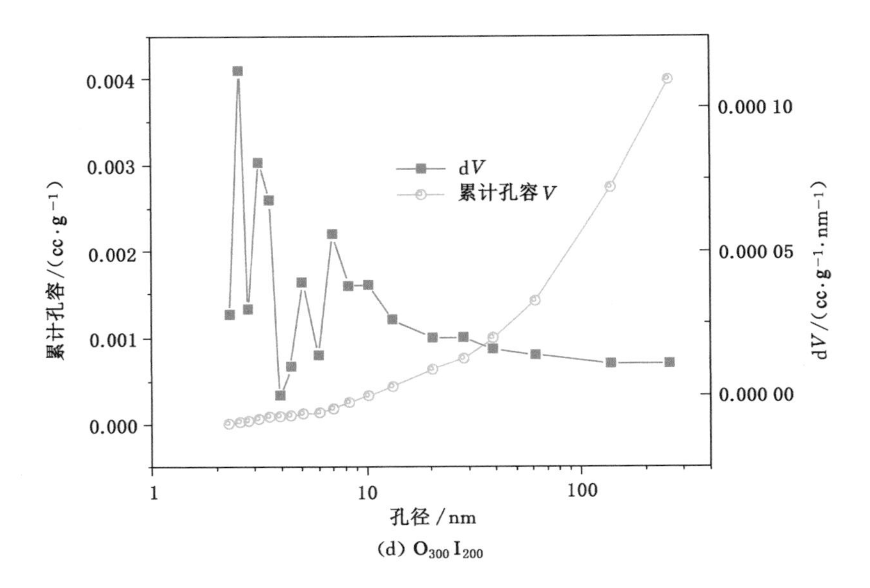

(d) $O_{300}I_{200}$

图 3-10 （续）

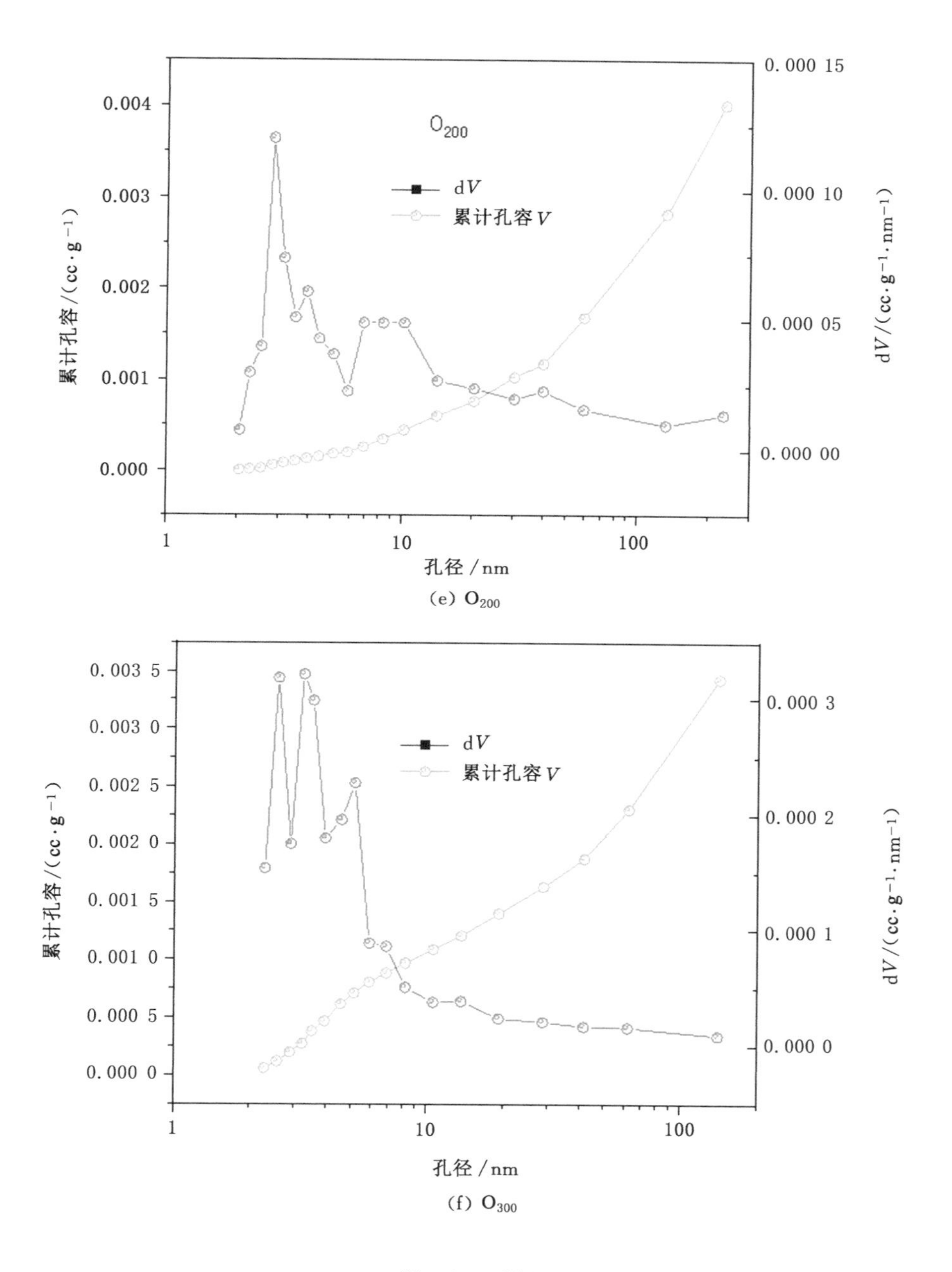

(e) O_{200}

(f) O_{300}

图 3-10 （续）

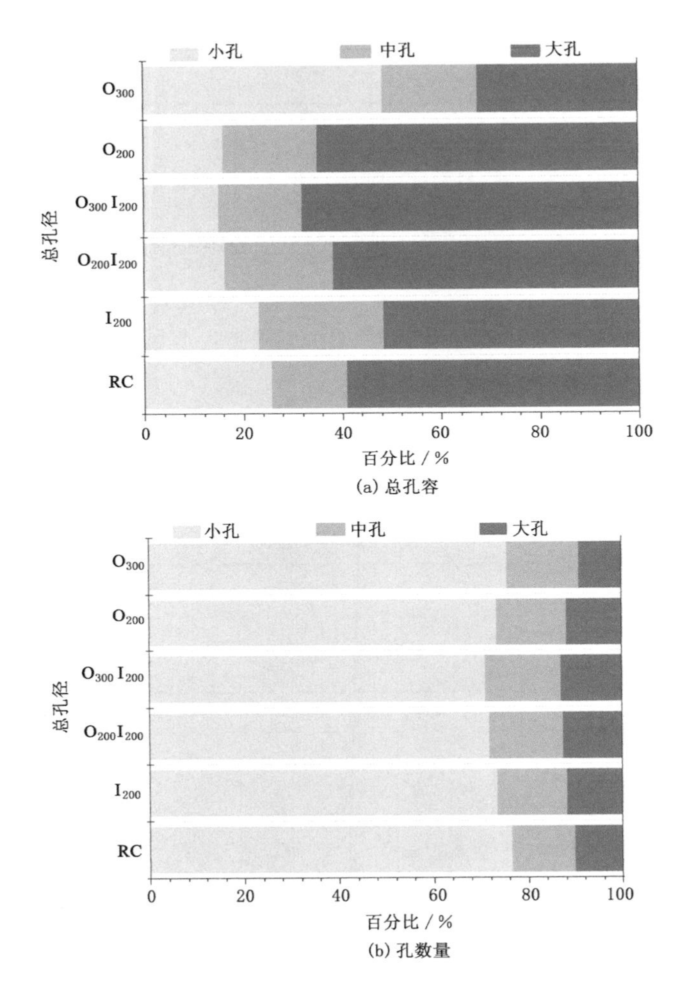

图 3-11　孔结构比例图

表 3-14　煤样孔隙发育特征

煤样	BET 比表面积/($m^2 \cdot g^{-1}$)	平均孔径/nm	总微体积/($cm^3 \cdot g^{-1}$)
RC	9.87	24.29	0.003 8
I_{200}	11.23	22.97	0.004 3
$O_{200}I_{200}$	9.45	37.10	0.003 6
$O_{300}I_{200}$	7.39	30.94	0.002 8
O_{200}	8.06	26.35	0.003 0
O_{300}	29.50	18.18	0.011 9

从表 3-14 可以看出，相对于原煤，I_{200} 与 O_{300} 煤样比表面积增加，而预氧化浸水煤样普遍降低，浸水后平均孔径略有减小，总微体积增加，预氧化浸水后的煤样平均孔径增加，总微体积减小，比表面积大小顺序为：$I_{200}>RC>O_{200}I_{200}>O_{300}I_{00}$，$O_{300}>O_{200}I_{200}>O_{200}>O_{300}I_{200}$。平均孔径大小顺序为：$O_{200}I_{200}>O_{300}I_{200}>RC>I_{200}$，$O_{200}I_{200}>O_{300}I_{200}>O_{200}>>O_{300}$。总微体积大小顺序为：$I_{200}>RC>O_{200}I_{200}>O_{300}I_{200}$，$O_{300}>>O_{200}I_{200}>O_{200}>O_{300}I_{200}$。可以看出，各处理煤样的总微体积变化趋势与比表面积趋势相似，均在 O_{300} 增加较多，其比表面积与总微体积相对于原煤分别增加 66.5% 和 68.1%，高温氧化后的煤样比表面积相对减少，主要原因为在高温氧化后，煤样表层大分子裂解分解成小分子，结合 SEM 表面孔隙结构图，裂解后的煤表面形成较多小微裂痕，多个小微裂痕共同促成比表面积的增加，同时微体积变化较为明显，预氧化 300 ℃比预氧化 200 ℃的氧化微孔隙发达。孔直径的大小直接反应氧化孔与氧化溶胀孔的发育状态，可以看出预氧化 200 ℃较原煤增加 8.5%，预氧化 300 ℃煤样较原煤平均孔径减少 25.2%，$O_{200}I_{200}$ 较原煤增加 34.5%，高温氧化使得煤样表层物质疏松程度增加，会堵塞原生孔隙，使得原有孔隙直径减小，而浸水会使原有氧化孔隙表层物质被溶解，进一步疏通氧化孔，使得孔径增大，孔隙的变化影响进一步的氧化燃烧反应。

为详细探究预氧化浸水煤样 4 种不同孔隙大小占比变化，作出各处理煤样的分析对比图，如图 3-12 所示。总体来看浸水后的煤样小孔比例减小，呈现阶梯性下降，大孔比例增加，原煤、预氧化 200 ℃、预氧化 300 ℃煤样出现先增加后减小的趋势，在 $O_{200}I_{200}$ 相差幅度较大，说明浸水可以将小孔演化为大孔，$O_{200}I_{200}$ 扩孔作用更加明显。O_{300} 可以促使微孔和中孔增加，浸水促进了其扩孔程度，大孔比例增加。就原煤而言，浸水减小了微孔和小孔的比例，增加了中孔和大孔比例，扩孔指向性趋势明显；预氧化 200 ℃后，浸水使微孔比例略有增加，大孔比例增加明显，可以推断主要为小孔与中孔向大孔演化；预氧化 300 ℃后，浸水使煤样孔隙朝着中孔和大孔演化。孔隙演化的程度决定着二次氧化过程中煤氧接触与吸附氧能力，影响着处理煤样氧化复燃过程。

为直观地反映预氧化浸水煤的孔隙结构演化过程，绘制出如图 3-13 所示的孔隙结构演化模型。图 3-13(a) 为原煤样孔隙模型，原煤中的大孔被煤尘、矿物质等阻塞，孔隙内存有少量的结合水，孔口结构较为单一。图 3-13(b) 为浸水煤样的孔隙模型，其大孔内小矿尘已减少，矿物质被冲刷偏离，在毛细作用下部分结合水与自由水附着在孔隙壁上不能排出，从而减小了 5～10 nm 小孔的孔体积占比，故而其平均孔径最小(22.97 nm)，由于该煤样表面孔隙因水浸而溶胀性增强，煤样表面粗糙性增加。图 3-13(c) 为 $O_{200}I_{200}$ 煤样的孔隙模

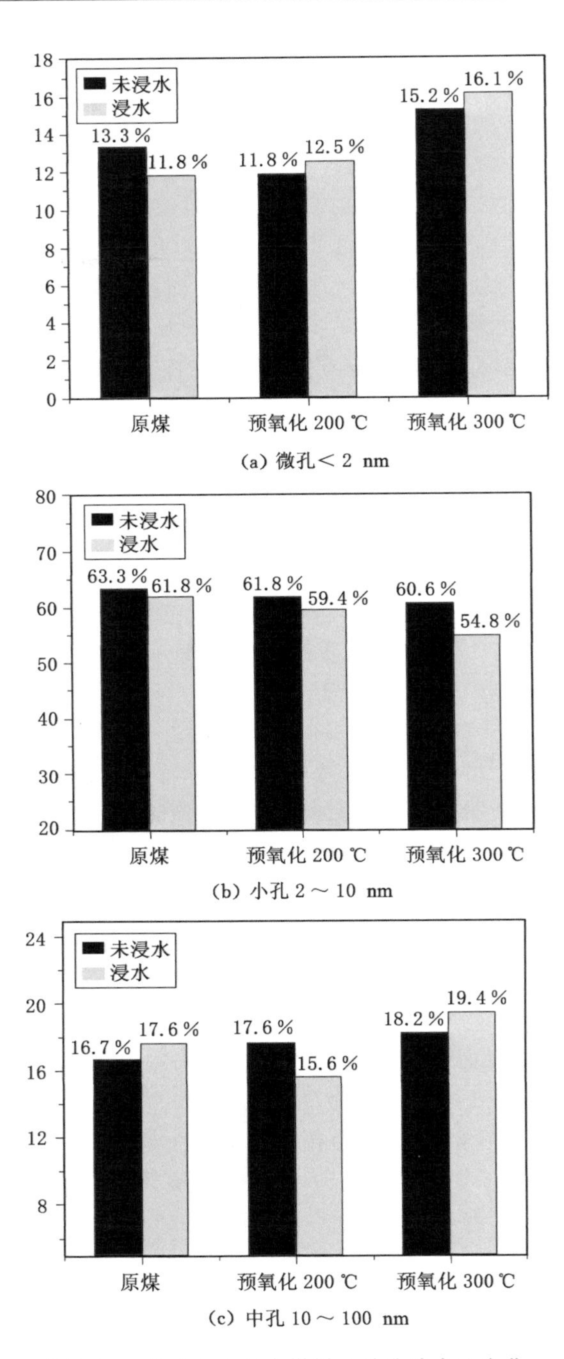

图 3-12　浸水与未浸水煤样 4 种孔隙占比变化

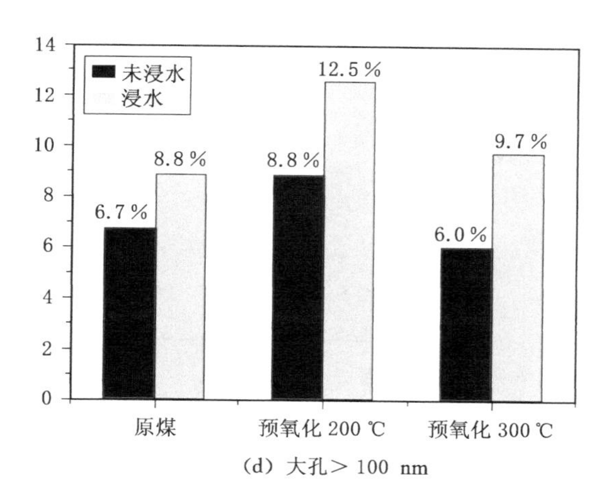

(d) 大孔> 100 nm

图 3-12 (续)

型,在预氧化的作用下,煤样的疏松性增强,在浸水后孔壁上的矿物质随着水的侵入而脱落,自由水进入脱落小孔,小孔隙逐渐转化为较大孔隙,导致累积孔容增大,尤其是 10 nm 以上孔径大小的孔体积占比增大,其平均孔径最大(37.10 nm)。图 3-13(d)为 $O_{300}I_{200}$ 煤样的孔隙模型,在高预氧化温度下,煤样表层有机矿物质极易被氧化,在经历浸水后由于孔隙被冲刷煤样中大孔隙逐渐减小,2~5 nm 孔径大小的孔体积占比增加,表面粗糙性减弱,相对于 $O_{200}I_{200}$ 煤样,其平均孔径减小,孔隙结构趋于单一,孔隙结构锁水量减少。预氧化浸水处理改变了煤样的煤氧吸附位点分布,进而影响煤样贫氧复燃的燃烧特性。

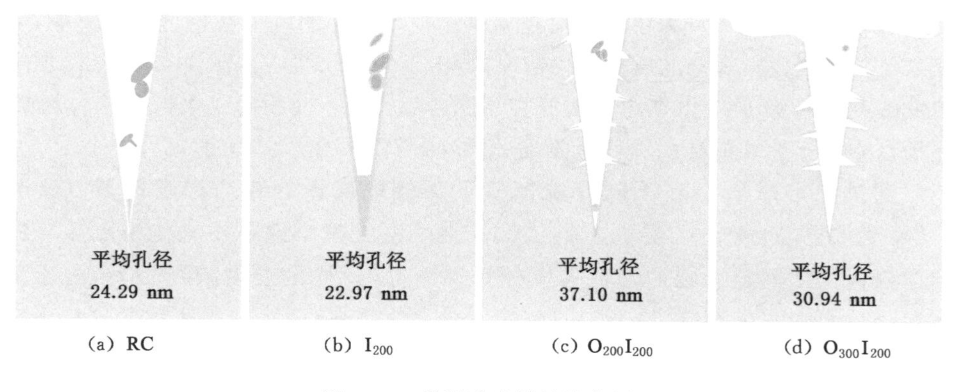

(a) RC　(b) I_{200}　(c) $O_{200}I_{200}$　(d) $O_{300}I_{200}$

图 3-13 煤样孔隙结构演化图

3.4 氧化浸水煤体复燃进程

3.4.1 煤自燃阶段测试特征

煤的燃烧是一种复杂的化学反应，特征温度是影响反应过程的关键因素。根据煤自燃特性，找出了 6 个特征温度点[17]，6 个特征温度点标注如图 3-14 所示。

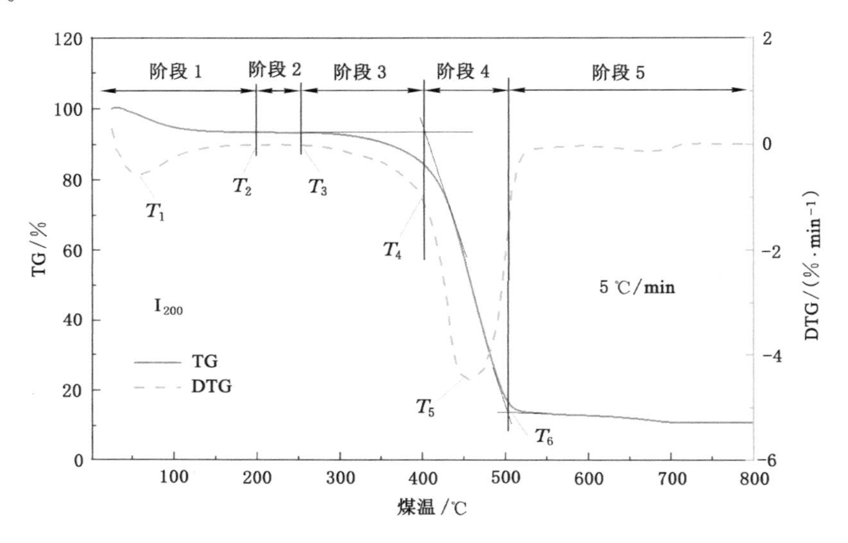

图 3-14　浸水煤样在 5 ℃/min 升温速率下 TG-DTG 曲线

3.4.2 煤自燃热重特征分析

为进一步分析不同升温速率对高温氧化浸水煤样的氧化燃烧进程的影响，采用 TG 分析法找出煤样的质量变化情况，得出 TG 变化曲线如图 3-15 所示。根据各曲线变化趋势可看出，各处理煤样在不同升温速率下曲线的变化趋势基本类似，主要区别在于曲线的陡缓程度上面，进而影响到 DTG 最大失重速率的大小。

通过图 3-15 找出在不同升温速率下各处理煤样的特征温度以及 TG 与 DTG 变化量，如表 3-15 所示。T_2 与 T_3 温度跨度减小说明预氧化浸水煤氧的化学吸附与中间复合物的形成速度较快[18]。I_{200} 煤样的温度跨度较高，由于浸水风干后自由水的存在，在升温过程中水分蒸发吸热，延缓了煤氧化学复合反应的速度。随着升温速率的增加 T_5 有增加的趋势，对应的 DTG 逐渐减小。煤样在浸水，预氧化浸水处理后，T_5 对应的 DTG 呈现减小的趋势，其中 $O_{200}I_{200}$ 变化

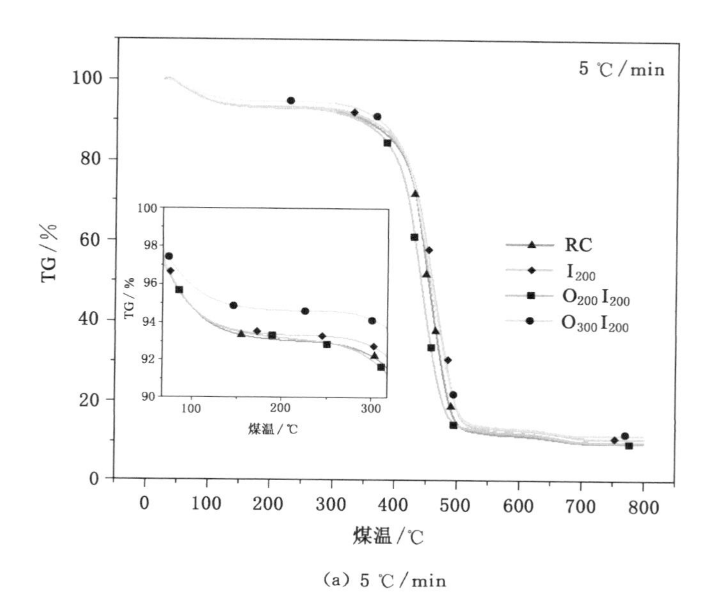

(a) 5 ℃/min

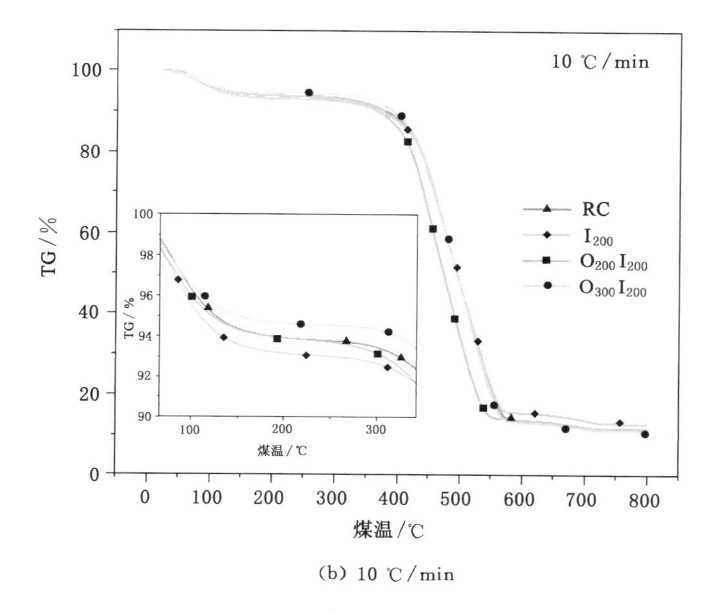

(b) 10 ℃/min

图 3-15　同一升温速率下不同煤样 TG 变化

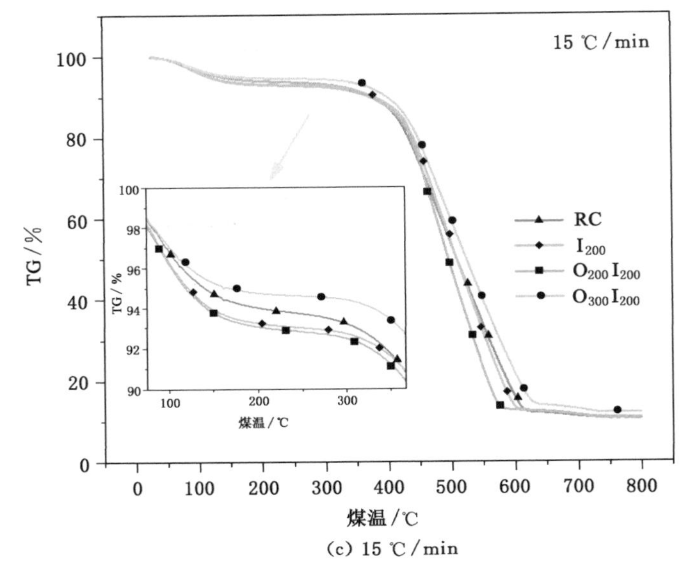

(c) 15 ℃/min

图 3-15 （续）

量较大。说明特定的升温速率下，$O_{200}I_{200}$ 较易氧化复燃。随着升温速率的增加，煤样的燃尽温度逐渐增加，预氧化浸水煤样的燃尽温度较高，高升温速率下预氧化浸水煤样具有较强的可持续燃烧性。

表 3-15 不同升温速率下各处理煤样的特征温度

煤样	升温速率 /(℃·min⁻¹)	T_2 /℃	TG /%	T_3 /℃	TG /%	T_5 /℃	DTG /(%·min⁻¹)	T_6 /℃	TG /%
RC	5	203.09	93.00	238.09	92.97	440.59	−5.17	492.8	16.62
	10	190.00	95.88	270.00	96.08	454.06	−5.77	569.3	15.09
	15	220.44	92.80	255.44	92.95	452.94	−6.50	570.3	14.77
I_{200}	5	190.16	93.30	245.16	93.38	452.66	−4.47	497.3	19.12
	10	231.18	92.93	271.17	93.08	481.18	−5.41	556.2	16.72
	15	201.76	92.92	274.26	93.25	471.76	−6.12	609.6	12.82
$O_{200}I_{200}$	5	197.3	93.00	242.3	93.21	432.30	−5.27	476.5	19.46
	10	224.92	93.63	264.92	93.84	452.41	−6.07	537.4	16.70
	15	216.94	93.70	254.44	93.91	469.44	−6.69	615.9	12.48

表 3-15(续)

煤样	升温速率/(℃·min⁻¹)	T_2/℃	TG/%	T_3/℃	TG/%	T_5/℃	DTG/(%·min⁻¹)	T_6/℃	TG/%
$O_{300}I_{200}$	5	183.81	94.60	256.31	94.67	446.31	−4.58	497.8	18.71
	10	215.74	94.53	268.24	94.61	483.23	−5.71	556.9	17.10
	15	199.47	94.52	281.97	94.77	484.47	−6.36	623.4	15.08

煤样燃烧过程中 T_1 温度点 DTG 变化如图 3-16(a)所示。从不同升温速率来看,各处理煤样随着升温速率增加,临界温度点的质量变化率增大,较高的升温速率会促进煤样的低温氧化进程,能促进煤样中水分的蒸发和气体的解吸。不同升温速率下浸水煤样的质量变化率较大,说明浸水后煤样中自由水含量较多,在低温下较易发生反应,氧化过程中对温度较为敏感。升温速率变化不改变几类煤样临界温度点 DTG 的整体变化趋势。煤样着火点温度变化如图 3-16(b)所示。与原煤相比,几种升温速率下预氧化浸水煤样的着火点温度相对较低,$O_{200}I_{200}$ 煤样的着火点温度最低,说明 $O_{200}I_{200}$ 煤样较易发生氧化复燃。升温速率的变化对煤样的着火点温度影响较大,随着升温速率的增加,着火点温度整体呈现先增加后降低的趋势,10 ℃/min 升温速率会延长预氧化浸水煤样的着火点出现的温度。

3.4.3　活化能分析

煤氧复合反应过程伴随着煤样质量的转化,同时伴随着温度的变化。煤氧反应的活化能在一定程度上反映煤氧化燃烧的难易程度[19]。

根据化学反应热动力学,煤与氧气反应的速率可用下式表示[20]。

$$\frac{\mathrm{d}a}{\mathrm{d}t} = A\exp(-E/RT)f(a) \tag{3-10}$$

式中　a——煤氧化分解时的转化率,%;

T——煤与氧反应时间,s;

A——反应指前因子,s^{-1};

E——活化能,J/mol;

R——气体常数,取 8.314 J/(K·mol);

T——温度,K;

$f(a)$——反映煤氧反应机理的函数模型。

由于 $\beta = \mathrm{d}T/\mathrm{d}t$,$\beta$ 为试验过程中的升温速率,K/s,所以式(3-10)可以写成:

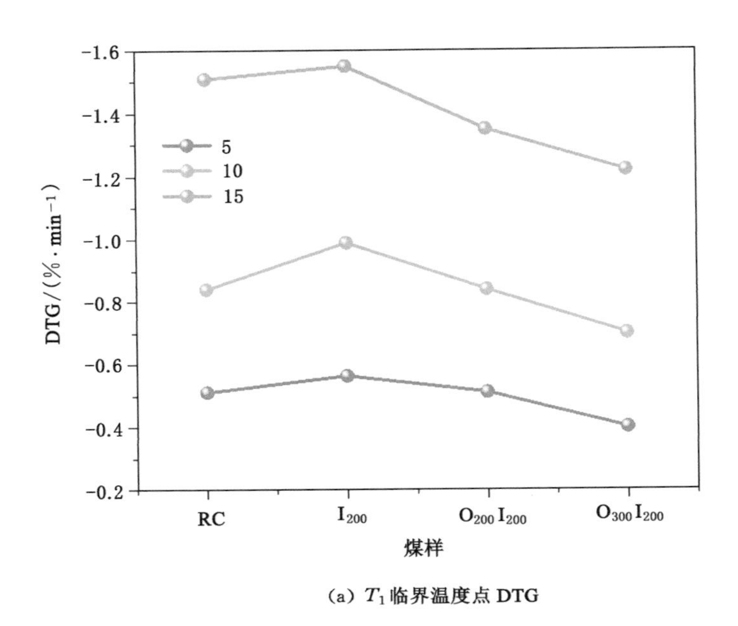

(a) T_1 临界温度点 DTG

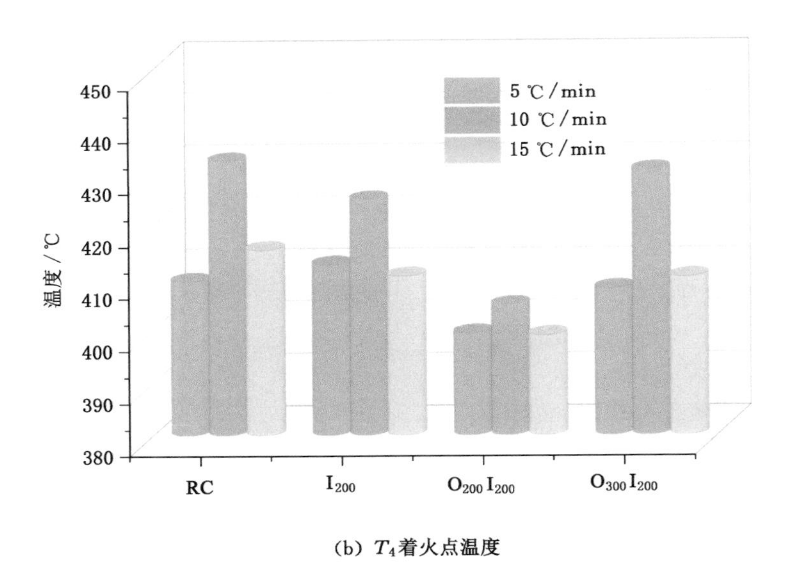

(b) T_4 着火点温度

图 3-16 T_1 临界温度点 DTG 与 T_3 着火点温度变化

$$\frac{\mathrm{d}a}{f(a)}=\frac{A}{\beta}\exp(-E/RT)\mathrm{d}T \tag{3-11}$$

把式(3-11)等号左边在 0 到之间积分，等号右边在 T_0 到 T 之间积分，可得：

$$\int_0^a \frac{\mathrm{d}a}{f(a)}=g(a)=\frac{A}{\beta}\int_{T_0}^{T}\exp(-E/RT)\mathrm{d}T \tag{3-12}$$

式中　$g(a)$——TG 曲线的积分函数；

T_0——初始温度，K。

由于式(3-12)中无法通过对时间连续积分得到解析解，因此利用 Coats-Redfern 积分公式[21]求其近似解，即：

$$\ln\left[\frac{g(a)}{T^2}\right]=\ln\left[\frac{AR}{\beta E}\left(1-\frac{2RT}{E}\right)\right]-\frac{E}{RT} \tag{3-13}$$

反应机制不同，动力学模型函数和相应的积分函数 $g(a)$ 的选取也不同。当用一级化学动力学模型时，煤样的相关系数最大，因此煤氧反应是一级化学反应[22]，即：

$$\ln\left[\frac{-\ln(1-a)}{T^2}\right]=\ln\left[\frac{AR}{\beta E}\left(1-\frac{2RT}{E}\right)\right]-\frac{E}{RT} \tag{3-14}$$

对于一般反应区和大部分 E 取值而言，$E/(RT)$ 远大于 1，所以 RT/E 的值远小于 1，此时可认为 $(1-2RT/E)\approx 1$，所以式(3-14)可简化为：

$$\ln\left[\frac{-\ln(1-a)}{T^2}\right]=\ln\frac{AR}{\beta E}-\frac{E}{RT} \tag{3-15}$$

令 $y=\ln\left[\frac{-\ln(1-a)}{T^2}\right]$，$x=\frac{1}{T}$，$k=-\frac{E}{R}$，$b=\ln\frac{AR}{\beta E}$，式(3-15)可以用以下线性方程表示：

$$y=kx+b \tag{3-16}$$

运用各处理煤样在 $T_4 \sim T_6$ 的温度点 TG 变化代入公式(3-15)。利用式(3-16)线性方程式得到处理煤样随升温速率变化趋势，利用线性拟合的方法做出趋势变化如图 3-17 所示。

活化能可以较好地表示煤样氧化燃烧过程中的剧烈程度，活化能越小，在此阶段内氧化燃烧更为剧烈。由线性拟合得到的活化能变化如表 3-16 所示。随着升温速率的提升，活化能逐渐减小，说明在达到着火点温度后，升温速率的增大能加快煤样氧化燃烧的能力，促进煤氧化学反应的进行，此时煤中有机大分子迅速加入燃烧反应中来，煤中化学分子链迅速断裂，煤样质量损失加快，这一点也恰好在最大失重点变化凸显。从不同煤种来看，各升温速率下预氧化浸水煤样与浸水煤样的活化能较低，其中 $O_{200}I_{200}$ 最低，预氧化浸水处理能有效促进煤的复燃进程，同一升温速率基本不改变各处理煤样的活化能变化趋势。

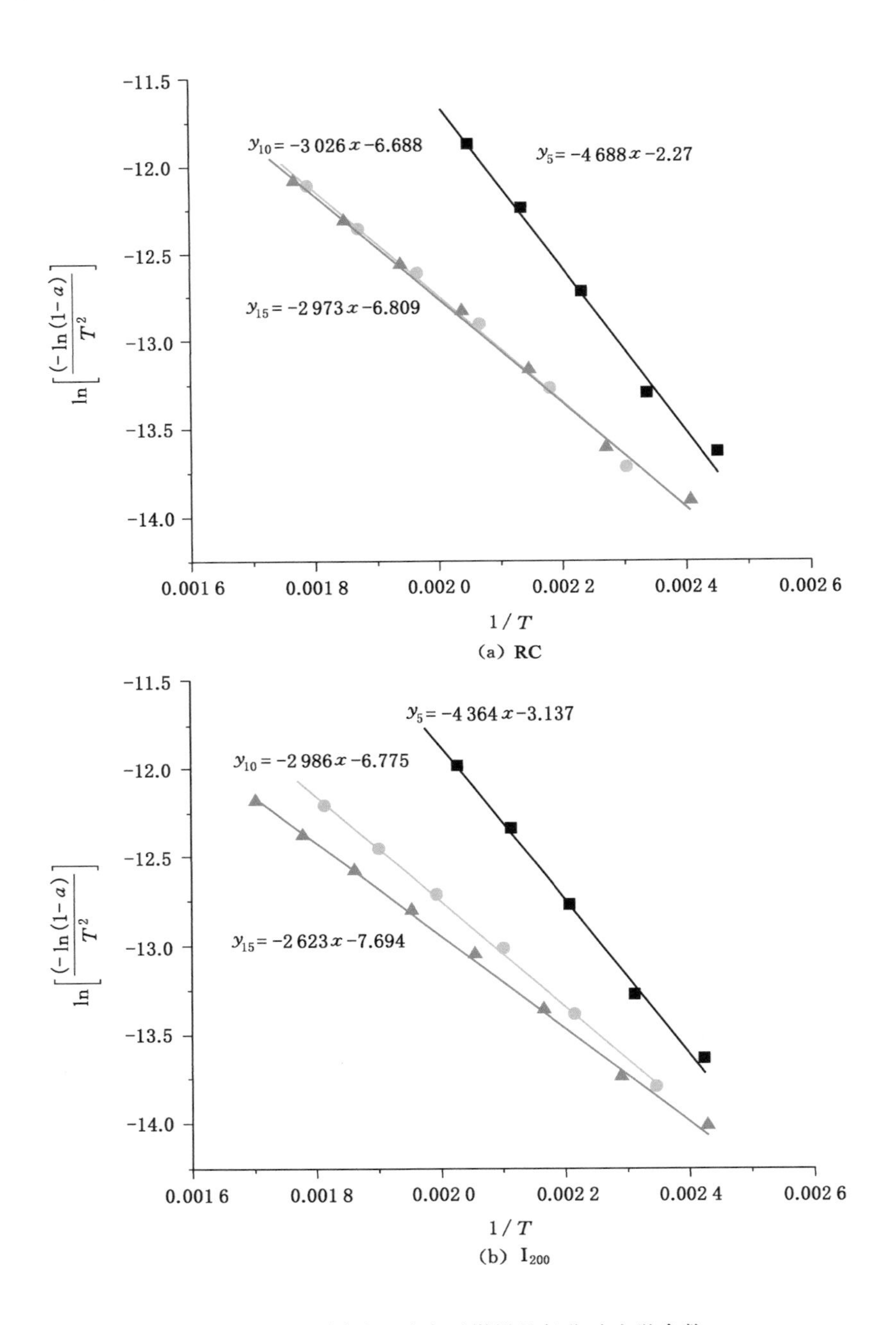

图 3-17 不同升温速率下煤样的氧化动力学参数

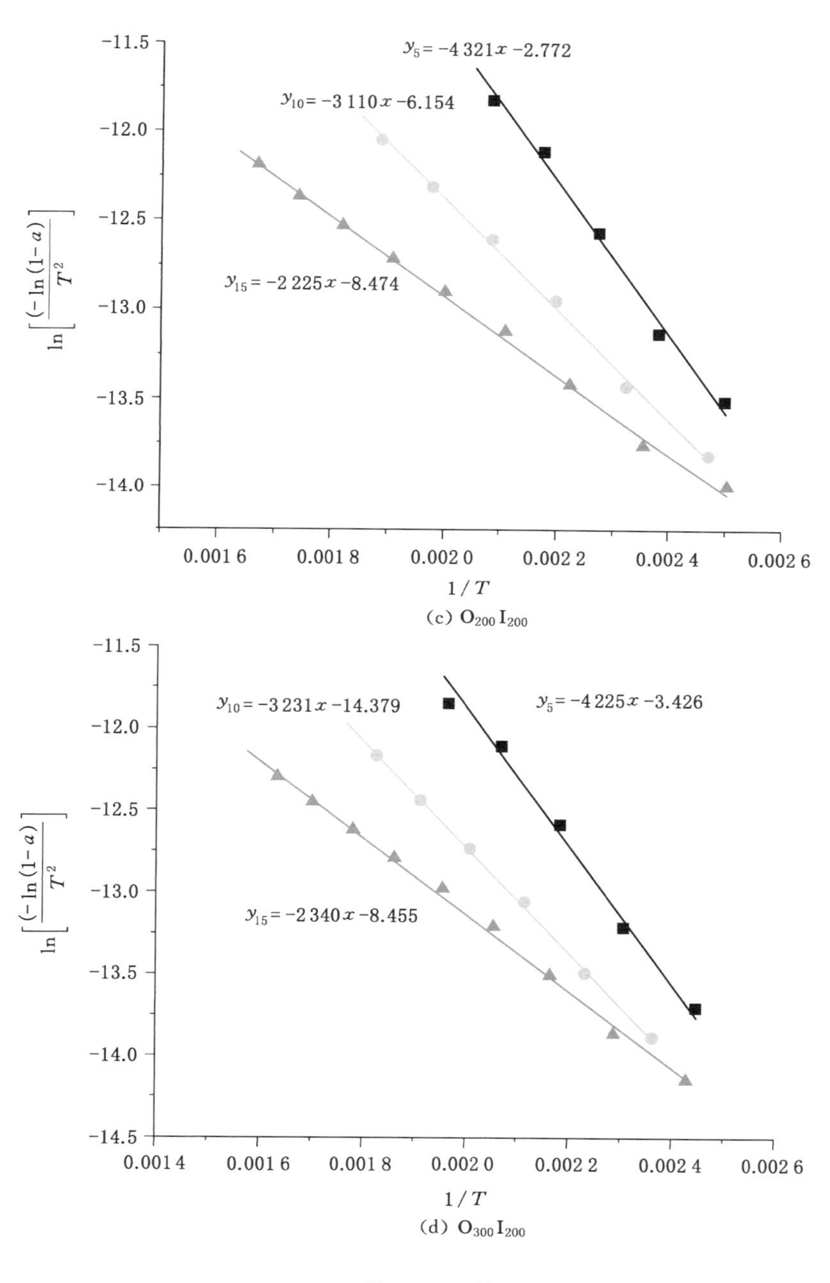

(c) $O_{200}I_{200}$

(d) $O_{300}I_{200}$

图 3-17　(续)

表 3-16　不同升温速率煤样的活化能

煤样	5 ℃/min		10 ℃/min		15 ℃/min	
	$E/(kJ\cdot mol^{-1})$	R^2	$E/(kJ\cdot mol^{-1})$	R^2	$E/(kJ\cdot mol^{-1})$	R^2
RC	38.98	0.993	25.16	0.997	24.72	0.997
I_{200}	36.28	0.998	24.83	0.997	21.81	0.998
$O_{200}I_{200}$	35.92	0.992	25.86	0.997	18.50	0.998
$O_{300}I_{200}$	35.13	0.992	26.86	0.999	19.45	0.996

3.4.4　煤自燃热效应

为进一步探究不同升温速率下预氧化浸水煤样的复燃特性，采用热分析法对煤样氧化过程的热量变化进行分析，得到如图 3-18 所示的 DSC 曲线。在5 ℃/min 升温速率下各煤样放热量急剧增加的温度点为 383 ℃，放热结束温度为510 ℃，温度跨度为 127 ℃，几类煤样的突变温度差别不大。在 10 ℃/min 升温速率下除 $O_{200}I_{200}$煤样突变温度(366 ℃)出现较早外，其余煤样均为 391 ℃，煤样的温度跨度为 197 ℃($O_{200}I_{200}$煤样的温度跨度为 203 ℃)。15 ℃/min 升温速率下各煤样放热量急剧增加的温度点为 379 ℃，结束温度为 610 ℃，煤样的温度跨度为231 ℃。10 ℃/min 的升温速率减弱了煤样的突变放热能力，使煤样对温度的敏感性相对较弱。煤样的升温速率越低，可持续氧化放热过程相对较短。

对 DSC 图像积分可以得到不同升温速率下总吸热量和总放热量变化，如图 3-19所示。煤中水分子的存在会对煤自燃产生一定影响，煤氧化反应中蒸发时会吸收大量的热量[23]。在各升温速率下，I_{200}煤样总吸热量较大，煤样在浸水后，吸水量较多，在风干过程中由于毛细孔隙内作用力，孔隙内水分锁存，导致低温氧化过程中水分蒸发，吸热量增加。升温速率越高，各煤样的总吸热量相差度越小，5 ℃/min 的升温速率下最大相差 55 J/g，15 ℃/min 升温速率下最大相差 19 J/g。随着升温速率的提高，总体上各处理煤样热释放量呈现逐渐增大的趋势，较高的升温速率可以增大煤样的热释放量。与其余煤样相比，$O_{200}I_{200}$煤样在不同升温速率下的总放热量较大，升温速率的变化基本不改变各处理煤样的放热变化规律。

各煤样在不同升温速率下的热参数变化如表 3-17 所示。随着升温速率的提高，各处理煤样的最大吸热量与最大吸热温度增大，较高的升温速率能在短时间内促进煤样温度较快地升高，加快煤样中水分蒸发以及易氧化分子链断裂，温度的过快升高促进最大放热量的增长。从不同处理煤样来看，I_{200}煤样最大吸热

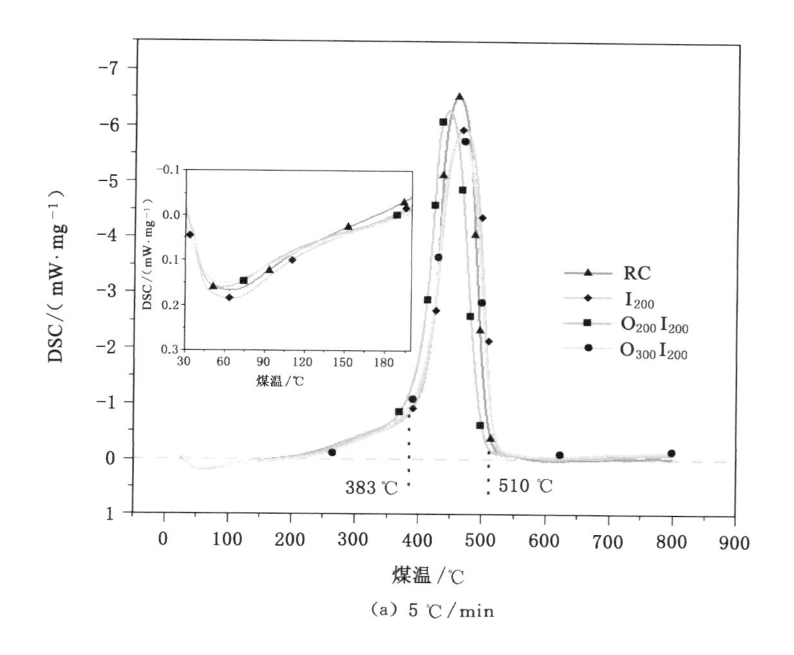

(a) 5 ℃/min

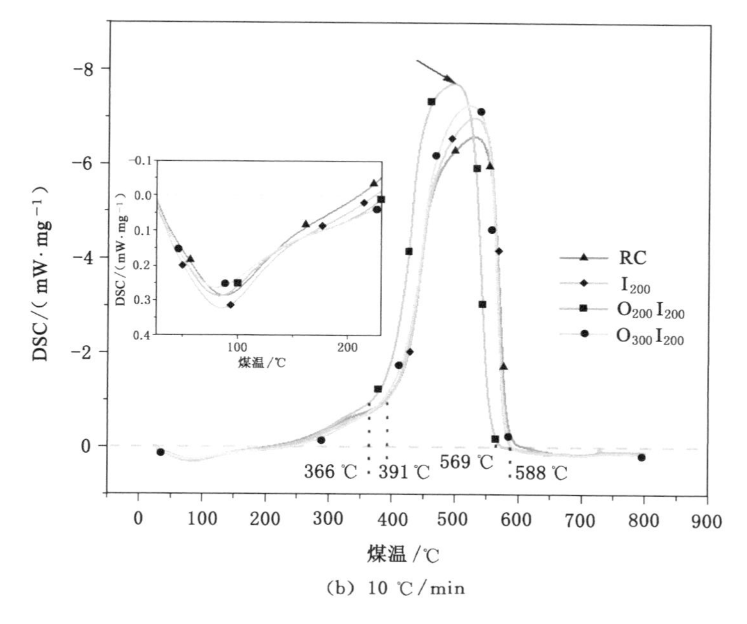

(b) 10 ℃/min

图 3-18 煤样不同升温速率下燃烧特性曲线

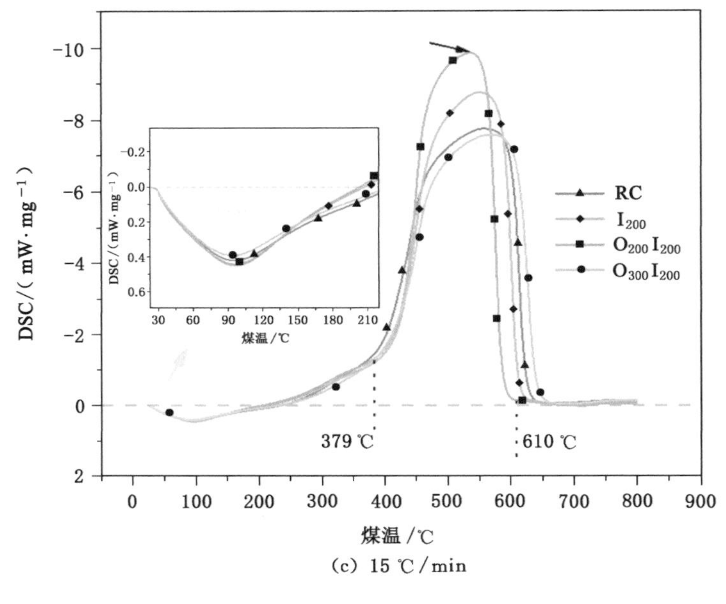

(c) 15 ℃/min

图 3-18 （续）

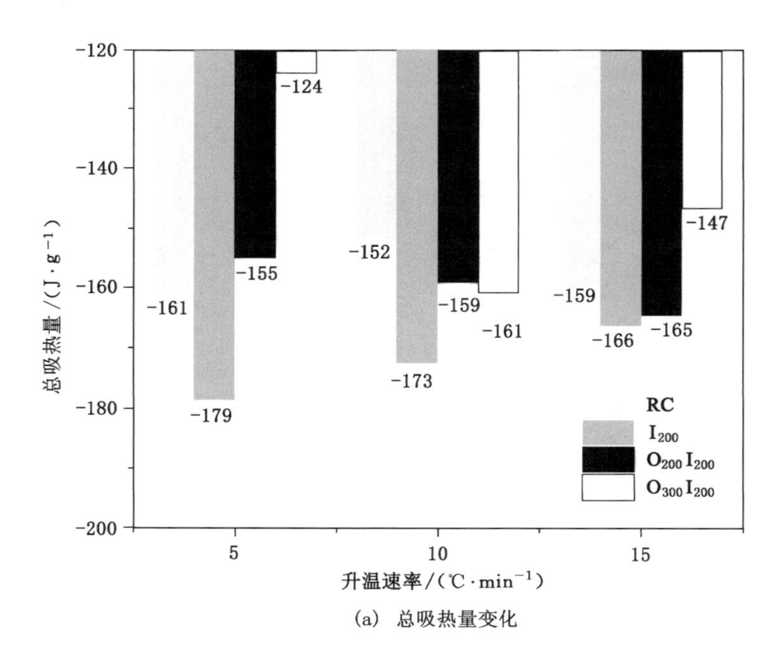

(a) 总吸热量变化

图 3-19 煤样的总吸热量和总放热量变化

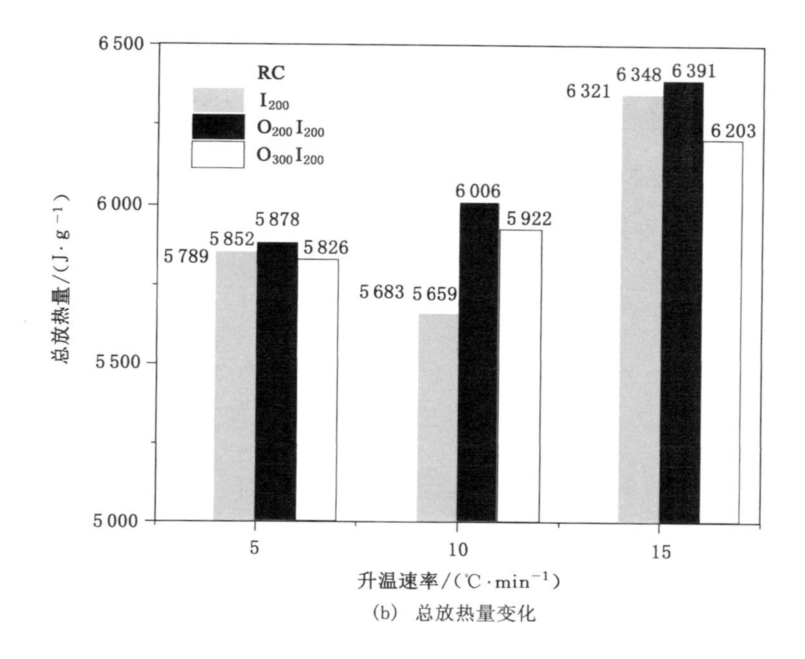

(b) 总放热量变化

图 3-19 (续)

量较大,对应的最大吸热温度较高,主要是因为煤样在浸水后,表面孔隙锁水量增加,氧化过程中较多的水分子参与到煤氧反应中来,吸热量增大。预氧化煤样表面疏松性较强,浸水后锁水表面易脱落,低温氧化下吸热强度小于 I_{200} 煤样。升温速率的变化基本不会改变不同煤样的热变化规律,在相同升温速率下各预氧化浸水煤样的自身结构特征决定着热参数的变化。

表 3-17 各煤样在不同升温速率下的热参数变化

升温速率/(℃·min^{-1})	煤样	最大吸热温度/℃	最大吸热量/(mW·mg^{-1})	总吸热量/(J·g^{-1})	初始放热温度/℃	最大放热温度/℃	最大放热量/(mW·mg^{-1})	总放热量/(J·g^{-1})
5	RC	63.1	0.17	161.0	173	460.6	6.5	5 789
	I_{200}	62.7	0.19	178.8	185	467.7	5.9	5 852
	$O_{200}I_{200}$	59.8	0.16	155.1	189	444.8	6.3	5 878
	$O_{300}I_{200}$	61.3	0.15	123.8	193	463.8	5.8	5 826

表 3-17(续)

升温速率/(℃·min^{-1})	煤样	最大吸热温度/℃	最大吸热量/(mW·mg^{-1})	总吸热量/(J·g^{-1})	初始放热温度/℃	最大放热温度/℃	最大放热量/(mW·mg^{-1})	总放热量/(J·g^{-1})
10	RC	86.6	0.28	151.9	209	529.1	6.6	5 683
	I_{200}	86.2	0.32	172.6	223	528.7	6.9	5 659
	$O_{200}I_{200}$	82.4	0.29	159.4	234	494.9	7.7	6 006
	$O_{300}I_{200}$	80.7	0.26	160.9	240	520.7	7.3	5 922
15	RC	94.4	0.42	159.2	205	556.9	7.7	6 321
	I_{200}	96.8	0.45	160.2	209	549.3	8.8	6 348
	$O_{200}I_{200}$	95.4	0.44	164.6	234	535.4	9.9	6 391
	$O_{200}I_{200}$	94.5	0.39	146.6	229	572.0	7.6	6 203

相对于原煤,I_{200}煤样初始放热温度增高,主要是因为自由水的存在使水分蒸发过程延长从而导致初始放热温度较高。预氧化浸水煤样初始放热温度比I_{200}煤样的高,主要是因为煤样在经历初始氧化反应后,再次氧化时较难唤醒长键断裂,低温下放热量相对缓慢。10 ℃/min 与 15 ℃/min 升温速率的相同煤样初始放热温度大小基本相同。随着升温速率的提高,最大放热温度以及最大放热量逐渐增加,$O_{200}I_{200}$煤样的最大放热量最大(最大增长 36.4%),最大放热温度较低。

3.5 本章小结

(1) 原煤和不同预氧化温度的煤样 TG 和 DTG 曲线变化趋势基本一致,说明煤自燃反应历程相似。预氧化温度的不同对煤样的临界温度和干裂温度影响较大,吸氧增重阶段比水分蒸发及脱附阶段煤氧复合反应更剧烈。不同程度预氧化煤的自燃特征参数(耗氧速率、气体释放速率以及放热强度)在快速氧化阶段出现明显的分级现象,80 ℃预氧化煤自燃能够消耗更多的氧气从而释放出更多的气体和热量,同时增加了煤体的比表面积和初始官能团含量,80 ℃预氧化过程增强了煤的自燃倾向性,而 200 ℃预氧化过程降低了煤的自燃倾向性。

(2) 预氧化浸水处理对煤样的孔隙结构的影响较为明显,煤的表面结构的粗糙度、平均孔径、比表面积、孔容大小都有显著变化。浸水会增加煤样表面粗糙度，小微孔隙破裂增多，多以溶胀孔形式存在，煤样的锁水能力增加；在预氧化过程中会使原本的孔隙结构收缩崩塌，继而产生较多氧化孔。高温氧化产生吸附滞后的状态，随着温度的升高，滞后性越大，产生较多的氧化孔，浸水后其微小孔隙逐渐演化为中孔与大孔，水分能够在氧化溶胀孔隙内自由流动，锁水能力降低。相较于其余煤样，$O_{200}I_{200}$煤样平均孔径增大、比表面积较小、大孔比例增加。总体上看，预氧化与浸水均会改变煤样各类别孔隙结构，宏观上影响着煤样氧化燃烧的性能。

（3）随着升温速率增大，煤样的临界温度以及最大失重温度的DTG逐渐增大，$O_{200}I_{200}$最大失重温度的DTG的变化量最大。10 ℃/min升温速率延缓了煤样着火点温度的到达，$O_{200}I_{200}$煤样的着火点温度最低，更易发生氧化复燃现象。升温速率越大，煤样的活化能越小，10 ℃/min升温速率下煤样放热速率突变温度相对较高。由于浸水风干后自由水的大量锁存，I_{200}煤样总吸热量较高。高升温速率可以增大煤样的放热量，采空区内避免高升温速率下高温氧化浸水煤样的存在，以及在未进入燃点温度时可控制在10 ℃/min左右的升温速率，能在一定程度上延缓煤自燃进程。

参考文献

[1] WANG K，LIU X R，DENG J，et al.Effects of pre-oxidation temperature on coal secondary spontaneous combustion[J].Journal of thermal analysis and calorimetry，2019，138(2)：1363-1370.

[2] 杨永良，李增华，高思源，等.松散煤体氧化放热强度测试方法研究[J].中国矿业大学学报，2011，40(04)：511-516.

[3] XIAO Y，REN S J，DENG J，et al.Comparative analysis of thermokinetic behavior and gaseous products between first and second coal spontaneous combustion[J].Fuel，2018，227：325-333.

[4] CHEN X K，MA T，ZHAI X W，et al.Thermogravimetric and infrared spectroscopic study of bituminous coal spontaneous combustion to analyze combustion reaction kinetics[J].Thermochimica acta，2019，676：84-93.

[5] ZHU H Q，ZHAO H R，WEI H Y，et al.Investigation into the thermal behavior and FTIR micro-characteristics of re-oxidation coal [J].Combustion and flame，2020，216：354-368.

[6] 胡荣祖,高胜利,赵凤起,等.热分析动力学[M].2 版.北京:科学出版社,2008.

[7] KAJI R,HISHINUMA Y,NAKAMURA Y.Low temperature oxidation of coals:effects of pore structure and coal composition[J].Fuel,1985,64(3):297-302.

[8] 王德明.煤氧化动力学理论及应用[M].北京:科学出版社,2012.

[9] LI S,NI G H,WANG H,et al.Effects of acid solution of different components on the pore structure and mechanical properties of coal[J].Advanced powder technology,2020,31:1736-1747.

[10] 陈向军,刘军,王林,等.不同变质程度煤的孔径分布及其对吸附常数的影响[J].煤炭学报,2013, 38(2):294-300.

[11] 王翠霞,李树刚.低阶煤孔隙结构特征及其对瓦斯吸附的影响[J].中国安全科学学报,2015,25(10): 133-138.

[12] 蒋仲安,王龙飞,张晋京,等.煤层注水对原煤孔隙及甲烷吸脱附性能的影响[J].煤炭学报,2018, 43(10):2780-2788.

[13] 孟召平,刘珊珊,王保玉,等.不同煤体结构煤的吸附性能及其孔隙结构特征[J].煤炭学报,2015,40(8): 1865-1870.

[14] 张双全.煤化学[M].4 版.徐州:中国矿业大学出版社,2017.

[15] 项飞鹏.低阶煤水热提质对煤质及重金属元素迁移的影响研究[D].杭州:浙江大学,2017.

[16] 陈萍,唐修义.低温氮吸附法与煤中微孔隙特征的研究[J].煤炭学报,2001,26(5):552-556.

[17] 肖旸,尹岚,吕慧菲,等.咪唑类离子液体处理煤热失重以及传热特性[J].煤炭学报,2019,44(2):520-527.

[18] XIAO Y,YIN L,MA L,et al.Experimental study on coal thermo-physical parameters under the different peroxidation temperature[J].Journal of Xi'an University of Science and Technology,2018,38(3):383-388.

[19] JAYARAMAN K,KOK M V,GOKALP I.Pyrolysis,combustion and gasification studies of different sized coal particles using TGA-MS[J].Applied thermal engineering,2017,125:1446-1455.

[20] 吴强,陈文胜.煤自燃的热重分析研究[J].中国安全生产科学技术,2008(1):71-73.

[21] 刘建忠,冯展管,张保生,等.煤燃烧反应活化能的两种研究方法的比较[J].动力工程,2006(1):121-124.

[22] 李林,BEAIMSH B B,姜德义.煤自然活化反应理论[J].煤炭学报,2009,34(4):505-508.

[23] DENG J,ZHAO J Y,ZHANG Y N,et al.Thermal analysis of spontaneous combustion behavior of partially oxidized coal[J].Process safety and environmental protection,2016,104:218-224.

4 低氧环境下高温氧化浸水煤体的燃烧规律

目前，关于浅埋藏近距离煤层群开采过程中煤自燃的防治工作主要偏重于防灭火工程技术实践，对于基础理论的研究还不够深入，影响因素不够具体。虽然近几年开展了一些关于浸水溶胀煤体的自燃特性的理论性研究，但是仍然存在诸多不足，如贫氧状态下浸水煤体自然发火期测定，氧浓度与不同粒径浸水后对于煤内部基团的影响，预氧化后浸水煤体的自燃氧化放热情况以及贫氧条件下对煤的自燃氧化特性的影响等。在掌握浸水煤体的二次氧化自燃特性，找出其自燃特性变化的内在机制，以及存在的外界影响因素等方面仍需要进行大量的工作和深入的研究。因此，进一步研究贫氧状态下浸水煤体二次氧化燃烧特性对于浅埋藏近距离煤层群煤自燃的防治具有十分重要的意义。

4.1 实验部分

程序升温实验、红外光谱实验、热重实验仪器以及简单设置过程均在第2章列出，此处不做过多赘述，仅罗列实验过程参数。

1. 程序升温实验参数

原煤、浸水、预氧化、预氧化浸水煤样的程序升温实验参数设置如下：

程序升温参数：恒温温度40 ℃，升温速率0.8 ℃/min，终止温度260 ℃；

实验流量参数：100 mL/min；

实验配气氧浓度：21%、15%、10%、5%、3%；

实验所用煤样参数：质量40±0.1 g、粒径0.45～0.20 mm；

2. 热重实验参数

实验装置存在保护气1(N_2)、吹扫气1(N_2)、吹扫气2(O_2)三路气体。实验采用的是高纯氮气(N_2，纯度：99.999%)和高纯氧气(O_2，纯度：99.999%)。除3%氧浓度运用配气仪进行配气实验，其余均可在热重设置系统中设置实验，设置参数如表4-1所示。

表 4-1　煤样氧化反应时气体配比

氧浓度/%	保护气 1(N_2)	吹扫气 1(N_2)	吹扫气 2(O_2)
21	21	70	9
15	15	70	15
10	10	70	20
5	5	70	25
3	0	70	10

程序升温参数：初始温度 30 ℃；升温速率 10 ℃/min；终止温度 800 ℃；

实验所用煤样参数：质量 25±1 mg、粒径：0.45～0.20 mm。

实验所用样品容器 Al_2O_3 坩埚，燃烧后的状况如图 4-1 所示。

(a) 3%氧浓度

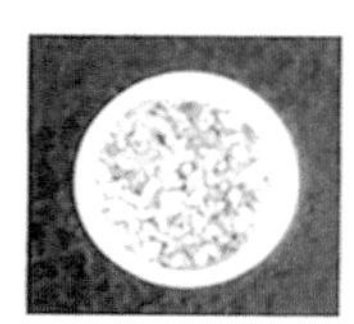

(b) 5%氧浓度

(c) 10%氧浓度

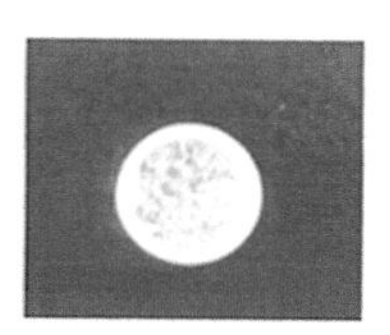

(d) 15%氧浓度

(e) 21%氧浓度

图 4-1　煤样氧化燃烧后的剩余对比图

3. 红外光谱实验参数

预氧化浸水煤样按照 2.1 节步骤进行实验。取出部分浸水煤样在程序升温炉内进行氧化，使用纯氧(99.999%)和纯氮(99.999%)经自动配气仪将气体配比成 3%、5%、10%、15%、21% 的浓度通入程序升温炉。设定初始温度为 40 ℃，气体流量为 50 mL/min，升温速率为 1 ℃/min，终止温度为 80 ℃、104 ℃、160 ℃、220 ℃。对氧化后的煤样压片进行红外光谱实验。

4.2　高温氧化浸水煤体的低温氧化进程

通过前文研究发现，预氧化浸水处理较大地改变了煤样的外貌特征、孔隙结构以及孔径分布等。为进一步分析煤样结构的变化与煤自燃的关联性，本章主要针对原煤、浸水煤、高温预氧化煤样、高温预氧化浸水煤样进行低温氧化实验，得出各煤样在低温氧化进程中各指标参数(CH_4、C_2H_4、CO、CO_2 气体释放量、交叉点温度、耗氧量)分析。对比分析出不同处理煤样的低温氧化燃烧特性，为浅埋煤层的预氧化浸水煤火治理提供理论依据。

4.2.1 耗氧量变化

煤样在低温氧化进程中,氧浓度的变化反映着氧化程度的快慢,同时反映参与物理吸附及化学反应过程的快慢,氧含量是煤样氧化产气与热量积累的关键,同时也是煤样内部官能团转化衔接的必需气体。通过分析实验找出不同氧浓度下预氧化浸水处理煤样的气体释放特性,测出出口处氧浓度变化,如图 4-2 所示。

在进气口处氧浓度相同时,不同煤样经历低温氧化后氧浓度越低,说明氧化反应越剧烈,各无机分子与氧气结合能力越强。从图 4-2 可看出,随着温度升高,氧的消耗量逐渐增大,在氧化升温 80 ℃之前,氧气消耗量较少,在 80 ℃后,氧气消耗量逐渐增大,随着温度增加氧的减小幅度加大,在 175 ℃左右达到最大。在氧化升温 60 ℃以前,煤样氧化反应不明显;60 ℃以后,煤氧复合反应加速,更多的无机分子参与到化合反应中来,氧气消耗量增加,脂肪烃与含氧官能团转换较快,指标性气体开始释放;175 ℃之后,由于进一步的剧烈氧化反应,可参与反应的氧浓度较小,耗氧量开始变小。

在氧浓度相同时,浸水煤样的耗氧量相对较大,主要因为浸水煤样比表面积较大,比表面积对煤样低温氧化吸氧量影响较大,故而耗氧量增加,预氧化浸水煤样耗氧量相对较小,主要是因为各预氧化浸水处理煤样比表面积较小,预氧化过程中先完成了一部分煤氧反应的转化,碳氢链部分转化为含氧官能团,再次氧化时大部分中间含氧复合物参与进一步的氧化反应,释放气体。整体来看,在氧浓度充足(21%)时,4 种处理煤样的快速耗氧过程区分较大,浸水煤样在 100 ℃时耗氧量加快,而预氧化 300 ℃浸水煤样这一加快过程延迟至 140 ℃左右,各煤样耗氧能力的大小顺序为:I_{200}>RC>$O_{200}I_{200}$>$O_{300}I_{200}$。当氧浓度为 15%时,各煤样耗氧能力相差较小,原煤与浸水煤的变化曲线基本吻合,预氧化 200 ℃浸水煤样快速耗氧能力较小。当供氧浓度为 10%时,在 160 ℃之前的快速耗氧阶段,原煤的耗氧能力大于浸水煤的,在 160 ℃之后,浸水煤的耗氧能力逐渐大于原煤的。在氧浓度为 4.7%时,快速耗氧阶段各煤样耗氧大小顺序为:I_{200}>RC>$O_{300}I_{200}$>$O_{200}I_{200}$,而当氧浓度为 3%时,预氧化 300 ℃浸水煤的耗氧能力小于预氧化 200 ℃浸水煤的。说明供氧浓度可以改变煤样的低温氧化能力,主要改变了两类预氧化浸水煤样(200 ℃和 300 ℃)的低温氧化能力。当煤的比表面积较大时,其耗氧能力受氧浓度影响较小,预氧化浸水煤样的二次氧化吸氧能力较弱。

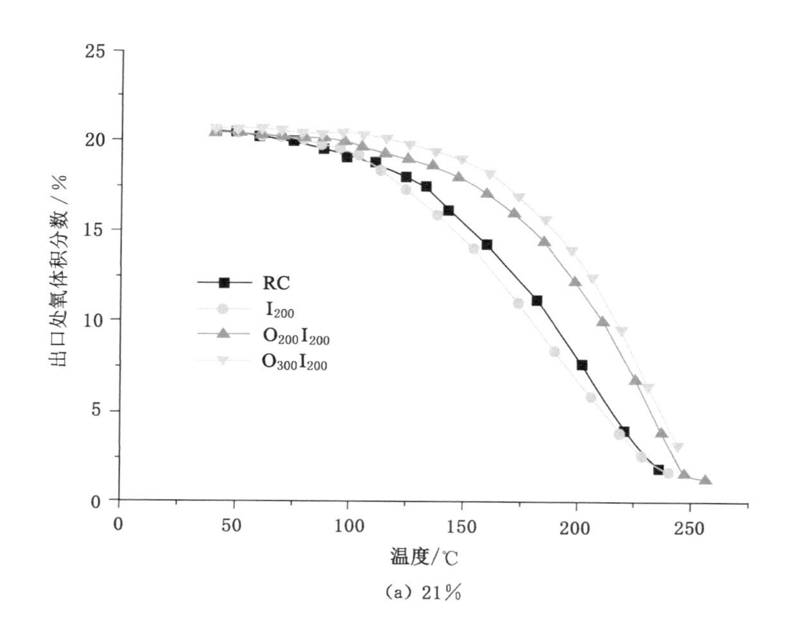

(a) 21%

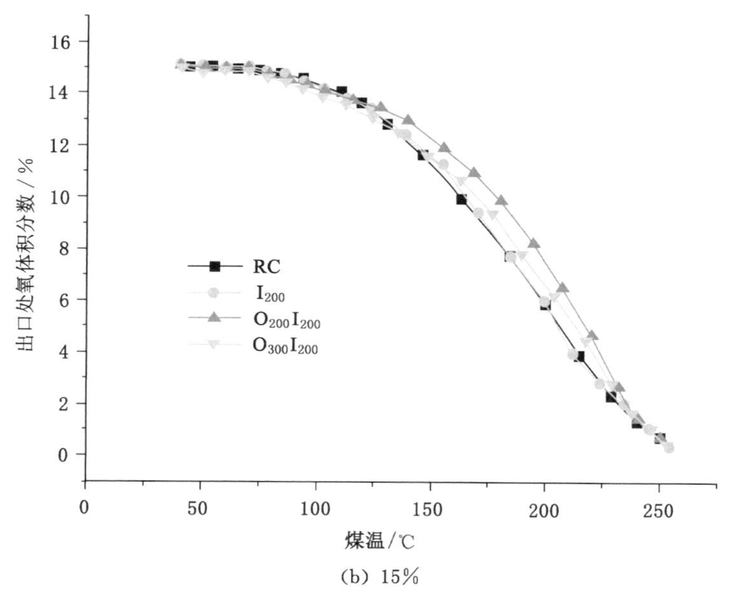

(b) 15%

图 4-2 预氧化浸水煤样升温过程出口处氧浓度变化

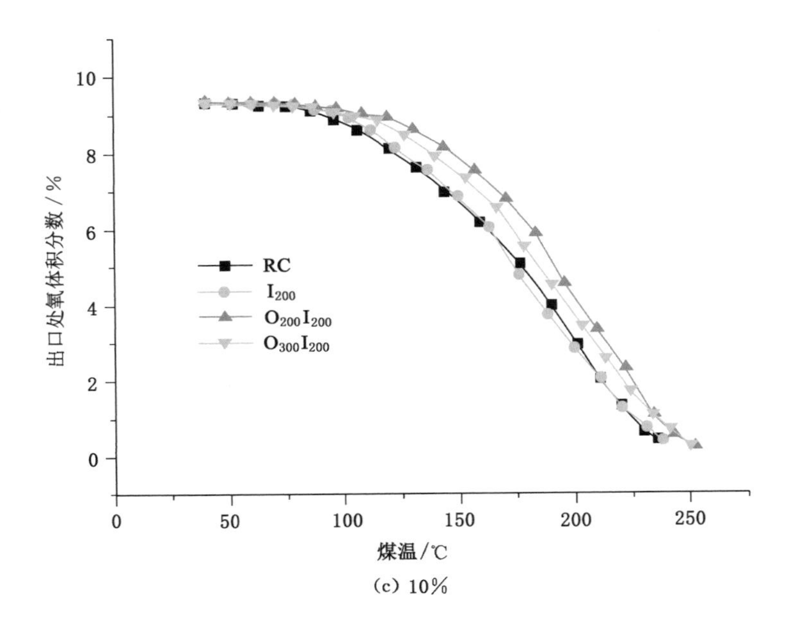
10
8
6
4
2
0
出口处氧体积分数 / %
RC
I200
O200I200
O300I200
0
50
100
150
200
250
煤温/℃

(c) 10%

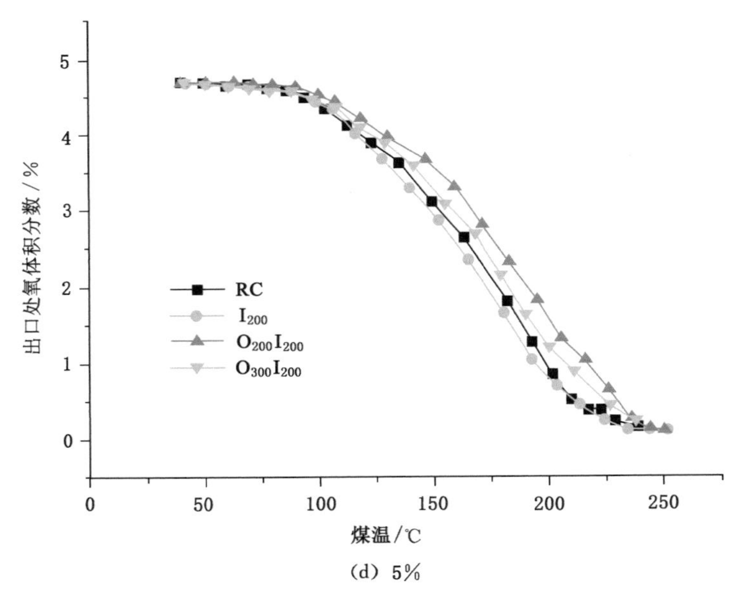
5
4
3
2
1
0
出口处氧体积分数 / %
RC
I200
O200I200
O300I200
0
50
100
150
200
250
煤温/℃

(d) 5%

图 4-2 （续）

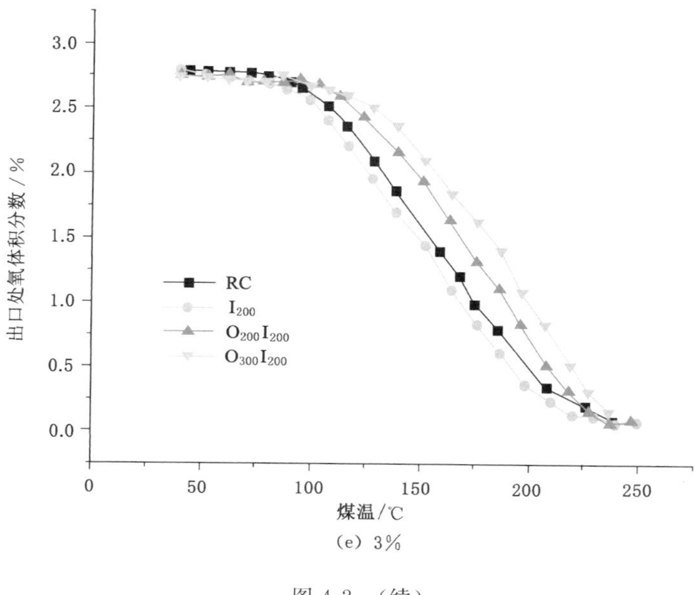

(e) 3%

图 4-2 (续)

4.2.2 氧化气体产物

在煤体低温氧化过程中伴随着各类指标性气体产生,CO 的产生是氧化反应开始的标志,随着氧化反应的进行且温度继续升高,C_2H_4 释放量逐渐增加,2 种气体均能在一定程度上反映煤的氧反应进程[1]。以下主要针对低温氧化反应过程的 CO、CO_2、C_2H_4 气体展开分析。

图 4-3、图 4-4 列出了各处理煤样在不同氧浓度下低温氧化过程的 CH_4、C_2H_4 的变化,从图中可以看出各处理煤样在不同氧浓度下的指标气体产生量有明显差异。各处理煤样的 CH_4 产生量基本在 125 ℃后出现差异性变化。当氧浓度为 21%时,预氧化 200 ℃浸水煤样指标气体产生量较高,浸水煤样指标气体产生量较小;当氧浓度为 5%~15%时,各处理煤样的指标气体产生顺序为:$RC>I_{200}>O_{200}I_{200}>O_{300}I_{200}$;当氧浓度为 3%,各处理煤样的指标气体产生量顺序为:$I_{200}>RC>O_{200}I_{200}>O_{300}I_{200}$。除 3%的氧浓度外,各处理煤样在其他氧浓度条件下 C_2H_4 的产生量差异性较小,而在氧浓度为 3%时,浸水煤样的 C_2H_4 产生量大于其余煤样。预氧化浸水处理可以改变煤样的羟基类特殊官能团,从而影响煤样的低温氧化特性,由于煤燃烧的大部分反应主要靠氧气含量来激活,此外孔径大小也会存在一定的影响,直接导致煤样的氧化气体释放特性。根据不同氧浓度下碳氢气体释放量变化,侧面反映出预氧化浸水处理的低温氧化特性。

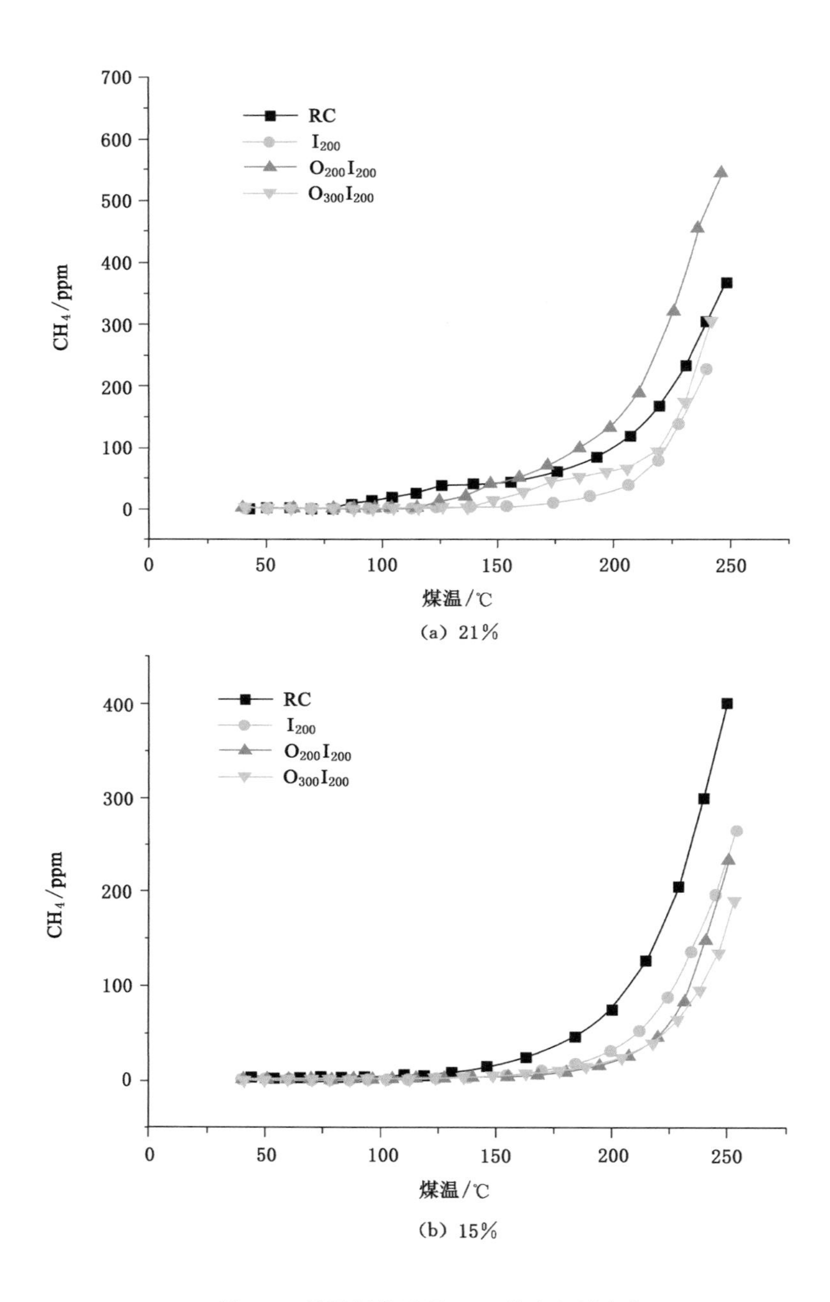

图 4-3 低温氧化过程 CH_4 的产气量变化

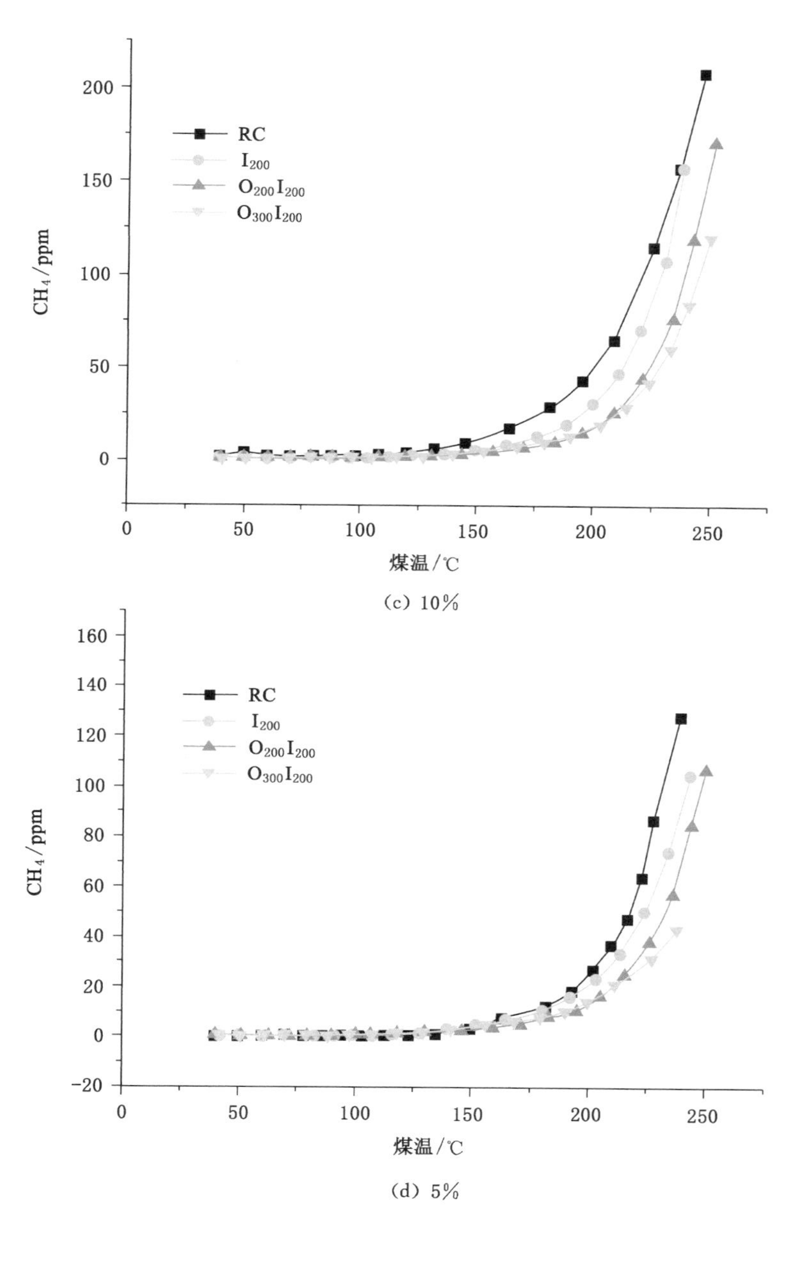

(c) 10%

(d) 5%

图 4-3 （续）

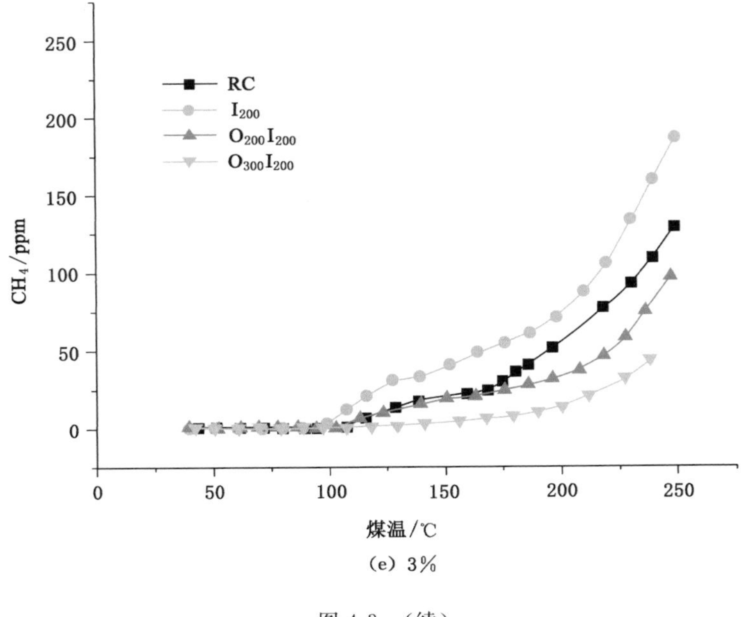

(e) 3%

图 4-3 （续）

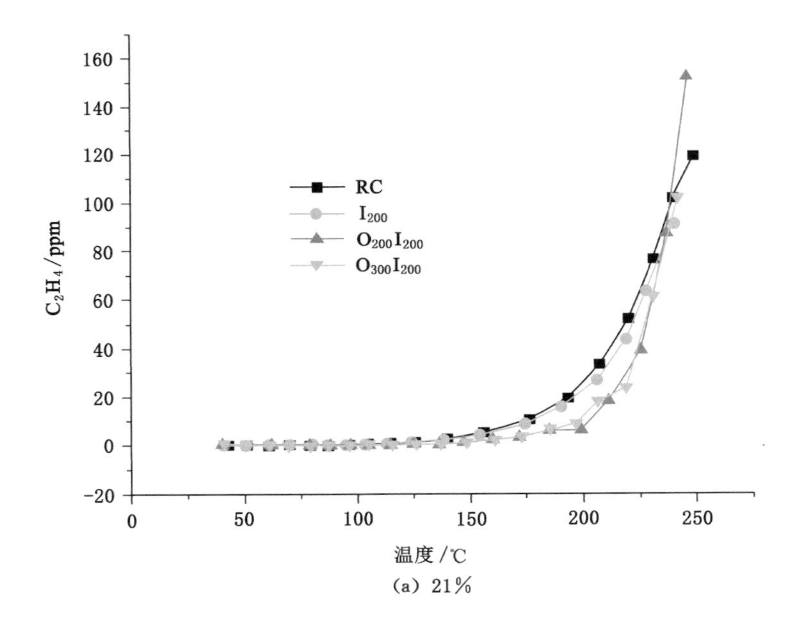

(a) 21%

图 4-4 低温氧化过程 C_2H_4 的产生量变化

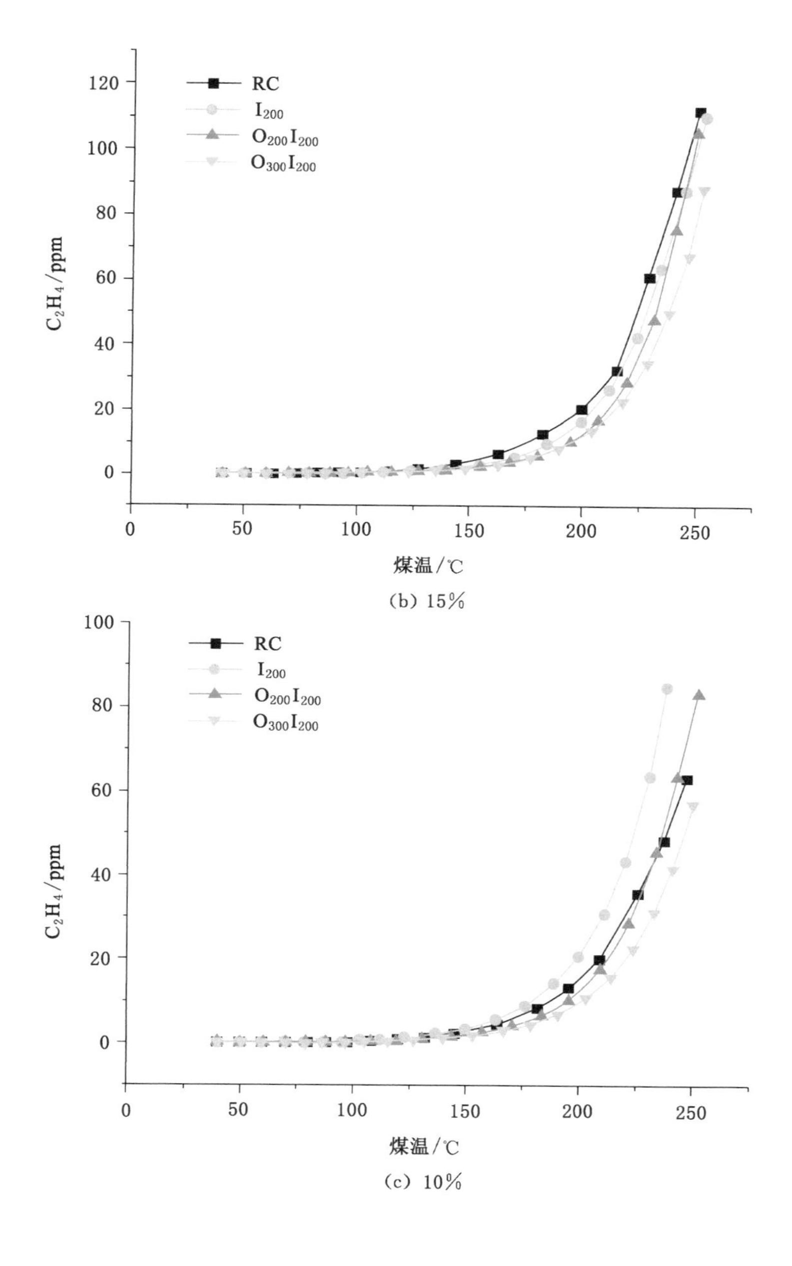

RC
I_{200}
$O_{200}I_{200}$
$O_{300}I_{200}$
C_2H_4/ppm
120
100
80
60
40
20
0
0
50
100
150
200
250
煤温/℃

(b) 15%

RC
I_{200}
$O_{200}I_{200}$
$O_{300}I_{200}$
C_2H_4/ppm
100
80
60
40
20
0
0
50
100
150
200
250
煤温/℃

(c) 10%

图 4-4　(续)

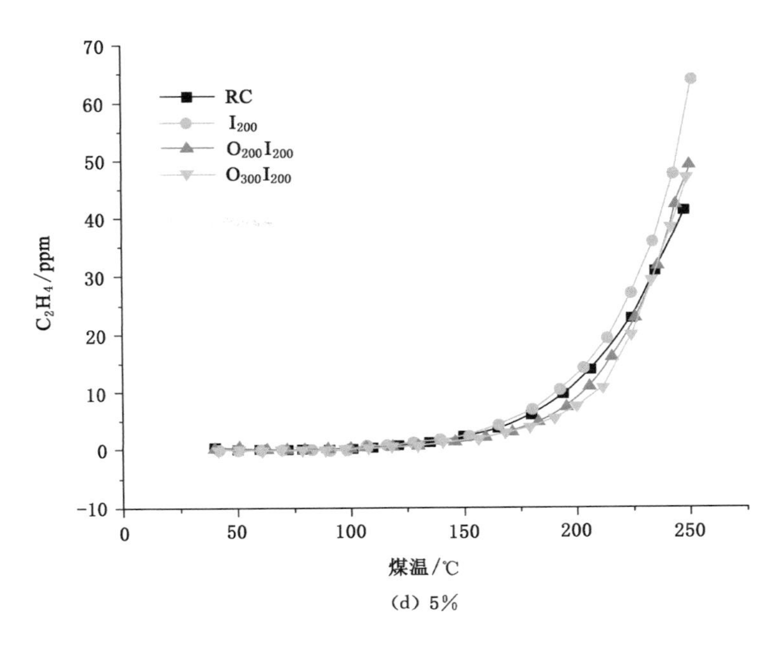
70
60
50
40
30
20
10
0
-10
RC
I200
O200I200
O300I200
C2H4/ppm
0
50
100
150
200
250
煤温/℃
(d) 5%

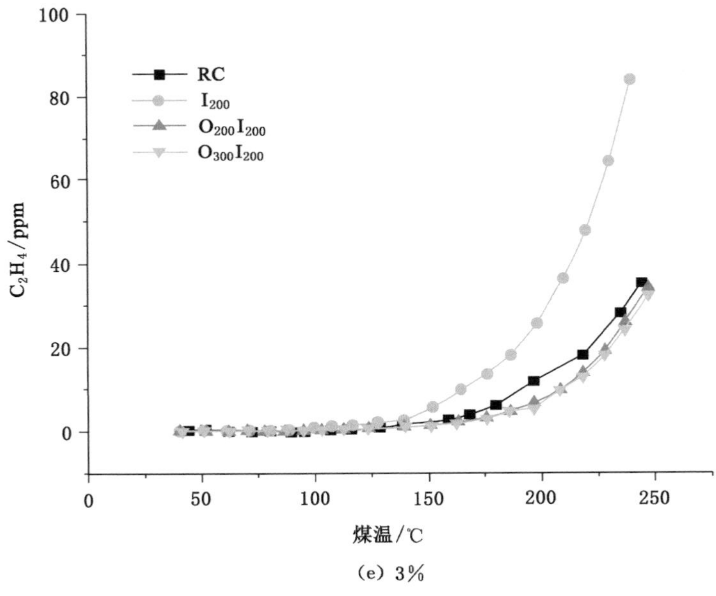
100
80
60
40
20
0
RC
I200
O200I200
O300I200
C2H4/ppm
0
50
100
150
200
250
煤温/℃
(e) 3%

图 4-4 (续)

4 种处理煤样在贫氧状态下 CO、CO_2 气体的产生量变化规律如图 4-5、图 4-6 所示。从图中可以看出，随着温度的升高，不同氧浓度下各处理煤样碳氧气体产生量呈现先缓慢增长再快速增长的变化趋势，在 150 ℃之前，气体产生量属于缓慢增长阶段，CO、CO_2 气体产生量大小相差不大，在 150 ℃之后，气体产生速率出现了快速增长，并且气体产生量差距开始拉大。氧浓度在 5%～21%时，浸水煤样和预氧化浸水煤样的气体绝对产生量大于原煤，浸水煤样最大，预氧化 200 ℃浸水与预氧化 300 ℃浸水煤样的绝对产生量相差不大。在为氧浓度 3%时，CO、CO_2 气体绝对产生量的大小顺序为：$O_{200}I_{200}>O_{300}I_{200}>I_{200}>RC$。随着氧浓度降低，各煤样的碳氧气体相对产生量降低。

通过前文分析可知，预氧化浸水煤样平均孔径相对较大，脂肪烃与主要含氧官能团含量所占比较高，故而在不同供氧浓度下 CO、CO_2 气体产生量较高，预氧化 200 浸水煤样的平均孔径最大，CO、CO_2 气体产生量较预氧化 300 ℃浸水煤样的高；浸水煤样比表面积相对其他煤样较大，总微体积也较大，低温氧化下煤氧接触面积增加，随着温度升高，加速了煤样的氧化反应进程，导致低温氧化反应 CO、CO_2 气体产生量最大。煤样在初次氧化反应过程中，激活了大部分活性位点，浸水后部分活性位点与官能团转化或流失，使得再次氧化时官能团难以快速加入氧化反应中。在低氧浓度(3%)时，由于初次氧化煤样存在中间含氧复合物的加速转化，所以在较低氧浓度下其 CO_2 释放量高于原煤与浸水煤样，平均孔径大的煤样 CO、CO_2 产生量较大于平均孔径小的煤样。

4.2.3　升温特性分析

通过对各煤样氧化升温过程中温度进行监测，得到炉温与煤温实验数据，同时绘制出温升曲线，并找出炉温与煤温的交点，得到交叉点温度。原煤、浸水、预氧化浸水煤样在不同氧浓度下氧化升温曲线如图 4-7 所示。

从图 4-7 可以看出，浸水处理以及预氧化浸水处理煤样在氧浓度 10%以上时均存在交叉点，而原煤样仅在氧浓度为 15%与 21%时存在交叉点温度，其余氧浓度均不存在交叉点温度。在交叉点温度出现之前，各氧浓度下原煤与浸水煤样的升温趋势大致相同，在出现交叉点温度后煤样升温趋势出现较大差异，预氧化浸水煤样在较高氧浓度下升温较快。整体上看，各煤样在交叉点温度后的升温曲线区分明显，随着氧浓度降低，对应的温度较低。从各交叉点温度来看，在相同氧浓度下，预氧化 200 ℃浸水煤样的交叉点温度较低，氧化升温进程较快。在氧浓度为 21%时，各煤样交叉点温度大小排序依次为：$O_{200}I_{200}<O_{300}I_{200}<RC<I_{200}$；在氧浓度为 15%时，各煤样交叉点温度大小排序依次为：$O_{200}I_{200}<RC<I_{200}<O_{300}I_{200}$；在氧浓度为 10%时，各煤样交叉点温度大小排序依次为：预 $O_{200}I_{200}<$

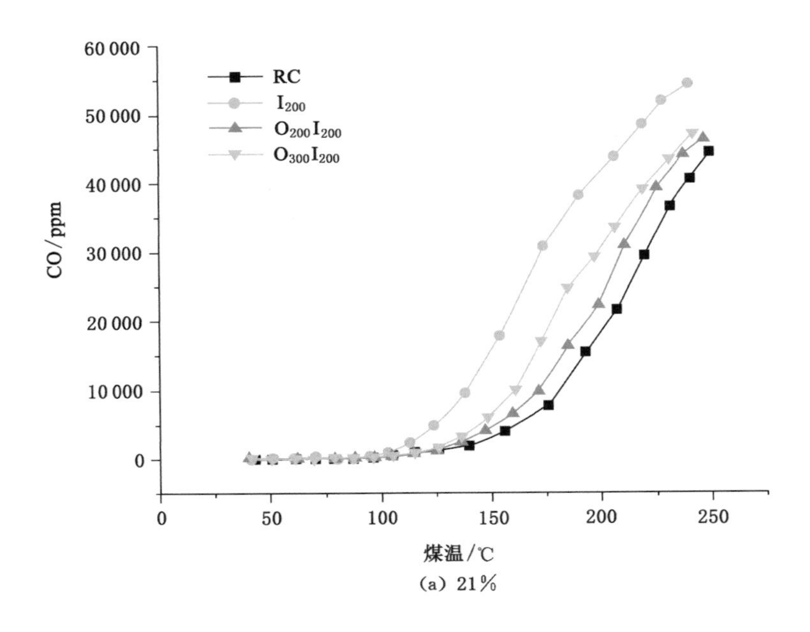

(a) 21%

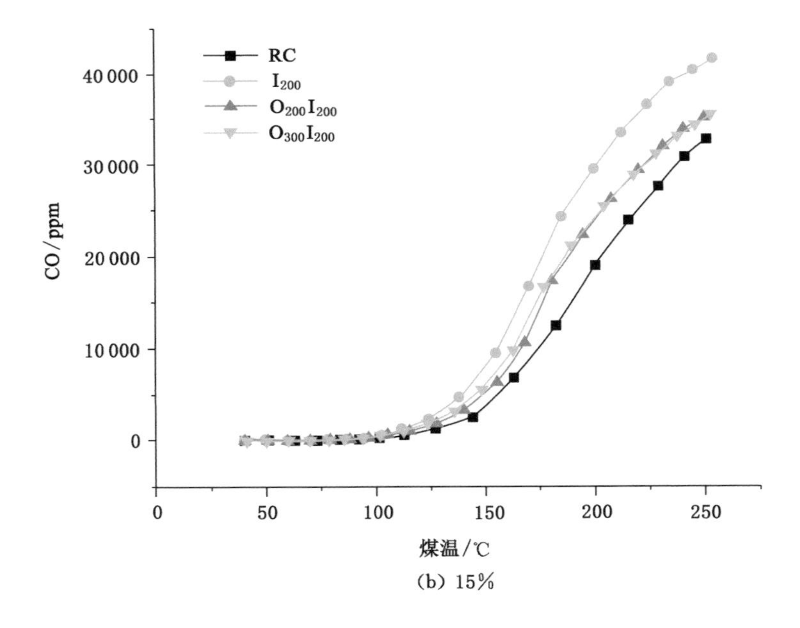

(b) 15%

图 4-5　低温氧化过程 CO 的产生量变化

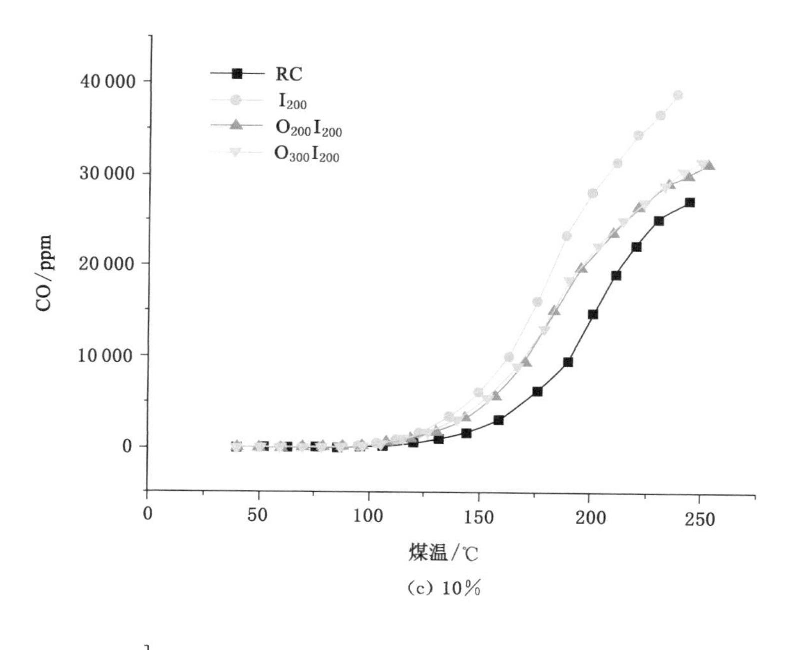
RC
I_{200}
$O_{200}I_{200}$
$O_{300}I_{200}$
40 000
30 000
20 000
10 000
0
CO/ppm
0
50
100
150
200
250
煤温/℃

(c) 10%

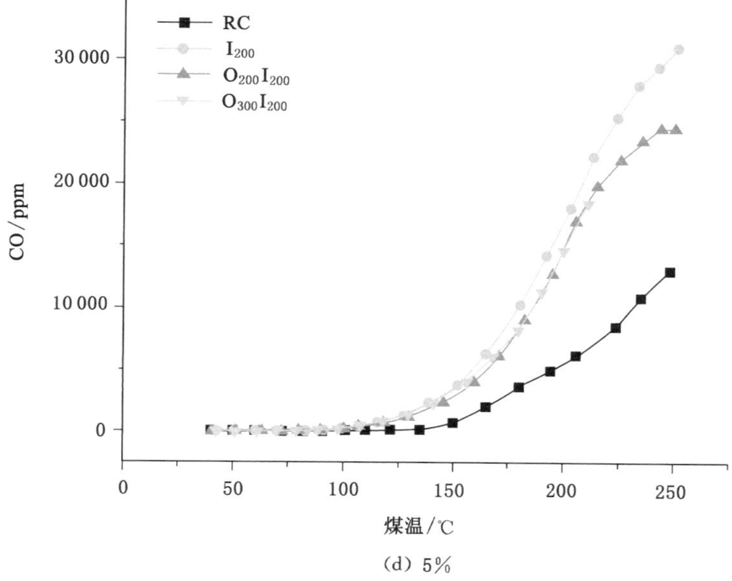
RC
I_{200}
$O_{200}I_{200}$
$O_{300}I_{200}$
30 000
20 000
10 000
0
CO/ppm
0
50
100
150
200
250
煤温/℃

(d) 5%

图 4-5 (续)

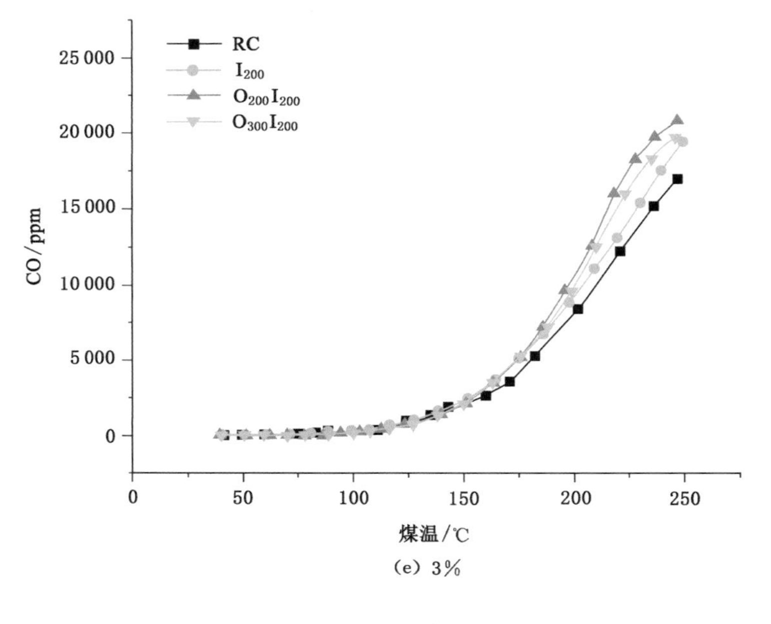

(e) 3%

图 4-5 (续)

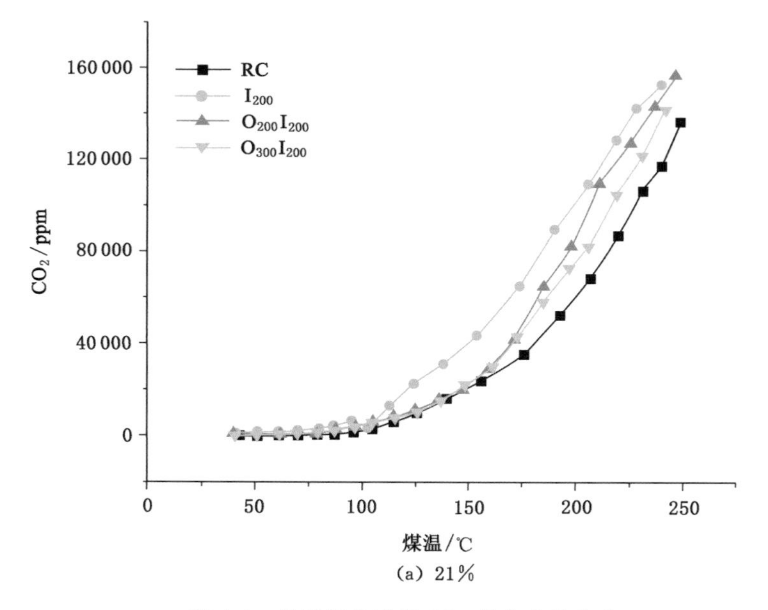

(a) 21%

图 4-6 低温氧化过程 CO_2 的产生量变化

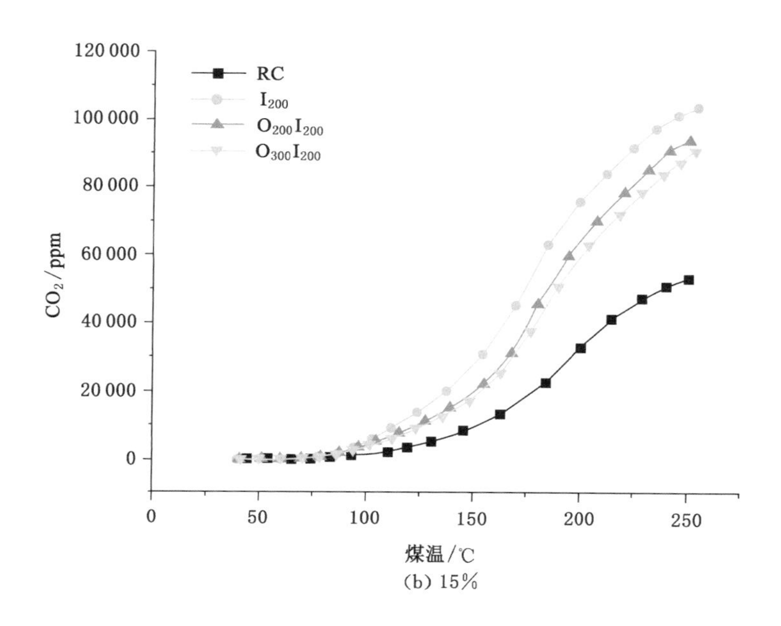
120 000
100 000
80 000
60 000
40 000
20 000
0
CO_2/ppm
RC
I_{200}
$O_{200}I_{200}$
$O_{300}I_{200}$
0
50
100
150
200
250
煤温/℃

(b) 15%

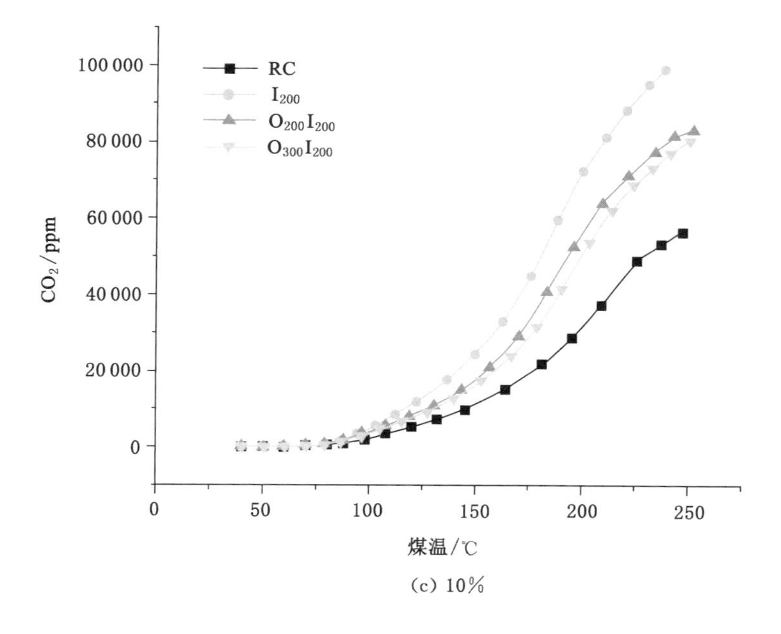
100 000
80 000
60 000
40 000
20 000
0
CO_2/ppm
RC
I_{200}
$O_{200}I_{200}$
$O_{300}I_{200}$
0
50
100
150
200
250
煤温/℃

(c) 10%

图 4-6 (续)

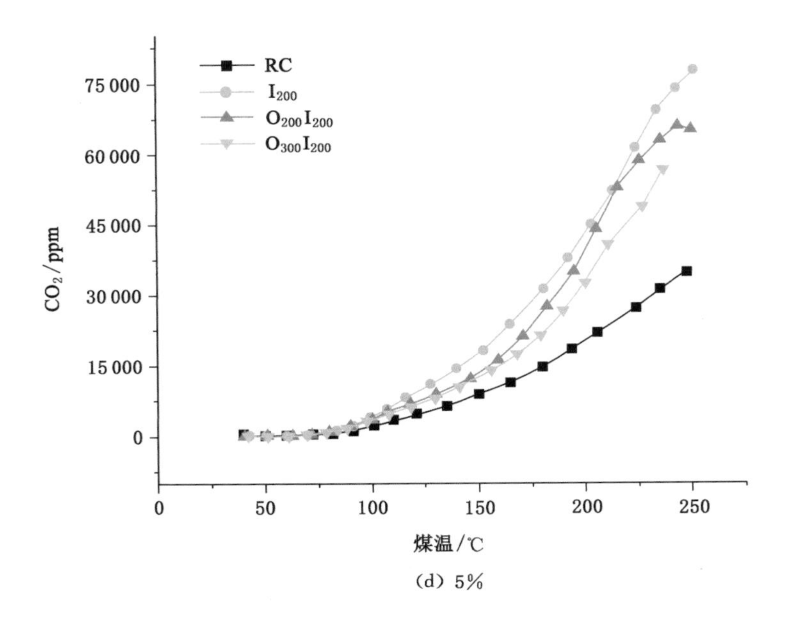
RC
I_{200}
$O_{200}I_{200}$
$O_{300}I_{200}$
75 000
60 000
45 000
30 000
15 000
0
CO_2/ppm
0
50
100
150
200
250
煤温/℃

(d) 5%

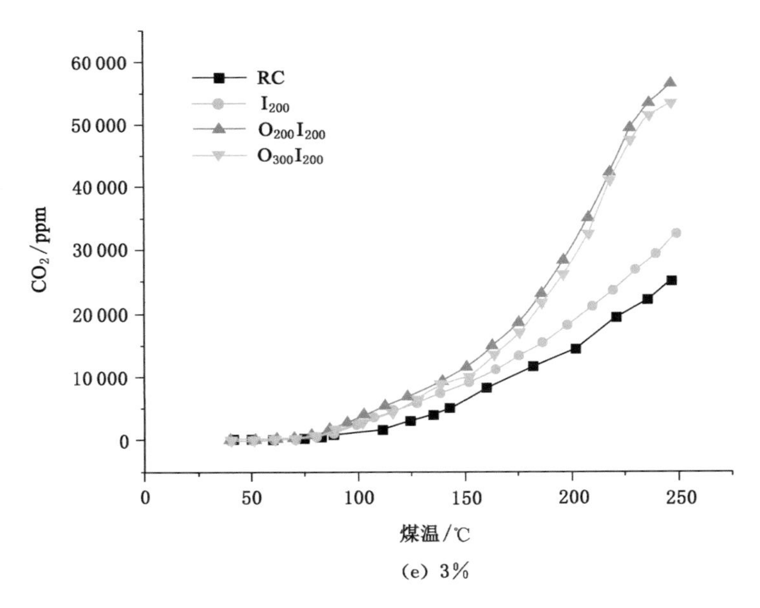
RC
I_{200}
$O_{200}I_{200}$
$O_{300}I_{200}$
60 000
50 000
40 000
30 000
20 000
10 000
0
CO_2/ppm
0
50
100
150
200
250
煤温/℃

(e) 3%

图 4-6 (续)

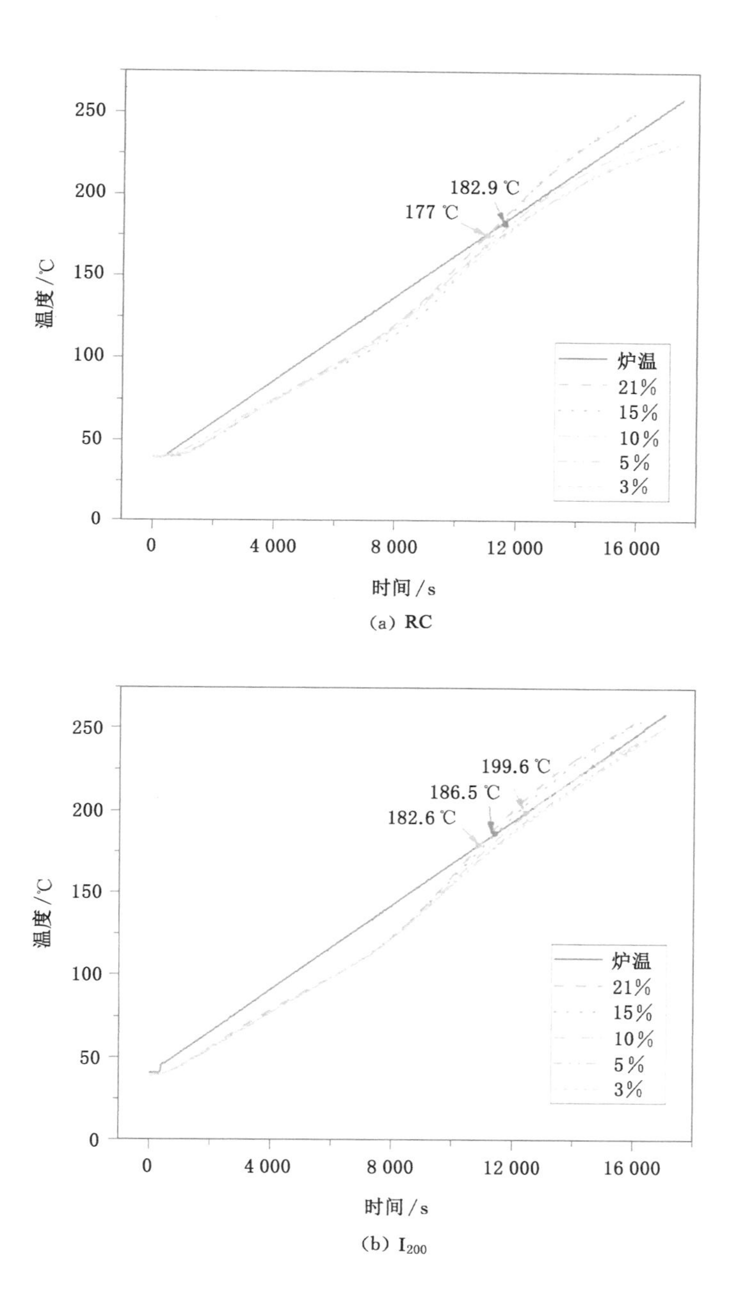

图 4-7　不同氧浓度下各煤样氧化升温曲线

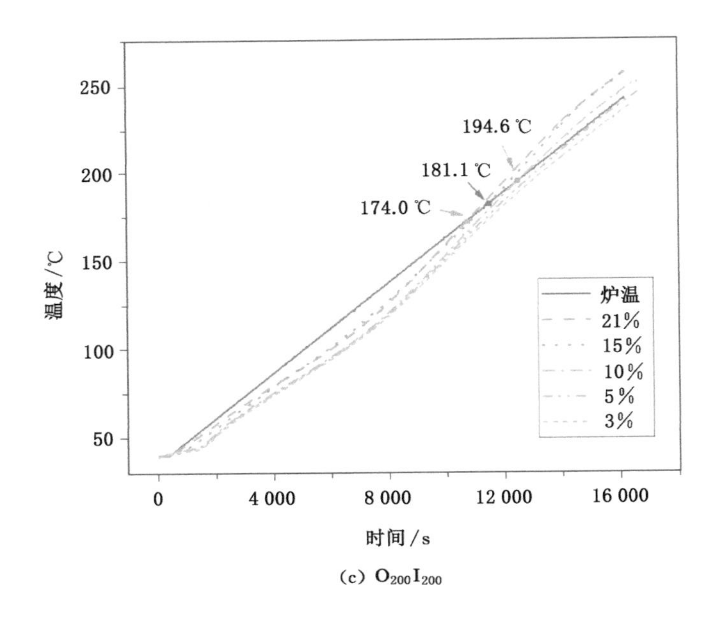

(c) $O_{200}I_{200}$

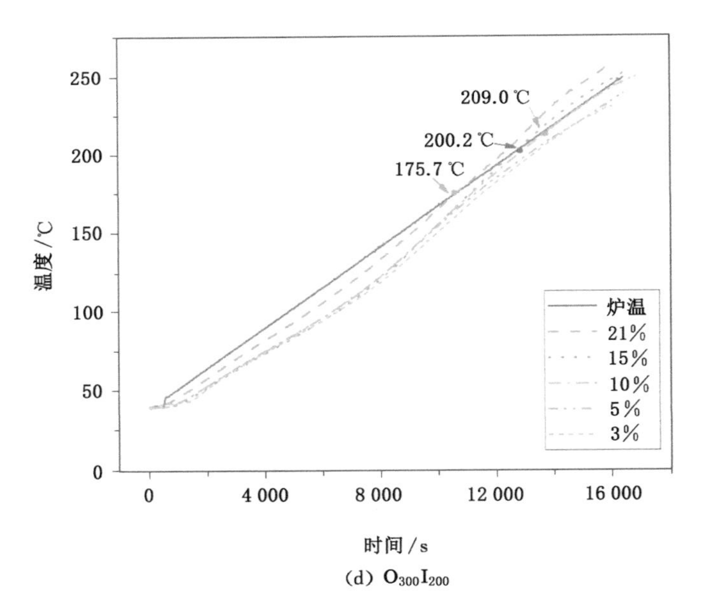

(d) $O_{300}I_{200}$

图 4-7 （续）

$I_{200}<O_{300}I_{200}$。因为在氧化升温前期，预氧化处理过的煤样的孔隙结构较发达，在高氧浓度下煤氧接触面积较大，加之其锁水能力相对浸水煤较弱，水分蒸发吸热相对较少，所以其低温氧化升温能力较强。预氧化 300 ℃后的煤样由于预氧化对煤中大分子分解较多，再次氧化剩余可分解物质减少，导致低氧浓度时煤样的再氧化能力减弱。预氧化与浸水处理在一定程度上会促进煤样的氧化升温进程，氧浓度越高促进效果越明显，预氧化 200 ℃浸水处理对煤样促进效果更加明显。

4.3 高温氧化浸水煤体 TG-DSC 分析

煤自燃的过程中伴随着吸热和放热的变化，判定热量变化的热分析技术在研究煤自燃领域内被广泛应用，常用的热分析技术包括热重分析法、差热分析法、差式扫描量热仪以及微量热仪分析法等[2]。本书采用热重分析法测试不同处理条件下煤样的质量变化、吸放热量变化、着火机制、初始放热温度参数并进行对比分析，进而找出预氧化浸水处理对煤自燃特征参数的影响。

4.3.1 着火机制与特征温度点分析

将处理好的 4 种(原煤、浸水 200 d、预氧化 200 ℃浸水、预氧化 300 ℃浸水)煤样在 5 种不同氧浓度下(21%、15%、10%、5%、3%)严格按照实验设置的参数进行热重实验，每个实验样品处理完毕后，提取实验数据并通过 Origin 软件作图得到质量随温度变化曲线(TG)、质量变化率曲线(DTG)。

煤样在升温氧化过程中随着温度的升高其质量也会发生变化，质量变化主要反映了煤氧复合反应过程中氧的化学吸附和中间复合物的生成，以及与煤中分子基团的相互转化，TG 反映了不同处理煤样的质量变化过程，对 TG 进行一次微分得到 DTG 曲线，DTG 曲线反映了不同处理煤样在一定温度范围内的质量损失率。TG-DTG 结合分析能较好地反映煤氧化自燃特性的变化规律，不同氧浓度下 4 种煤样 TG-DTG 曲线如图 4-8 所示。

宏观的曲线变化反映出煤样反应快慢的程度，根据图 4-8 TG 曲线变化，在氧浓度为 15%时，预氧化 300 ℃浸水煤样最大反应速率较大，TG 曲线斜率较大，其余各氧浓度下均为预氧化 200 ℃浸水煤样燃烧时氧化反应较快。在低温下预氧化 300 ℃浸水煤样氧化剩余量较大，说明其在预氧化时的化学吸附以及小分子链破坏较强，再次氧化时其化学吸附量减小、活性减弱。随着氧浓度降低，煤样的热解反应相应减弱，不同煤样具有相同的变化趋势，预氧化 200 ℃浸水煤样在 15%与 21%氧浓度之间相差较明显，预氧化 300 ℃浸水煤样在两氧浓度之间变化基本持平，高预氧化温度在较小的氧浓度下便可以加快煤氧反应速率，说明在预氧化过程中煤样的化学吸附量较大。

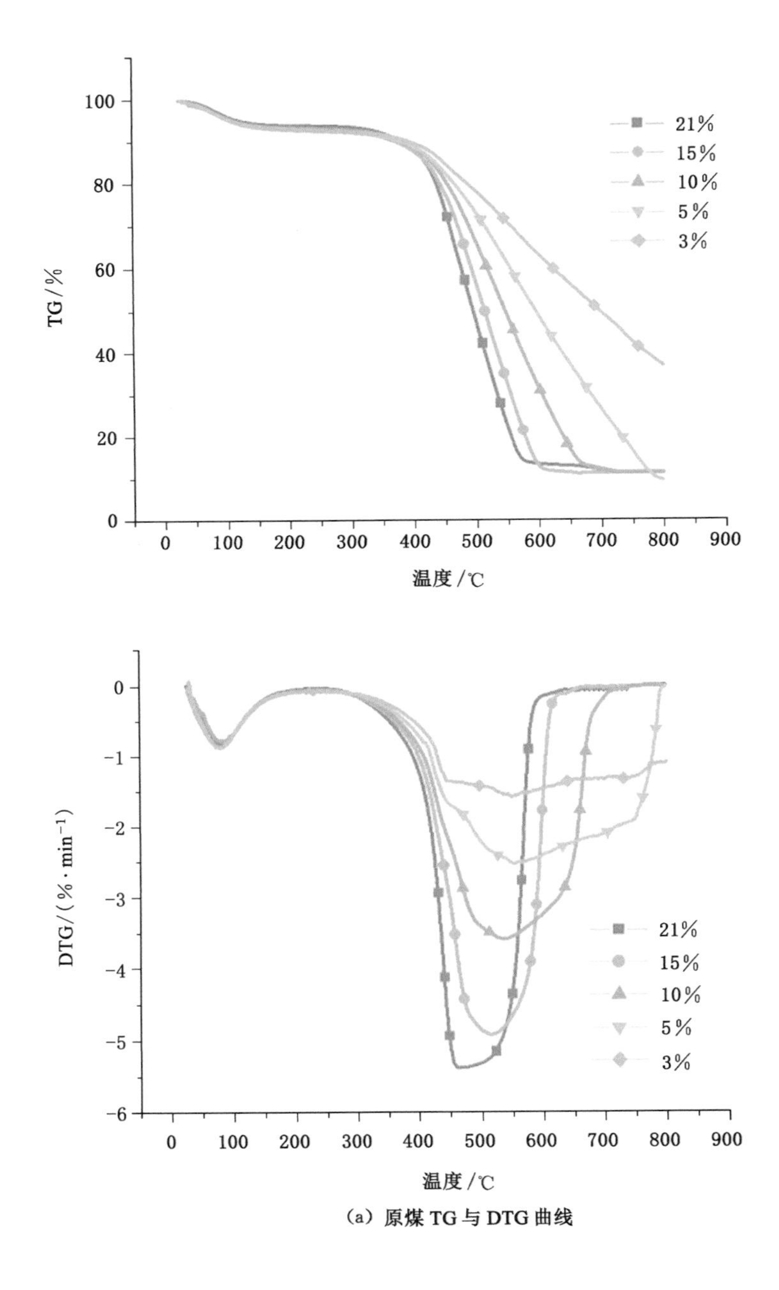

(a) 原煤 TG 与 DTG 曲线

图 4-8　四种煤样不同氧浓度下 TG-DTG 变化

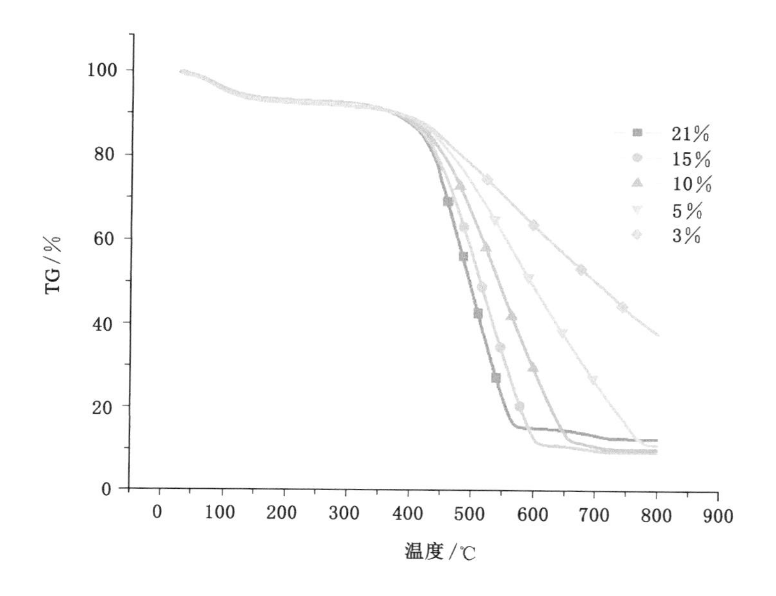

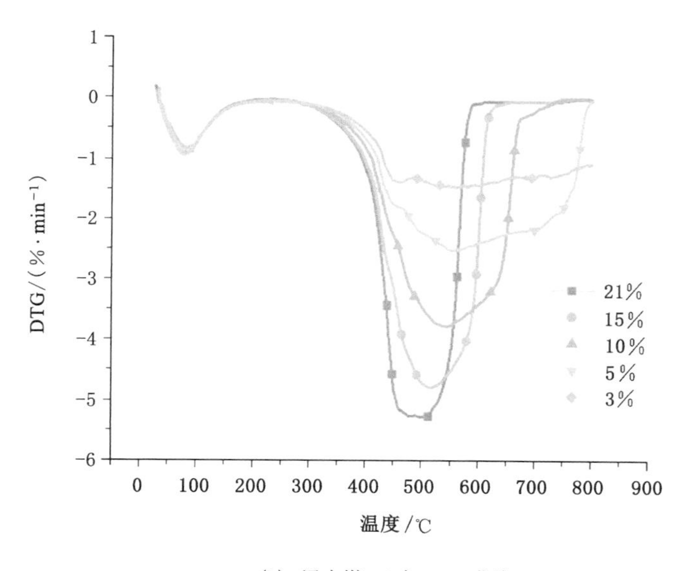

(b) 浸水煤 TG 与 DTG 曲线

图 4-8 （续）

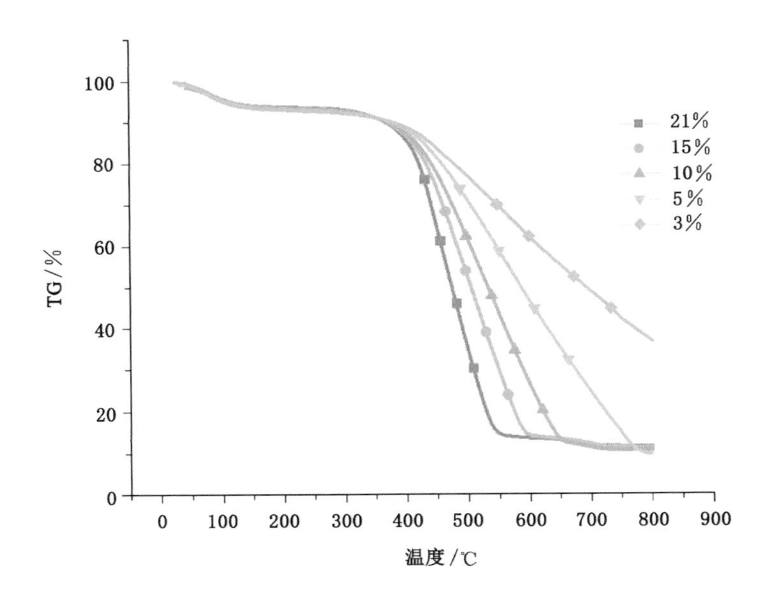

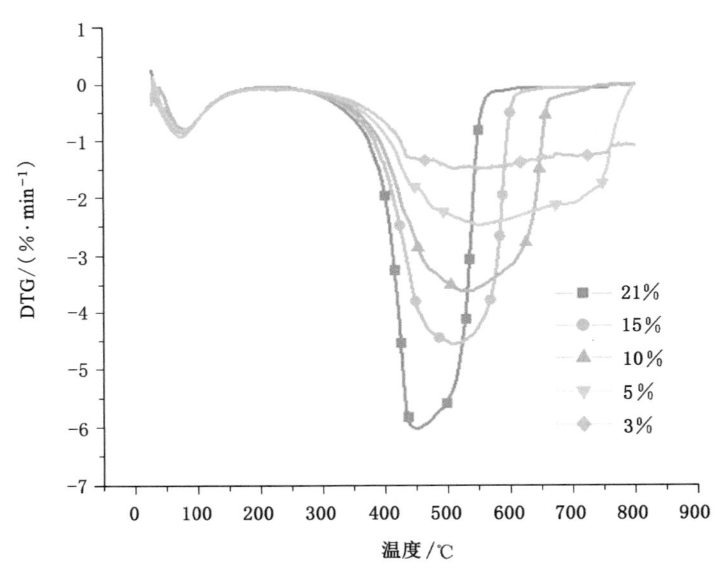

(c) 预氧化 200 ℃浸水煤 TG 与 DTG 曲线

图 4-8 (续)

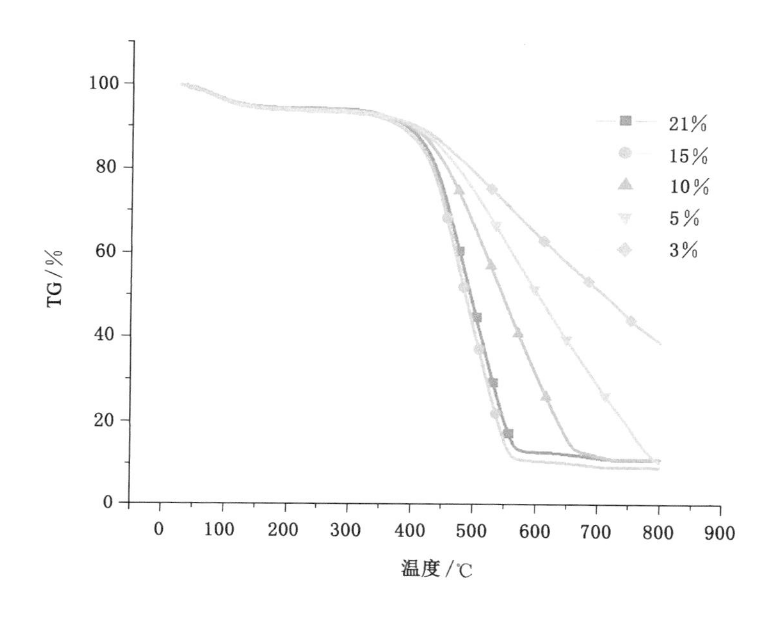

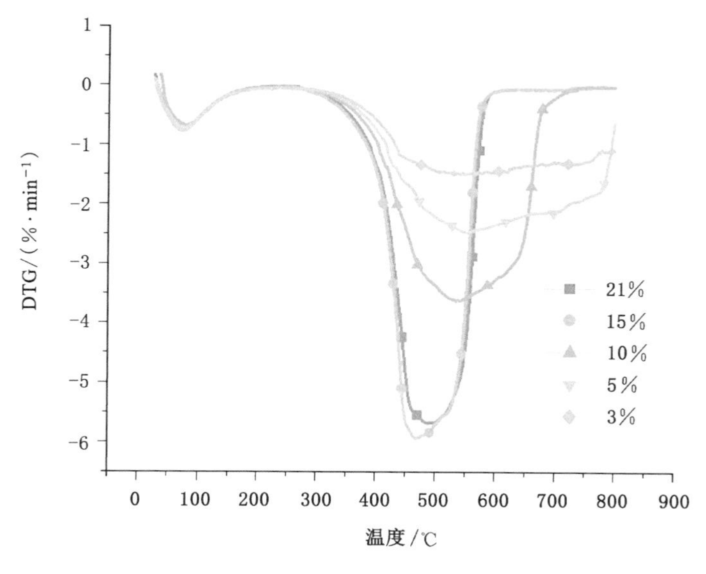

(d) 预氧化 300 ℃浸水煤 TG 与 DTG 曲线

图 4-8 （续）

为进一步量化分析预氧化浸水煤样贫氧燃烧特性变化，根据实验结果，找到在氧化升温过程中煤样特征温度点变化，以期得到不同供氧条件下氧化燃烧反应的作用效果，对比分析出不同煤样热质量变化规律，4 种煤样在不同氧浓度下的热重曲线特征参数值(T_0-T_6)见表 4-2。

表 4-2 煤样氧化反应的特征温度点变化

煤样	氧浓度/%	T_0/℃	T_1/℃	T_2/℃	T_3/℃	T_4/℃	T_5/℃	T_6/℃
RC	21	24.06	84.06	190.00	270.00	432.52	454.06	709.06
	15	25.90	78.40	198.40	260.90	438.1	508.4	718.4
	10	41.58	81.58	216.58	226.58	438.2	534.08	729.1
	5	30.51	78.01	233.01	250.51	440.2	550.51	—
	3	29.51	77.01	—	—	—	549.51	—
I_{200}	21	26.18	81.17	231.18	271.17	425.01	481.18	713.67
	15	30.19	85.2	205.19	272.69	436.7	515.19	720.19
	10	31.01	78.51	221.01	253.51	433.4	543.51	728.51
	5	34.71	82.21	229.71	257.21	437.9	547.21	792.21
	3	31.92	79.42	—	—	—	559.42	—
$O_{200}I_{200}$	21	27.42	77.41	224.92	264.92	404.80	452.41	719.90
	15	23.47	78.47	190.97	248.47	413.4	490.97	725.97
	10	40.03	82.53	202.53	240.03	416.0	535.03	727.53
	5	32.85	77.85	217.85	227.85	417.2	552.85	795.35
	3	29.63	72.13	—	—	—	549.63	—
$O_{300}I_{200}$	21	25.74	75.74	215.74	268.24	421.62	483.23	700.73
	15	30.14	75.14	210.14	265.14	424.1	467.64	705.14
	10	36.05	81.05	216.05	268.55	423.7	528.55	726.0
	5	26.02	76.02	223.52	251.02	426.0	551.02	—
	3	28.82	73.82	—	—	—	591.32	—

(1) 高位吸附温度 T_0，此温度为煤样质量比达到最大值，物理吸附达到平衡，即 TG 曲线上初始增重时的温度。此温度点之前主要发生不可逆转的物理吸附，在 T_0 时基本不产生气体，气体的吸附量大于脱附量。

由表 4-2 可以看出，高位吸附呈现相似的变化规律，4 种煤样均在氧浓度 10%左右存在较高的温度，10%的氧浓度延缓了煤样的物理吸附能力，降低煤样的初期反应能力，对煤样低温氧化吸附具有一定的抑制作用。

(2) 临界温度 T_1，此温度点为煤样低温氧化过程中首次达到煤氧反应加速的温度，即DTG曲线中第一个失重速率较大的点。煤氧复合反应在此温度点下开始出现气体的解吸和水分的蒸发，氧气消耗加快，伴随着 CO、CO_2 气体的产生，气体的脱附速率增加，吸附量减少。临界温度越低，说明煤样低温氧化越容易发生。

整体来看，除个别氧浓度外，浸水促使煤样临界温度增加，这主要是因为浸水后煤样中自由水与结合水增加，在初始反应过程中蒸发水分需要吸收较多的热量，达到反应质量损失率最大值温度点的时间相对应延长。预氧化浸水煤样相对浸水煤样的临界温度又一次降低，预氧化温度越高，临界温度降低越明显，说明预氧化浸水处理扩孔能力较强，在低温氧化过程中，水分蒸发"通孔"能力增加，较低温度刺激即可促使煤氧反应速率、水分蒸发加快。图4-9展示了煤样临界温度下的质量变化率，从图中可以看出浸水煤样质量变化率普遍较高，预氧化300 ℃浸水煤样质量变化率较低。浸水煤样由于水分子的侵入，其氧化质量减少增强，而预氧化浸水后由于孔隙更加发达，中孔大孔增多，煤样"锁水"能力减弱，其质量变化率较小。就各临界温度点来看，各煤样在不同氧浓度下临界温度均在90 ℃之前结束，由临界温度的变化反映低温氧化反应的难易程度。

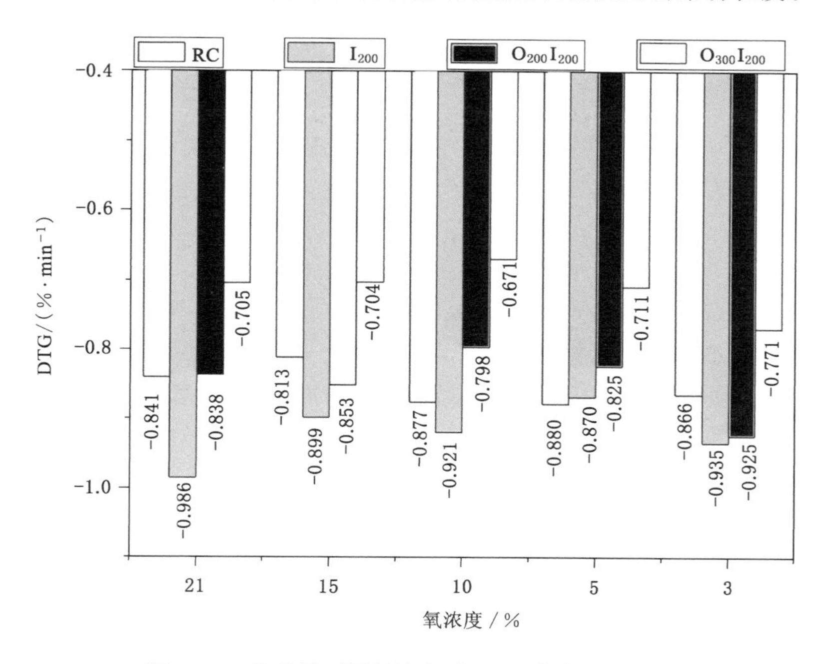

图4-9　4种煤样不同氧浓度下 T_1 温度点DTG变化

(3) 吸氧增重起始(最大失重)温度 T_2,此温度点为 DTG=0 的第一个点。各处理煤样在通过气体的解吸和水分蒸发后,由于化学吸氧作用形成的煤氧络合物的生成速率大于煤氧化分解的消耗速度,致使煤样重量增加,同时煤分子内部侧链断裂加速,产生少量烷烃气体。T_2 温度越高表明侧链参与反应速率较慢,煤氧络合物生成速率变慢。

除原煤外,其余煤样整体表现为随着氧浓度降低,吸氧增重温度先降低后升高,15%的氧浓度对预氧化浸水煤的影响较大,此时预氧化浸水煤样的氧化吸附性较强,由于受水分与孔隙结构变化的双重影响,导致 T_2 参数出现不同的参数变化。

(4) 吸氧增重最大点温度 T_3,此温度点为 DTG=0 的第二个点,是煤吸氧增重后到达的最大增重温度点,此时煤氧反应过程中化学吸附量达到最大,质量增重速率与煤氧化学失重速率差值最大。到达该温度点之后,煤样质量快速下降,随着温度的升高,更多的活性结构参与燃烧反应,此后热分解速度大于中间复合物的形成速度。

随着氧浓度的减小,T_3 值逐渐减小,在吸氧增重过程中,煤氧中间复合物的形成占主导,氧含量的多少是促使煤氧中间复合物形成的主要因素,氧浓度降低使煤样的增重周期缩短,最大增重温度降低。

(5) 着火点温度 T_4,以 DTG 最小值点作与 Y 轴平行的直线,过交 TG 曲线的点作切线,同时过 T_5 点作 TG 切线,两条切线的交点即着火点温度 T_4。着火点通常用来表示煤自燃的难易程度,同时这一阶段煤高温氧化产生的含氧气体、煤焦油、挥发分等加速煤样逸出燃烧[3]。此温度点代表煤样燃烧已经达到最大程度,煤样质量下降较快。

各煤样的着火点温度变化如图 4-10 所示。多数煤样的着火点温度随着氧浓度的降低而增高。实验煤样在浸水、预氧化 200 ℃浸水、预氧化 300 ℃浸水处理后着火点温度呈现降低再增高的趋势,预氧化 200 ℃浸水煤样着火点温度最低,主要的原因是预氧化 200 ℃使得煤样中弱键断裂,部分有机物质分解为易氧化的小分子存在于煤分子内部,浸水使得部分煤孔隙结构打开,增大了煤氧接触面积,促使氧化燃烧反应进行。

(6) 最大失重速率温度 T_5,该温度为煤样在氧化反应过程中质量损失率最快的点,在 DTG 上表现为失重最大值对应的温度。在此温度点下,煤样的氧化反应较为剧烈,吸氧产气量均增加,氧化放热量大大超出吸热量,温度升高,促使煤氧反应加速进行。

从表 4-2 可以看出,最大失重温度基本上随着氧浓度的降低逐渐增高,说明氧浓度是促使其加快裂解的关键因素。就 4 种不同煤样来看,预氧化 200 ℃浸水煤

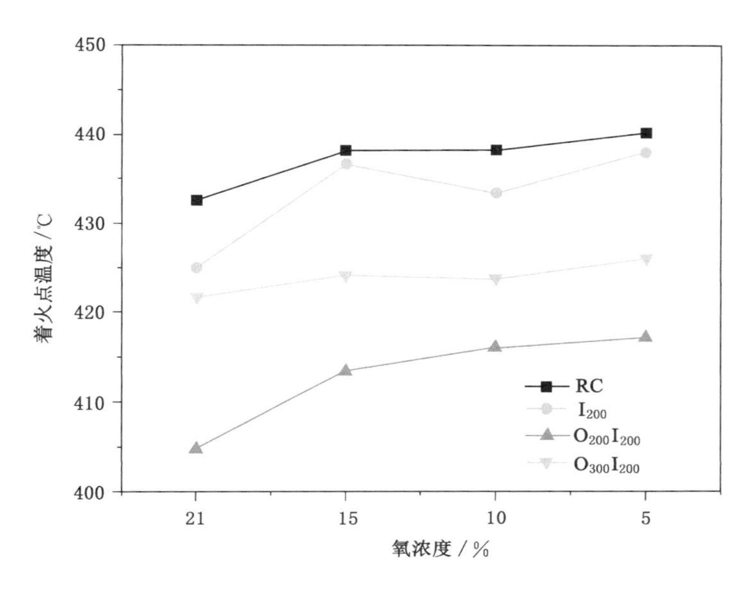

图 4-10 4 种煤样不同氧浓度下着火点温度变化

样最大失重温度较低，氧化浸水处理使煤样的孔隙结构变得更加疏松以及大分子结构裂解较为彻底，较低的氧化温度就会促进其较高的氧化速率。由图 4-11 可看出，氧浓度越低，DTG 越小，对不同处理煤样的 DTG 变化影响也较小。

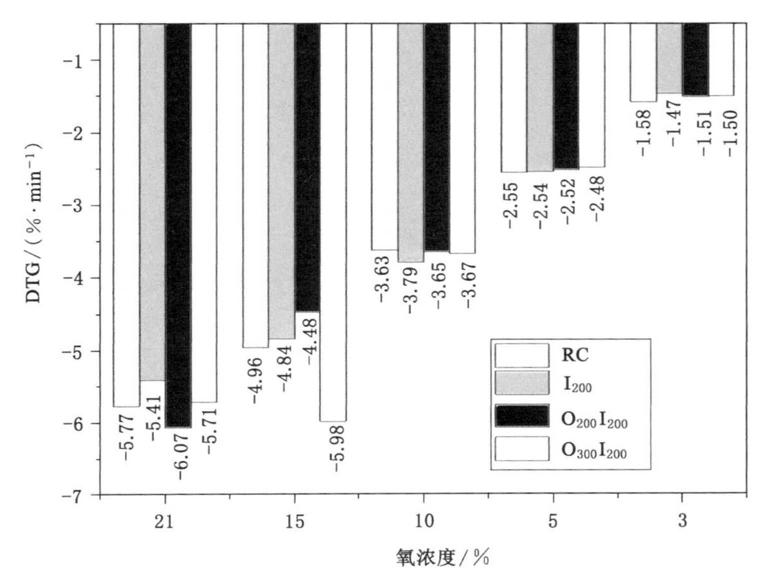

图 4-11 4 种煤样不同氧浓度下 T_5 温度点 DTG 变化

(7) 燃尽温度 T_6，此温度点为 DTG=0 的第三个点，达到此温度点之后整个 TG 曲线趋于水平，其中煤中挥发分、固定碳全部消耗殆尽，仅剩余部分灰分存在，同时也是煤样燃烧结束的标志，在其温度点后存在少量的曲线变化主要是因为灰分中部分矿物质分解，与氧化燃烧关系不大。确定此点的位置方法主要有外推法、TG 法、DTG 法、固定失重百分数法等，本书主要采用 DTG 法(DTG 曲线燃烧失重峰结束点温度)。

低氧浓度下煤样的燃尽温度较高，在 3%的氧浓度下煤样不存在燃尽温度，说明在此氧浓度下煤样未完全燃烧，低氧浓度不足以支撑煤样完全燃烧的可能。

4.3.2 阶段性演变及煤氧化动力学

根据作出的每组热重结果，分析其质量变化，将各处理煤样氧化燃烧过程分为 5 个阶段[4]。分别为水分蒸发与气体初解吸阶段($T_0 \sim T_2$)、吸氧增重阶段($T_2 \sim T_3$)、受热分解阶段($T_3 \sim T_4$)、燃烧阶段($T_5 \sim T_6$)、燃尽阶段(T_6～结束)。特定温度点下 21%氧浓度的浸水煤样燃烧过程中阶段划分如图 4-12 所示。

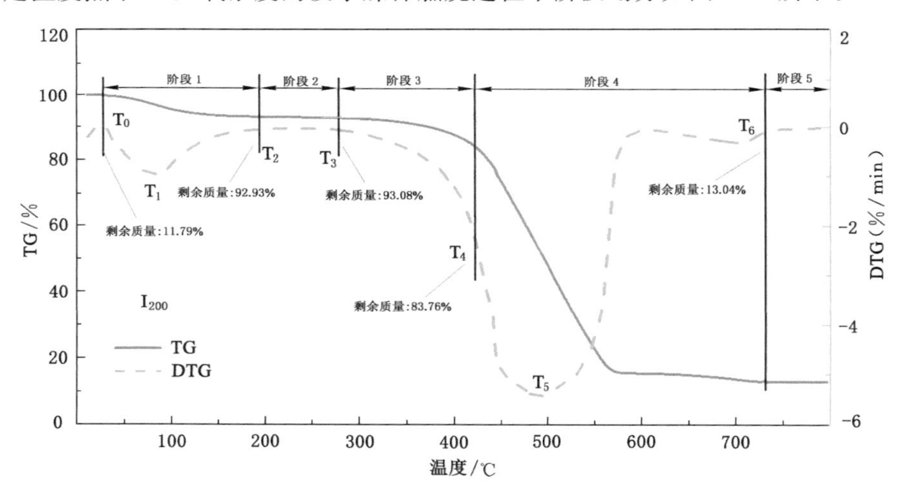

图 4-12 特定温度点下 21%氧浓度的浸水煤样燃烧过程的阶段划分

(1) 水分蒸发与气体初解吸阶段(阶段 1)

水分蒸发与气体初解吸阶段为煤氧化燃烧的第 1 个阶段，该阶段主要发生的反应为水分的蒸发，煤体相对质量减少，使原本被自由水与结合水封堵的孔隙释放出来，另外一个便是气体的初解吸(CO、CO_2、烷烃等气体的释放)。此时在低温氧化下煤中大分子迅速参与反应并向小分子转化，同时伴随热量的吸收和释放，煤体内部微观基团被激发出来。随着温度继续升高，煤样失重速率由小变大，经过最大值后又再次变小最终回归于零(对应 T_2)，煤样质量第一次到达极小值,煤样第一次氧化燃烧失重阶段结束。由对比图 4-12 以及表 4-2 特征点数据可以看出,相对原煤,浸水处理使得这一阶段的温度区间延长,主要是因为水分子的存在使得氧化燃烧过程中蒸发吸热的周期延长,预氧化浸水煤样孔隙结构增大,锁水能力减小,这一温度区间减小。

(2) 吸氧增重阶段(阶段 2)

随着温度进一步升高,伴随着物理吸附的继续,化学吸附也逐渐增强,此时等待加速反应的氧气被煤分子表面强烈吸附,促进煤氧复合物的形成。煤氧中间复合物的生成速度大于其消耗的速度,表现为煤样质量的小幅度增加,同时煤分子内部各类含氧官能团生成速度加快,为下一步氧化反应的加速做了充足准备。此过程被称为吸氧增重阶段。由表格 4-2 此阶段受氧浓度变化较大,随着氧浓度的增加,吸氧增重过程增长,中间含氧复合物生成量较多,能较好地促进下一步煤氧反应加速进行。

(3) 受热分解阶段(阶段 3)

从煤样吸氧增重阶段结束至到达着火点温度(T_4),这一过程被称为受热分解阶段。在煤样经历吸氧增重后大量的活性分子生成,在进一步的升温作用下,各微观分子官能团的活性进一步增强,官能团裂解能量的释放进一步促进热量释放,并伴随气体的脱除,热释放量逐渐大于热吸收量,直至达到煤样着火点温度。此时煤中呈现胶质体状态,失重速率以气体脱附为主[5]。此热解过程伴随着煤的贫氧燃烧存在,对因焦油析出造成的火区煤的复燃存在较大影响。

(4) 燃烧阶段(阶段 4)

煤样从着火点温度到燃尽温度(T_6)经历的过程为燃烧阶段。此阶段煤芳香度进一步提高,煤分子官能团活跃性进一步增强,键的断裂数量进一步增加,热释放量远远高于热吸收量,煤样出现剧烈燃烧的现象,煤样质量急剧下降且质量变化率快速增加,在达到最大失重速率点 T_5 时,受煤内部有机物质量限制,质量开始迅速减小,直至燃烧殆尽,此过程为煤样燃烧与热释放的主要阶段。

(5) 燃尽阶段(阶段 5)

煤在燃烧条件下经历半焦化与焦化过程的热分解与热缩聚后,进入了煤样燃尽状态,此时 DTG=0,此后煤样质量基本不变,煤中残余物多为未参与热分解的灰分物质。

煤氧复合反应过程伴随着质量的转化,同时伴随着温度的变化。煤氧反应的活化能在一定程度上反映煤氧化燃烧的难易程度,以及煤样发生氧化还原反应的活性基团的转化特性。

根据 3.4.3 节活化能论述,运用各处理煤样在 $T_3 \sim T_5$ 的温度点[6]变化代入式(3-10)计算其活化能。因各处理煤样在 3%的氧浓度下区分度较小,计算得到处理煤样随 5%~21%的氧浓度变化活化能,如图 4-13 所示。

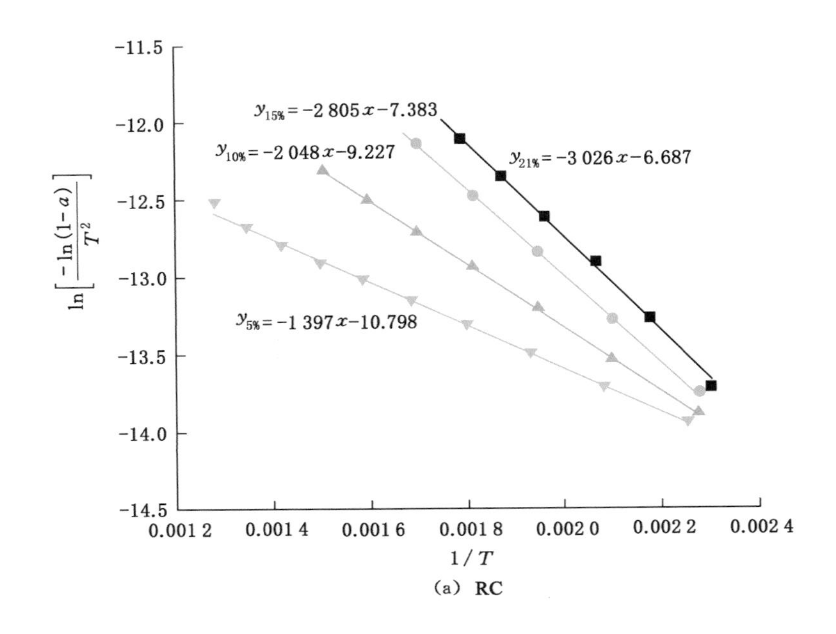

(a) RC

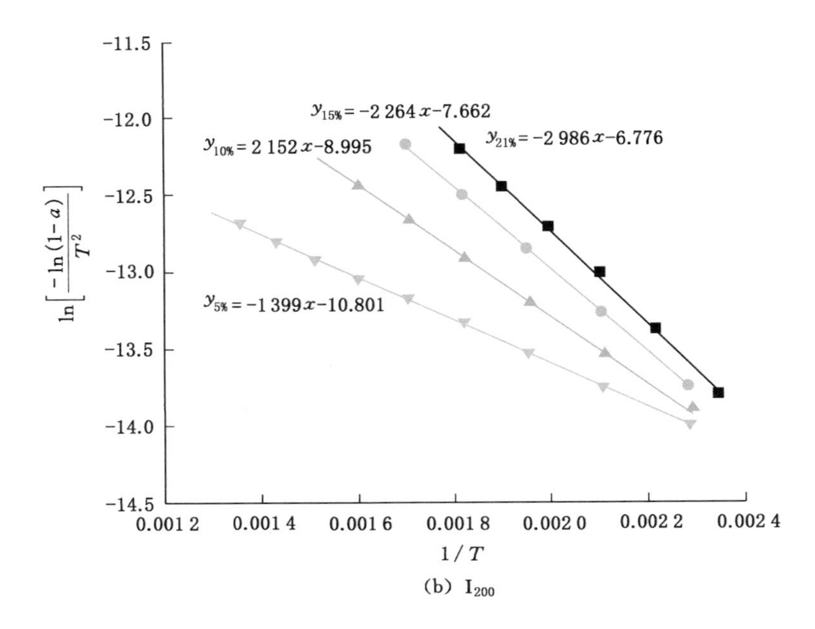

(b) I_{200}

图 4-13　不同氧浓度下煤样的动力学分析

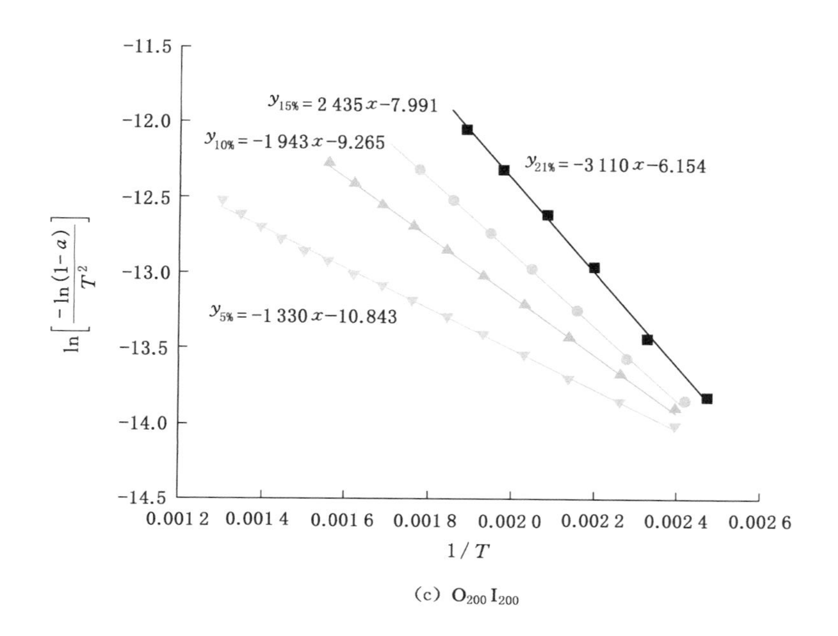

(c) $O_{200}I_{200}$

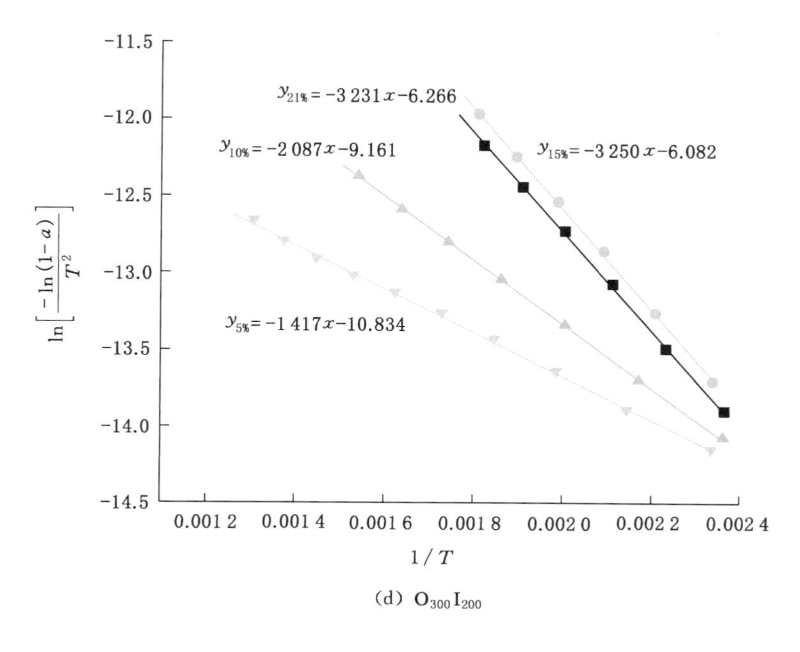

(d) $O_{300}I_{200}$

图 4-13 （续）

计算得出各处理煤样不同氧浓度的活化能参数，如表 4-3 所示。总体来看，随着氧浓度增加，活化能逐渐增大，这主要是因为随着氧浓度增加，煤分子中具备较多的活性基团，与之反应时需要大量能量，故而活化能增加[7]。从不同氧浓度处理的煤样来看，在氧浓度为 15%时 4 种煤样的活化能差别较大，其余氧浓度下煤样的活化能差别较小，低氧浓度下煤样的活化能数值减小得较快。不同氧浓度下 $O_{200}I_{200}$煤样的活化能普遍较低，说明煤样孔隙结构越发达，其孔径越大，会促进其热解反应的进行，更易发生煤的氧化复燃现象。

表 4-3　各处理煤样不同氧浓度的活化能参数

煤样	21%		15%		10%		5%	
	E/(kJ·mol^{-1})	R^2	E/(kJ·mol^{-1})	R^2	E/(kJ·mol^{-1})	R^2	E/(kJ·mol^{-1})	R^2
RC	25.16	0.996	23.32	0.999	17.03	0.999	11.61	0.997
I_{200}	24.82	0.998	22.15	0.999	17.89	0.999	11.63	0.998
$O_{200}I_{200}$	25.85	0.997	20.24	0.999	16.15	0.999	11.06	0.998
$O_{300}I_{200}$	26.86	0.998	27.02	0.998	17.35	0.999	11.78	0.997

4.3.3　贫氧燃烧的热效应

氧化性与放热性是影响煤燃烧性能的两个指标，而煤样的自燃过程中是吸热与放热并行的过程，吸放热特性的变化反映煤样燃烧性能的变化，直观地反映在热效应变化上面，本章通过 DSC 变化曲线对比分析贫氧状态下预氧化浸水煤样的放热特性，作出如图 4-14(a)～(e)所示不同氧浓度下 DSC 对比图，图 4-14(f)为 DSC 曲线特征温度点的划分，其中 T_{D1} 为最大吸热温度，T_{D2} 为初始放热温度，T_{D3} 为最大放热温度点，T_{D4} 为燃尽温度。

由图 4-14 可以看出，随着氧浓度降低，煤样放热量曲线出现较为明显的变化，在氧浓度低于 10%时，放热量曲线变化较大，在 15%与 21%氧浓度时，曲线区分较为明显，其余 3 个氧浓度下放热曲线区分度较小，而相应的吸热量曲线基本不受氧浓度的影响，煤样种类不同时也不存在明显区分。当氧浓度为 21%时，预氧化 200 ℃浸水煤样的放热曲线变化较为明显，该煤样的放热突变温度为384.1 ℃，结束温度为 567.4 ℃，其余煤样突变温度为 404.1 ℃，结束温度为589.1 ℃，预氧化 200 ℃浸水煤样能较早地进入氧化快速放热阶段，较早地结束氧化放热；当氧浓度为 15%时，预氧化 300 ℃与预氧化 200 ℃浸水煤样放热突变温度近乎重合，为 382.6 ℃，其余煤样的放热突变温度在 403.4 ℃左右，预氧化 300 ℃浸水煤样结束温度较小，为 582.6 ℃，较其余煤样(618.4 ℃)提前了约 5.8%；当氧浓度为 10%时，

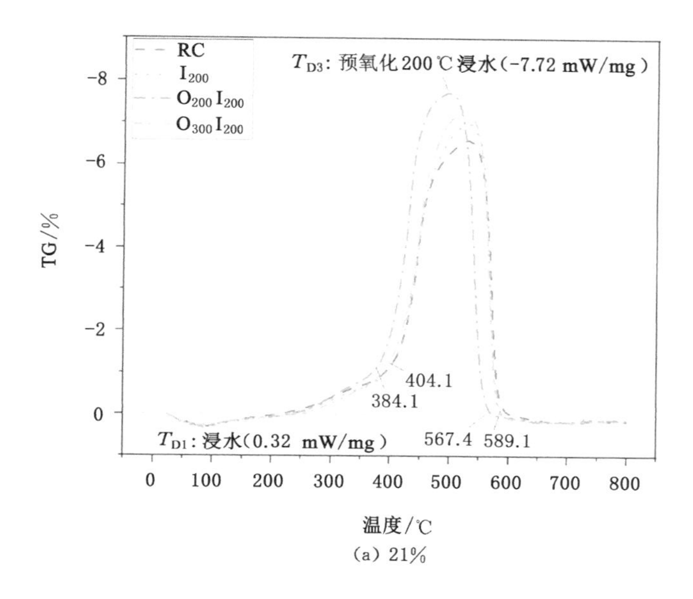

(a) 21%

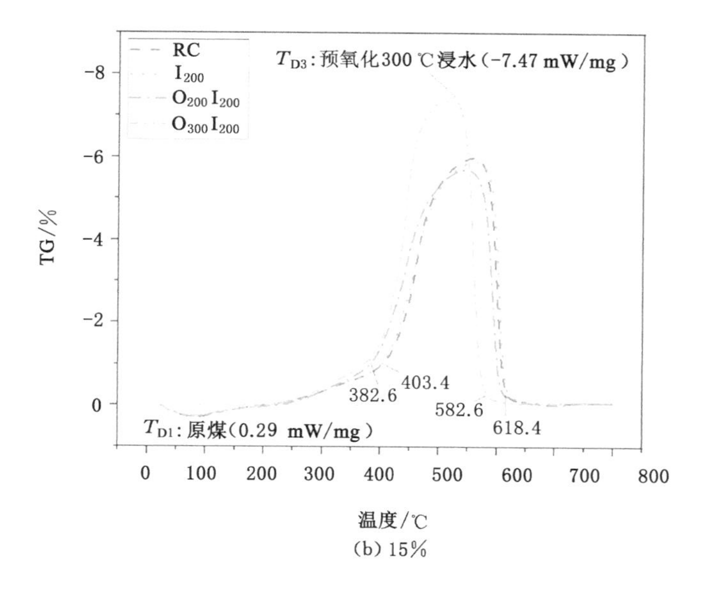

(b) 15%

图 4-14　煤样氧化燃烧时热效应曲线

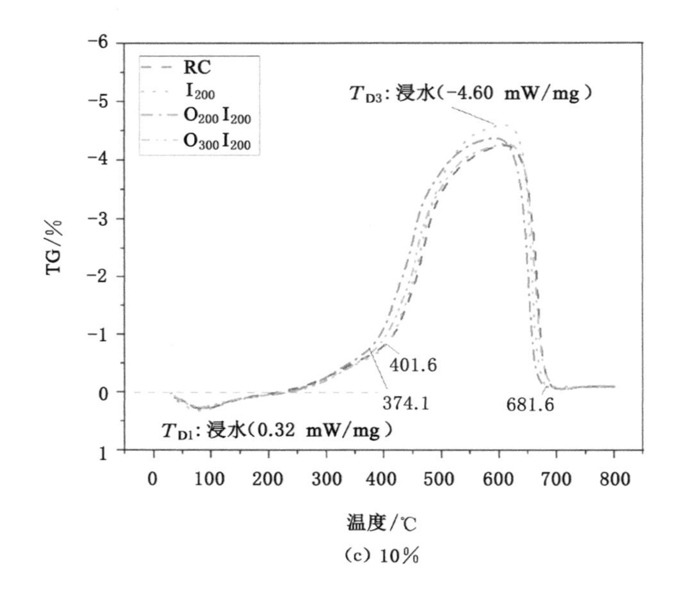
RC
I_{200}
$O_{200}I_{200}$
$O_{300}I_{200}$
T_{D3}: 浸水(−4.60 mW/mg)
401.6
374.1
681.6
T_{D1}: 浸水(0.32 mW/mg)
TG/%
温度/℃

(c) 10%

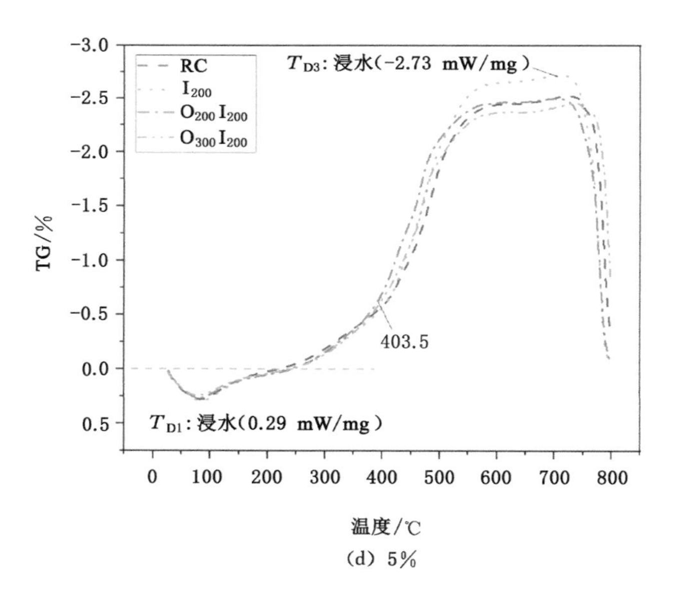
RC
I_{200}
$O_{200}I_{200}$
$O_{300}I_{200}$
T_{D3}: 浸水(−2.73 mW/mg)
403.5
T_{D1}: 浸水(0.29 mW/mg)
TG/%
温度/℃

(d) 5%

图 4-14 (续)

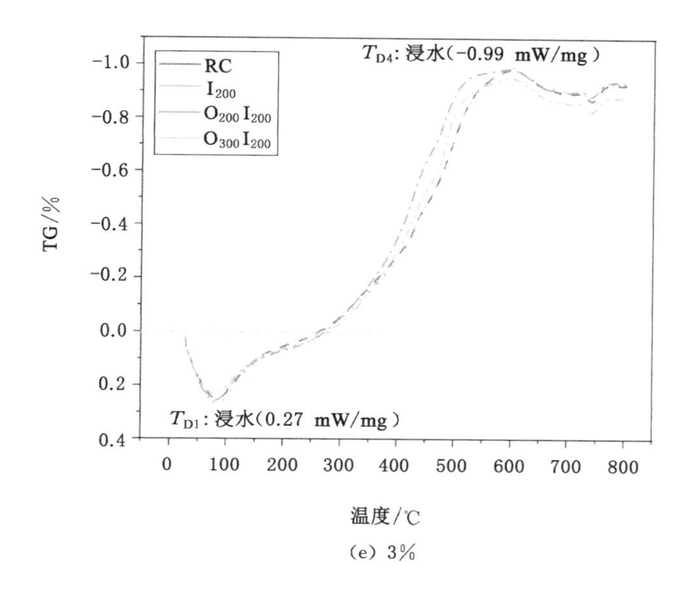

(e) 3%

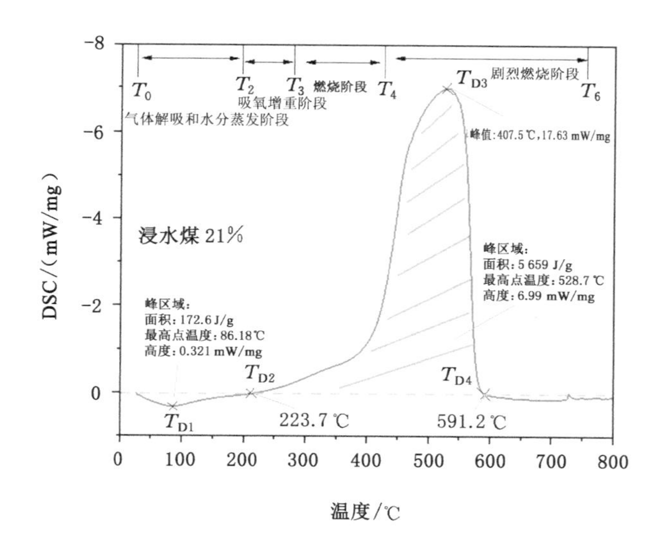

(f) DSC 曲线特征温度点划分

图 4-14 (续)

预氧化 200 ℃浸水煤样突变温度为 374.1 ℃，其余煤样为 401.6 ℃，结束温度均为 681.6 ℃，5%与 3%氧浓度下不出现明显区分的突变与结束温度。放热过程中突变温度与结束温度的变化从侧面反映出不同煤样的热释放特性。

通过 DSC 曲线变化找出 4 个特征温度点[如图 4-14(f)所示]，将对应的参数变化列在表格 4-4 中。

表 4-4　DSC 图像中的特征温度点

氧浓度/%	煤样	T_{D1}/℃	最大吸热速率/(mW·mg^{-1})	总吸热量/(J·g^{-1})	T_{D2}/℃	T_{D3}/℃	最大放热速率/(mW·mg^{-1})	总放热量/(J·g^{-1})
21	RC	86.56	0.28	151.9	209.10	529.10	6.60	5 683
	I_{200}	86.18	0.32	172.6	223.68	528.68	6.99	5 659
	$O_{200}I_{200}$	82.42	0.29	159.4	234.92	494.92	7.72	6 006
	$O_{300}I_{200}$	80.74	0.26	160.9	240.74	520.74	7.25	5 922
15	RC	83.40	0.29	146.7	200.90	558.40	6.00	5 490
	I_{200}	85.19	0.27	131.2	205.19	560.19	5.90	5 677
	$O_{200}I_{200}$	80.97	0.28	147.0	218.47	545.97	5.71	5 536
	$O_{300}I_{200}$	80.14	0.25	136.4	205.14	522.64	7.47	6 006
10	RC	86.58	0.29	106.4	216.58	606.58	4.25	5 418
	I_{200}	81.00	0.32	167.3	223.51	611.01	4.60	5 438
	$O_{200}I_{200}$	85.03	0.28	98.6	232.53	595.03	4.37	5 687
	$O_{300}I_{200}$	83.55	0.26	112.9	233.55	611.05	4.27	5 472
5	RC	83.01	0.28	140.4	218.01	723.01	2.53	4 306
	I_{200}	84.71	0.29	126.6	237.21	714.71	2.73	5 053
	$O_{200}I_{200}$	80.35	0.27	127.3	242.85	700.35	2.50	4 900
	$O_{300}I_{200}$	78.52	0.24	130.4	238.52	738.52	2.46	3 367
3	RC	84.51	0.25	139.3	262.01	597.01	0.986	191.7
	I_{200}	84.42	0.27	147.3	266.92	596.92	0.995	206.2
	$O_{200}I_{200}$	79.63	0.26	153.6	272.13	594.63	0.988	93.75
	$O_{300}I_{200}$	78.82	0.23	143.4	278.82	596.32	0.955	111.3

为进一步分析低温氧化时处理煤样的氧化燃烧特性，通过低温氧化阶段初始放热温度(T_{D2})、最大吸热温度(T_{D1})、最大放热温度(T_{D3})来研究浸水处理以及预氧化浸水处理的长焰煤在贫氧环境下特征温度点的变化。图 4-15 为煤样

在氧化过程中温度点 T_{D2} 的变化，图 4-16 为温度点 T_{D1}、T_{D3} 的变化。

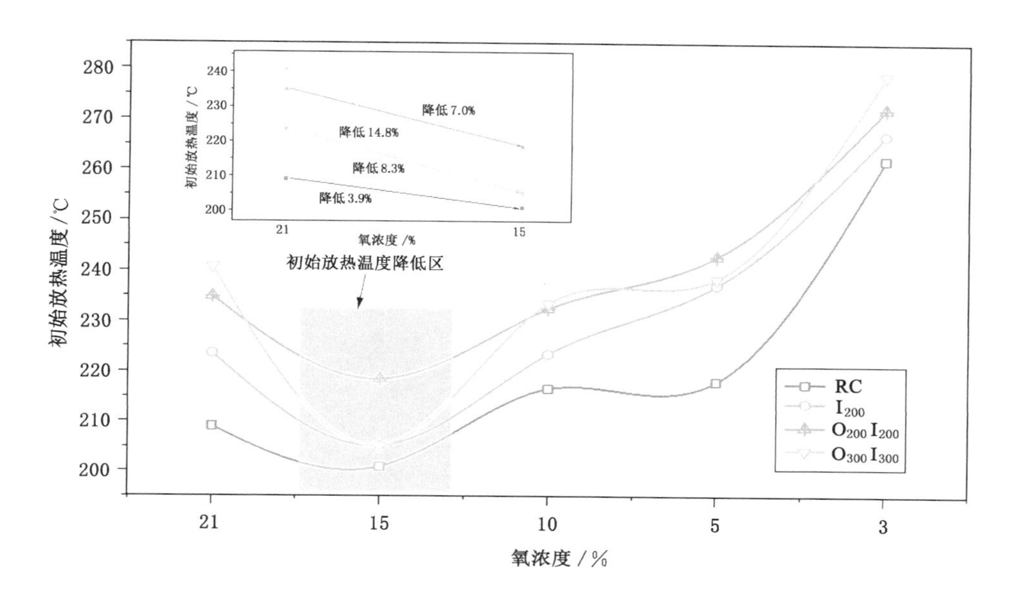

图 4-15 煤样的初始放热温度变化

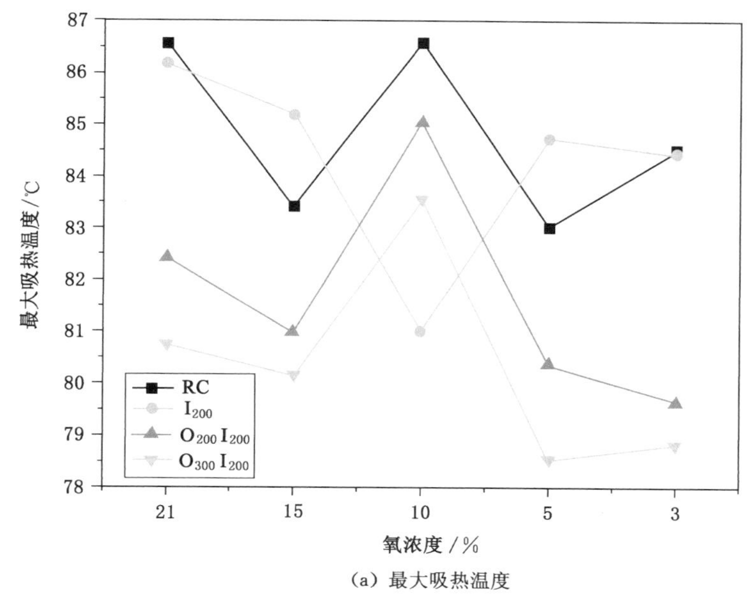

(a) 最大吸热温度

图 4-16 最大吸(放)热温度对比

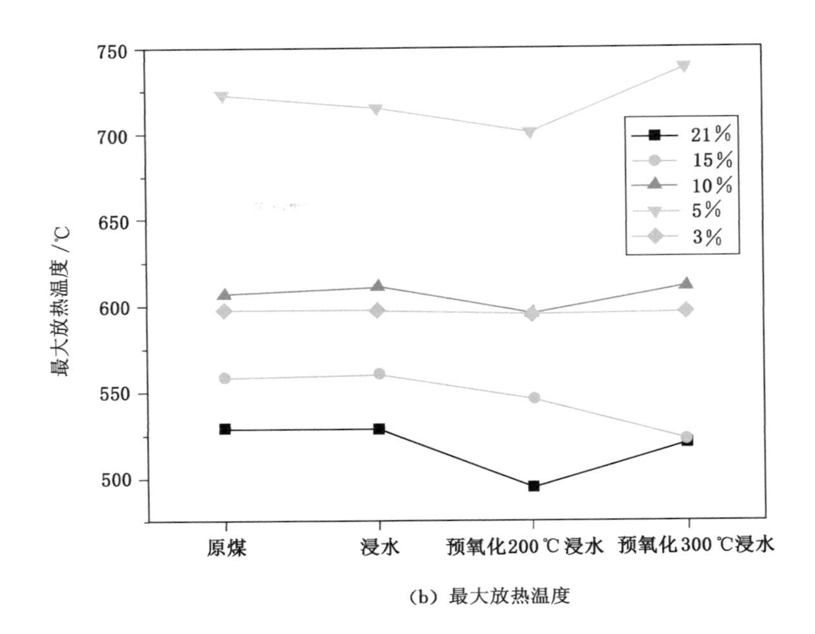

(b) 最大放热温度

图 4-16 (续)

由图 4-15 可以看出,除个别氧浓度外,随着预氧化温度的提升,煤样的初始放热温度呈现先增加后减少的趋势,在不同氧浓度下,所有煤样的初始放热温度均大于原煤。这主要是因为,煤样在浸水后,水分子会贯穿于中小孔,而风干后这类水分不易挥发,再次低温氧化时会阻碍煤样的氧化升温进程,预氧化 200 ℃浸水煤样的初始放热温度较高,说明煤分子内部存在较多未挥发的水分,从侧面说明了预氧化 200 ℃浸水煤样内部中小孔隙较为发达,毛细凝聚束缚的水分较多,延缓了煤样低温氧化放热过程,这与前文的实验结论一致。从氧浓度对初始放热温度影响来看,氧浓度降低并未改变几种煤样初始放热温度的差异,煤样均随着氧浓度的降低初始放热温度先降低后增加的趋势,在 15%的氧浓度下,预氧化 300 ℃浸水煤样的降低幅度较大(降低 14.8%),原煤降低幅度较小(降低 3.9%),说明 15%的氧浓度在一定程度上能促进低温氧化放热进程,高温氧化浸水的促进作用较为明显,低于 15%的氧浓度时,氧浓度越低对初始放热温度的抑制作用效果越明显。

随着氧浓度的降低原煤、预氧化 300 ℃浸水煤的最大吸热温度呈现降低-增加-降低-增加的趋势，预氧化 200 ℃浸水煤呈现降低-增加-降低的趋势，氧浓度在 10%前后出现正三角变化，最大吸热温度有所增加，低温氧化水蒸发速率较缓，相对而言，预氧化 300 ℃浸水最大吸热温度较低，这是由于该煤样在高温氧化浸水过程中，贯孔、小孔较多，锁水量较少，在再次氧化升温过程中水分蒸发量较快，可蒸发水分较少，最大吸热温度降低。浸水煤样的最大吸热温度规律与其余煤样相反，10%的氧浓度反而促进了其最大吸热温度的降低。随着氧浓度的增加，浸水煤样的最大放热温度逐渐增加，说明氧浓度在 5%以下时，影响最大放热温度的主要为供氧量的变化，而当氧浓度低于 5%时，在贫氧浓度下发生的主要是热分解反应，虽然存在最大放热温度，但相对应的最大放热量较小。从不同处理煤样来看，除 15%氧浓度外，各氧浓度下的最大放热温度均在预氧化 200 ℃ 浸水处最低，说明预氧化 200 ℃浸水煤样改变了煤样的结构以及微观特性，再次氧化时促进了燃烧进程。

从图 4-17 中可以看出，在氧浓度为 21%时，预氧化 200 ℃浸水煤样放热量较大，浸水煤样吸热量较大，主要原因为浸水后煤样的中小孔隙结构发达，锁水能力增强，水分蒸发吸热增加，而氧化浸水后煤样二次开孔扩孔，锁水能力降低，再次氧化吸热量减少。当氧浓度为 15%时，各煤样放热量出现先增加再减小再增加的趋势，在预氧化 300 ℃浸水时放热量较高，在预氧化 200 ℃浸水时吸热量最大。当氧浓度为 10%时，各煤样吸放热量变化趋势与氧浓度为 21%时相同，浸水煤样吸热量最大(167.3 J/g)，预氧化 200 ℃浸水煤样放热量最高(5 678 J/g)。在氧浓度在 5%时，预氧化 300 ℃浸水煤样的放热量骤然减小，在低氧浓度下，由于前期的预氧化作用，使得可与氧反应的内部基团分子转化较多，再次发生氧化反应时在贫氧条件下参与转化的碳分子量较少，自由基热解断裂释放的热量较少，$O_{200}I_{200}$煤样由于预氧化温度较低，未对 5%氧浓度的转化碳原子进行破坏。在达到 3%氧浓度时，对预氧化 200 ℃浸水煤体的内部与氧参与反应的基团分子的唤醒作用大大减弱。相对原煤，贫氧对浸水煤样放热增加作用明显，5%氧浓度为预氧化 200 ℃浸水与预氧化 300 ℃浸水放热的唤醒区分点，在氧浓度为 5%时，氧化 300 ℃浸水煤样放热量已急剧减小，预氧化 200 ℃浸水煤样在 3%的氧浓度放热量开始减小。

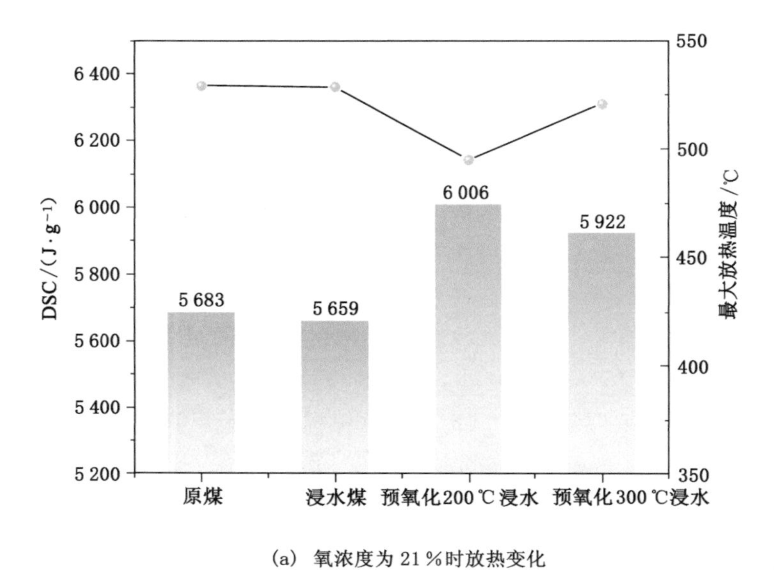

(a) 氧浓度为 21 %时放热变化

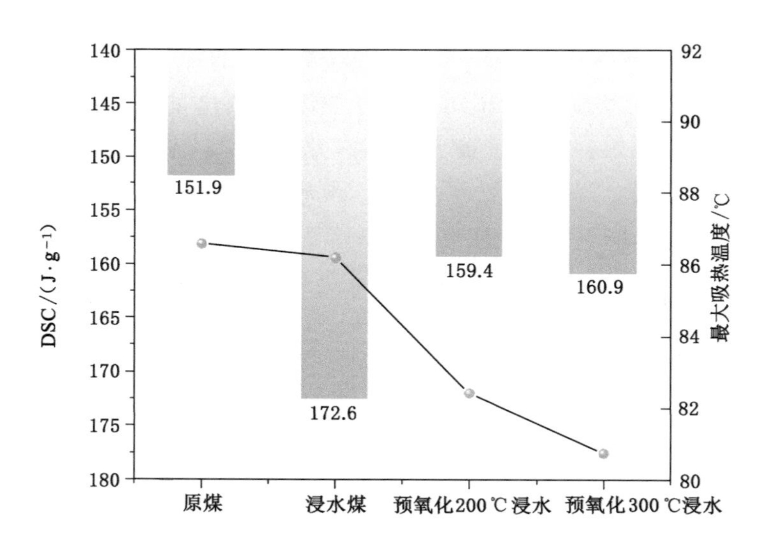

(b) 氧浓度为 21 %时吸热变化

图 4-17 不同氧浓度下各煤样吸放热量对比

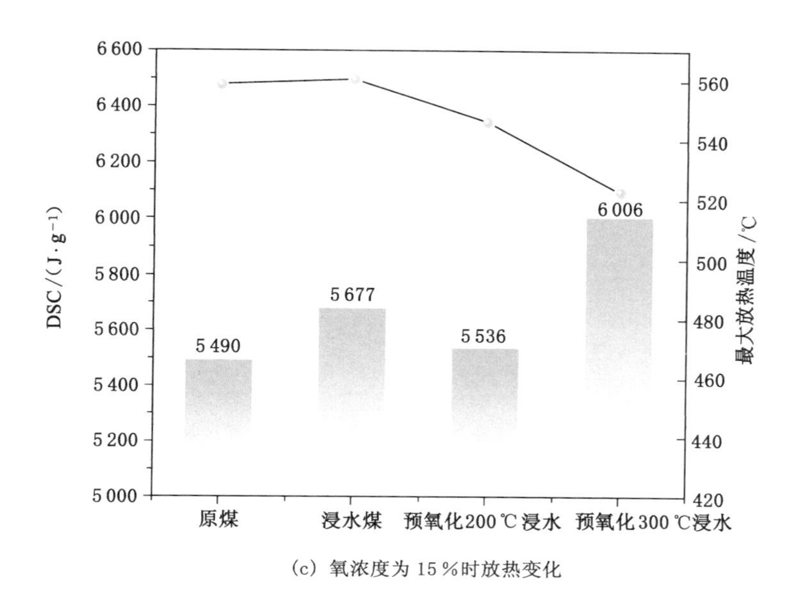

(c) 氧浓度为15%时放热变化

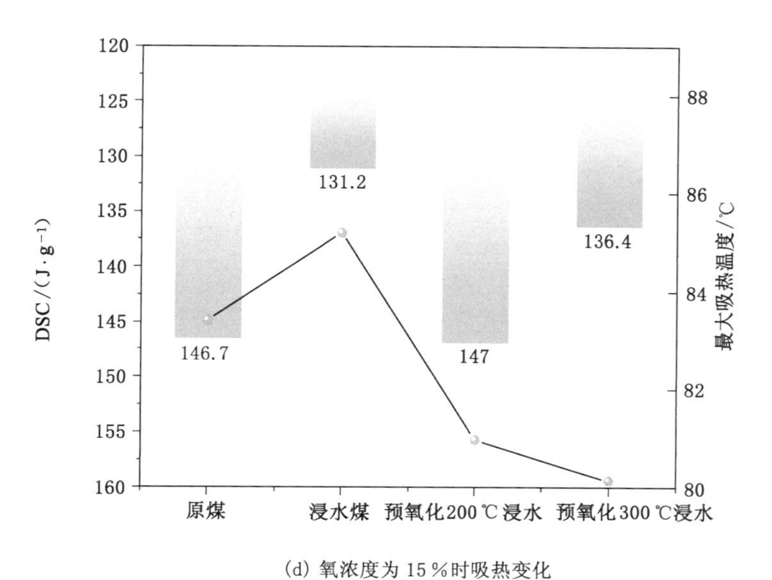

(d) 氧浓度为15%时吸热变化

图4-17 (续)

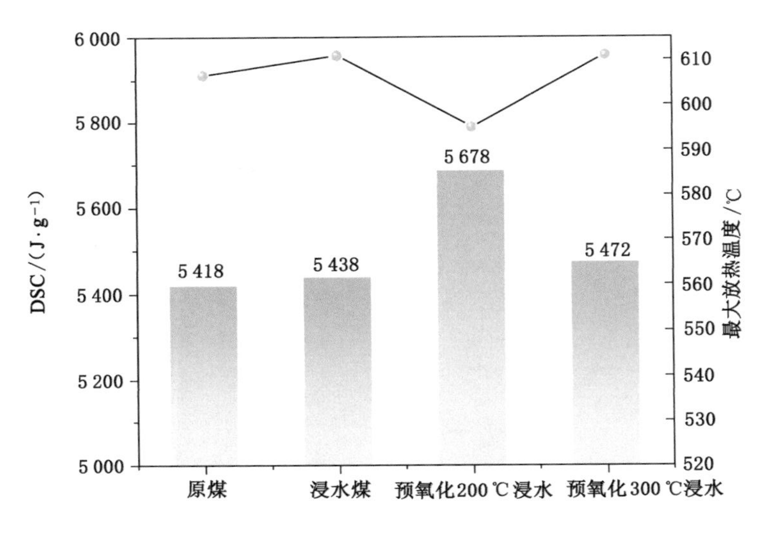

(e) 氧浓度为 10 %时放热变化

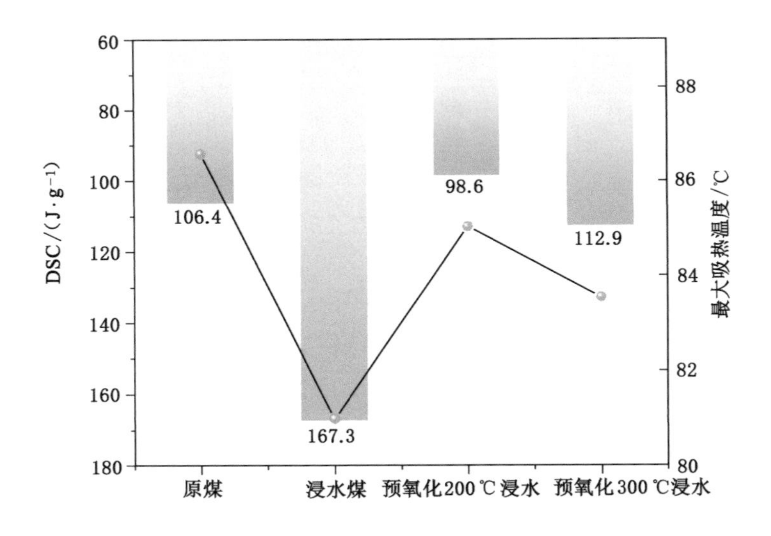

(f) 氧浓度为 10 %时吸热变化

图 4-17 (续)

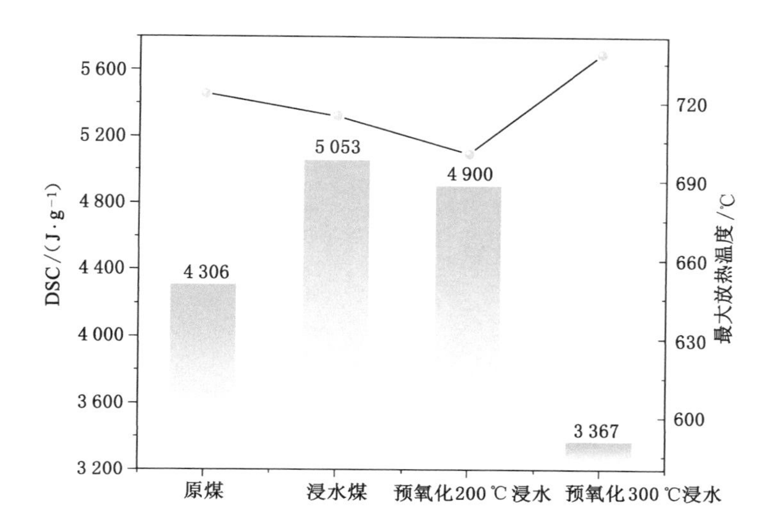

(g) 氧浓度为5%时放热变化

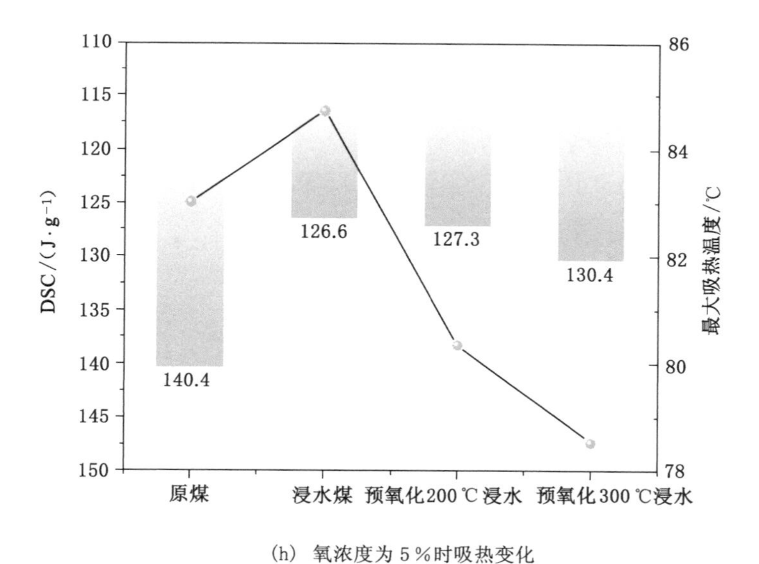

(h) 氧浓度为5%时吸热变化

图 4-17 (续)

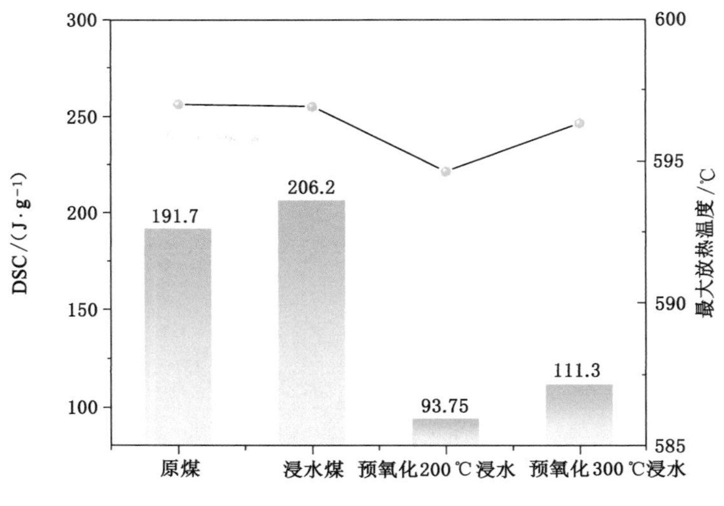

(i) 氧浓度为3%时放热变化

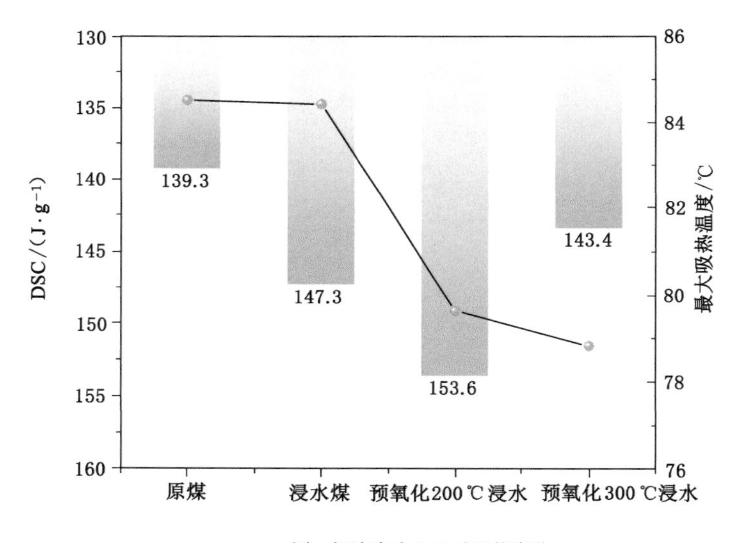

(j) 氧浓度为3%时吸热变化

图4-17 (续)

4.4 微反应机理

煤样在低温氧化过程中，会伴随着煤的活性基团的激活，浸水也会改变活性基团的含量。预处理过后的煤样表面结构的脂肪烃、芳香烃以及含氧官能团在其自燃氧化过程中起着至关重要的作用，因此，研究煤样在预处理过后的表面官能团，根据官能团变化分析煤分子内部演化机理，对揭示贫氧条件下煤样的氧化复燃特性至关重要。本章利用 FTIR 实验分析，找出煤样在预氧化浸水处理过后特殊官能团变化，为预氧化浸水煤样在不同氧浓度下复燃特性提供微观特征参考。

4.4.1 煤样红外光谱分析

根据冯杰等的研究[8]，找到图谱中对应的官能团位置，列出官能团种类以及对应峰位置，如表 4-5 所示。

表 4-5 煤样红外光谱峰型归属及其属性

峰类型	峰位/cm^{-1}	官能团	归属
羟基	3 697～3 685	—OH	游离羟基
	3 684～3 625		
	3 624～3 610	—OH	缔合羟基
	3 550～3 200	—OH	分子羟基伸缩振动
碳氢	3 060～3 032	—CH	芳烃—CH 基
	2 975～2 950	$—CH_3$	甲基反对称伸缩振动
	2 935～2 918	$—CH_3$,$—CH_2$	脂肪族中甲基、亚甲基伸缩振动
	2 882～2 862	$—CH_3$	甲基伸缩振动
	2 858～2 847	$—CH_2$	亚甲基对称伸缩振动
	1 460～1 435	$—CH_3$	甲基变形振动
	1 449～1 439	$—CH_2$	亚甲基剪切振动
含氧官能团	1 770～1 720	—C═O	酯、过氧化物的 C═O 键
	1 736～1 722	—C═O,—CO—O—	醛、酮、酯类羰基
	1 715～1 690	—COOH	羧基伸缩振动
	1 590～1 560	—COO—	反对称伸缩振动
醚键	1 330～1 060	Ar—CO—	芳醚

利用 OMNIC 软件对实验作出的原煤、浸水煤样、预氧化煤样、预氧化浸水煤样红外光谱数据进行提取，将提取出的数据用 Origin 软件对各处理煤样的红

外光谱进行绘制，得到红外光谱如图 4-18 所示。

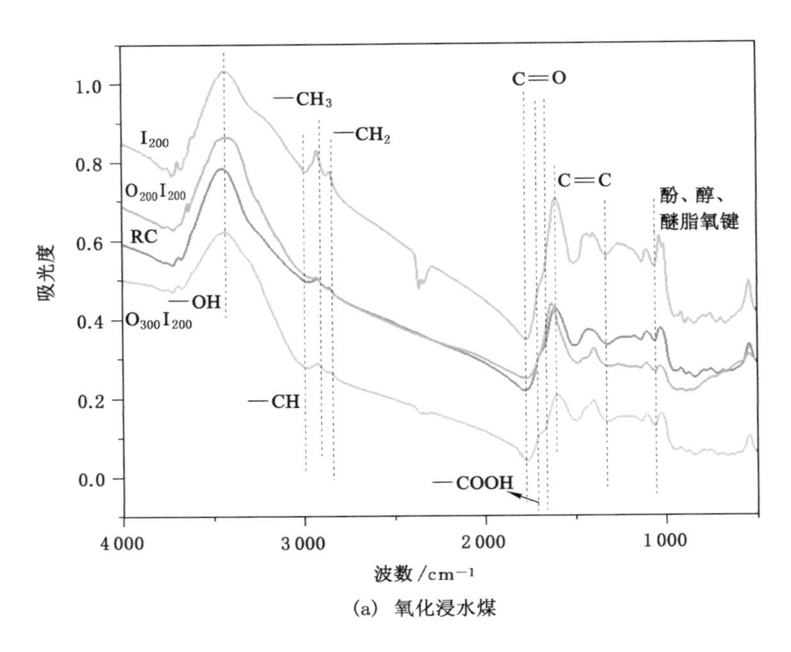

(a) 氧化浸水煤

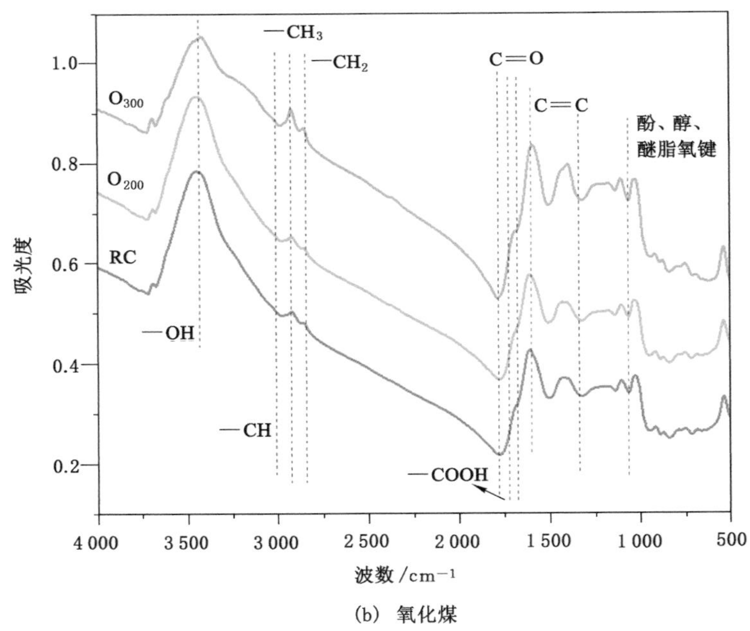

(b) 氧化煤

图 4-18　各处理煤样的红外光谱图

煤分子内部存在较多各类的官能团，不同种类的官能团存在不同的化学性质，在氧化升温过程中参与到煤氧反应中去，从而对煤自燃存在差异性影响。根据官能团在谱图中的位置，得到各处理煤样的主要官能团含量，并对其进行定量分析，数据结果如图 4-19 所示。

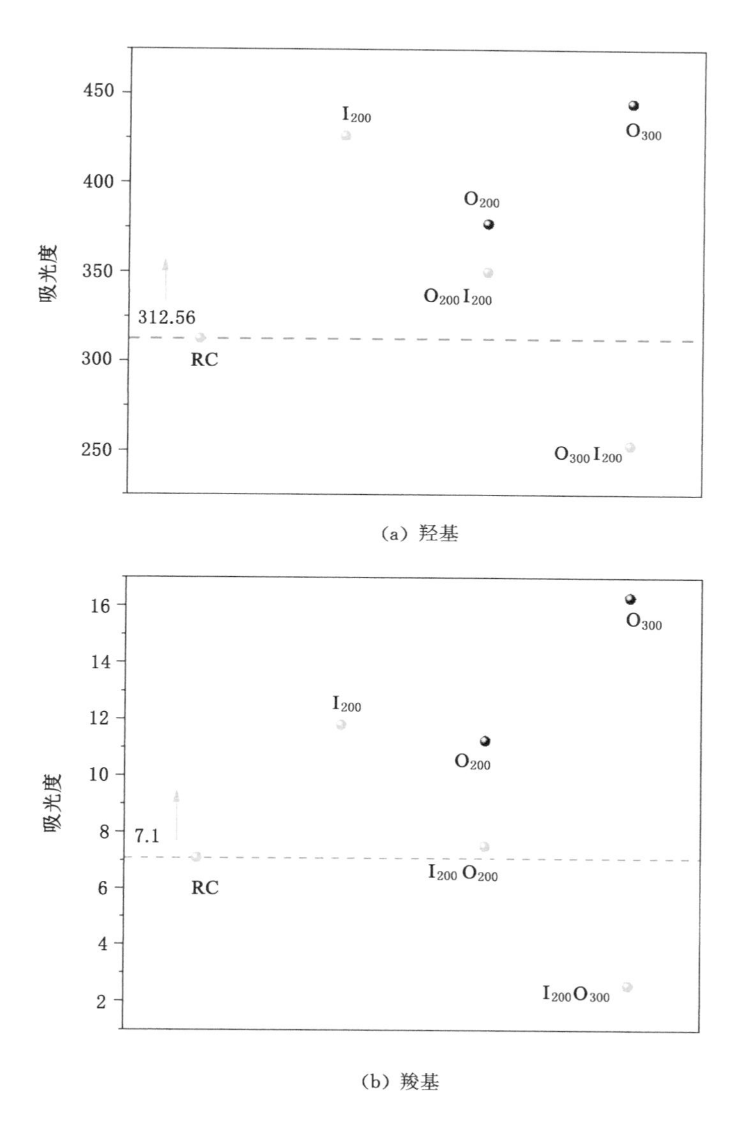

(a) 羟基

(b) 羧基

图 4-19 处理煤样的官能团含量

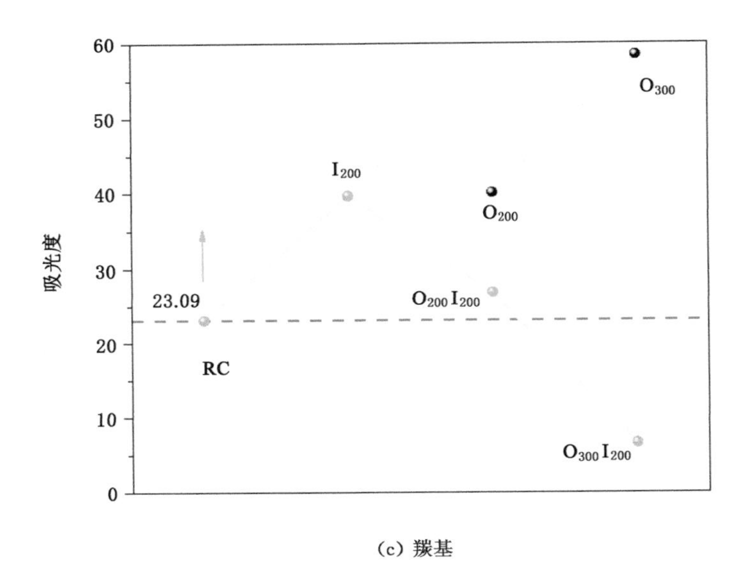

(c) 羰基

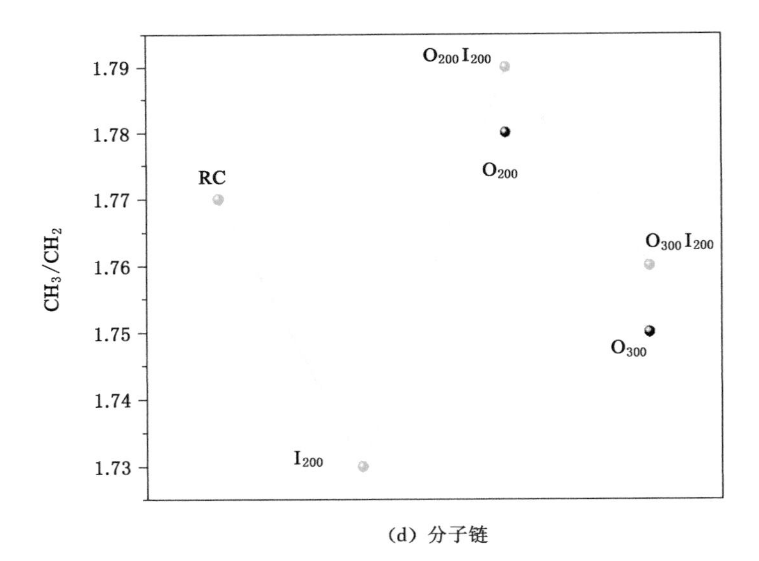

(d) 分子链

图 4-19 (续)

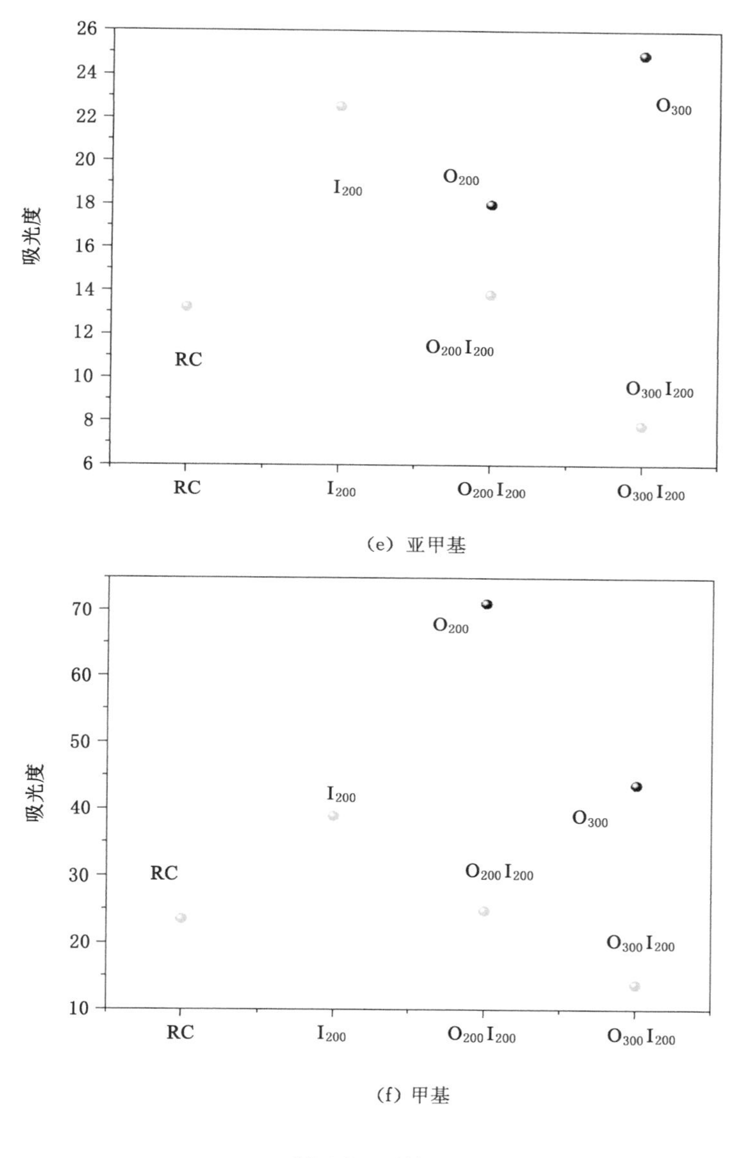

(e) 亚甲基

(f) 甲基

图 4-19 (续)

从不同预氧化浸水煤样官能团含量变化可以看出，羟基(—OH)在煤样的含氧官能团中含量较高，甲基(—CH_3)在脂肪烃中含量较高，羰基(C ═ O)含量仅次于羟基，羧基(—COOH)含量在含氧官能团中较少，同时羧基含量在5种官能团中含量中最低。通过对比分析可看出，不同处理方式的煤样含氧官能团的变化趋势相同，对于脂肪烃类官能团来说，不同氧化温度下甲基与亚甲基（$-CH_2$）的变化趋势相反。

从原煤到浸水与预氧化浸水煤样对比来看，浸水煤样的含氧官能团与脂肪烃含量较高，预氧化 200 ℃浸水煤样的含氧官能团含量高于原煤的，而预氧化 300 ℃浸水煤样含氧官能团含量低于原煤的，预氧化浸水煤样的脂肪烃含量低于原煤的；从原煤到预氧化煤样对比分析来看，预氧化会增加煤样的官能团含量，除甲基外，预氧化温度越高，官能团含量也越高。对比分析预氧化煤样与预氧化浸水煤样官能团含量变化，可以看出，浸水后煤样中官能团含量减少了，说明预氧化会预激活官能团，而浸水会造成官能团的丢失，从而造成官能团含量相对减少。通过计算$-CH_3$/$-CH_2$ 基团的强度得出脂肪族链的长度和侧链的支化程度[9]，从图 4-19 所示的计算结果可看出，I_{200}链长最短，$O_{200}I_{200}$链长最长，氧化煤的链长较短于氧化后浸水煤的，氧化后的浸水煤比氧化煤的侧链要长，链长肢解伴随着热量释放，在一定程度上会促进氧化复燃。

4.4.2 低氧浸水煤样官能团迁移

随着煤样氧化升温的进行，煤样表面的官能团在不同氧浓度刺激下会发生较大的变化，通过官能团的变化来反映煤样的复杂链式反应进程，进而得到煤分子结构的氧化特征。为探究煤样在低温氧化过程中的微观分子基团的热演变特性，利用红外光谱实验得出了不同氧浓度下 4 个氧化阶段温度点的红外光谱图，如图 4-20 所示。脂肪烃类化合物的变化反映了化学链的长短，含氧官能团是生成碳氧气体的关键[10]。煤分子结构较为复杂，不同条件下煤样的峰位置存在叠加，利用 Peakfit 软件[11]对 FTIR 的 3 个波数区段进行分峰拟合，得到了如图 4-21所示的 1 500～1 750 cm^{-1}、2 800～3 000 cm^{-1}、3 000～3 650 cm^{-1}的区域拟合图，根据朗伯比尔定律，官能团的含量与吸收峰面积成正比，因此，利用煤样在不同氧浓度下的升温进程（80 ℃、104 ℃、160 ℃、220 ℃）的峰面积来反映浸水煤样氧化过程的微观变化。得到煤样的吸收峰面积以及脂肪烃链长，如图 4-22所示。

从图 4-22 可以看出，随着氧浓度的降低，各含氧官能团的含量呈降低趋势，氧浓度越高，官能团含量随升温进程变化量越大（最大变化），在 5%与 3%的氧浓度下，随温度升高各官能团的含量基本持平。不同氧浓度下各官能团的变化趋势基本相同，说明各官能团内部之间的相互转化较为紧密。热解和氧化均是促进煤样脂肪族侧链长度波动变化的因素，在氧浓度为 10%以上时，脂肪族侧链长度波动较大。

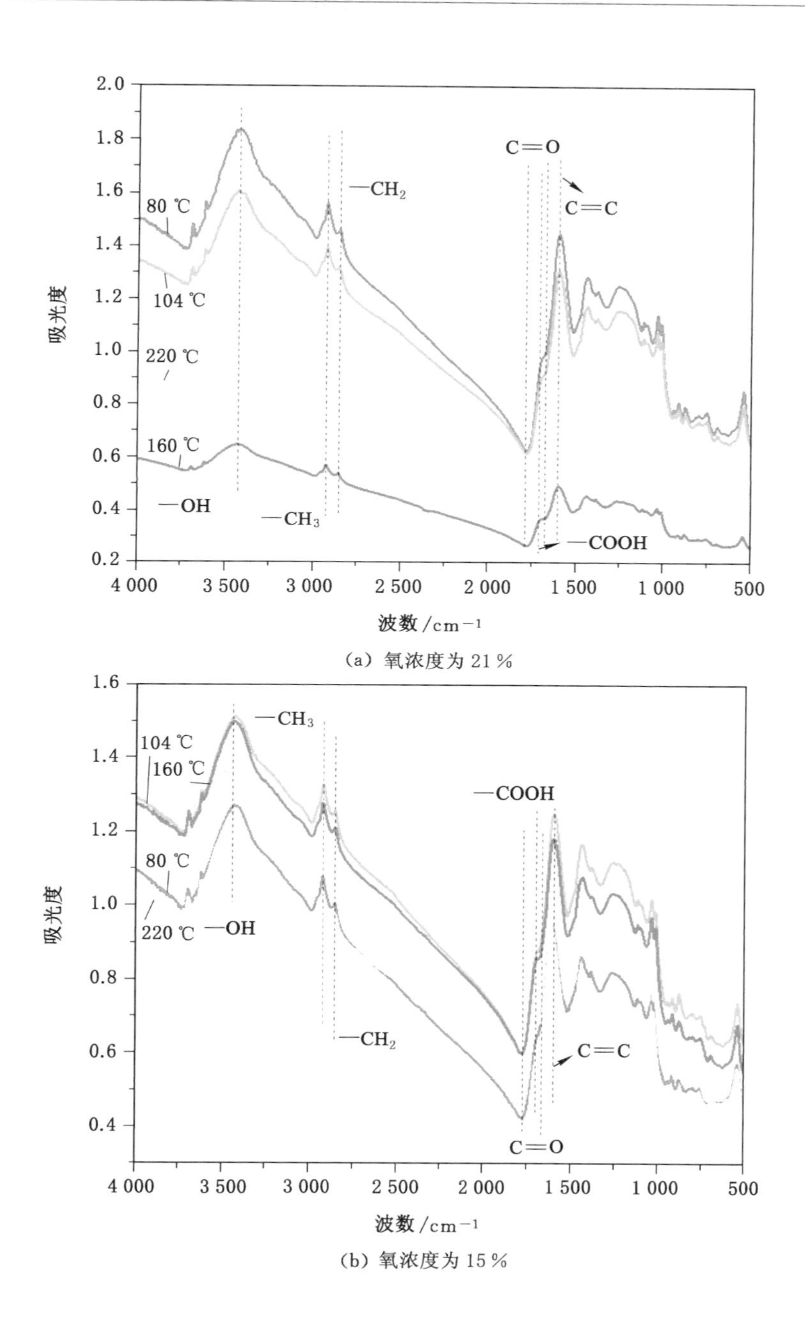

图 4-20 不同氧浓度下 4 个氧化阶段温度点的红外光谱图

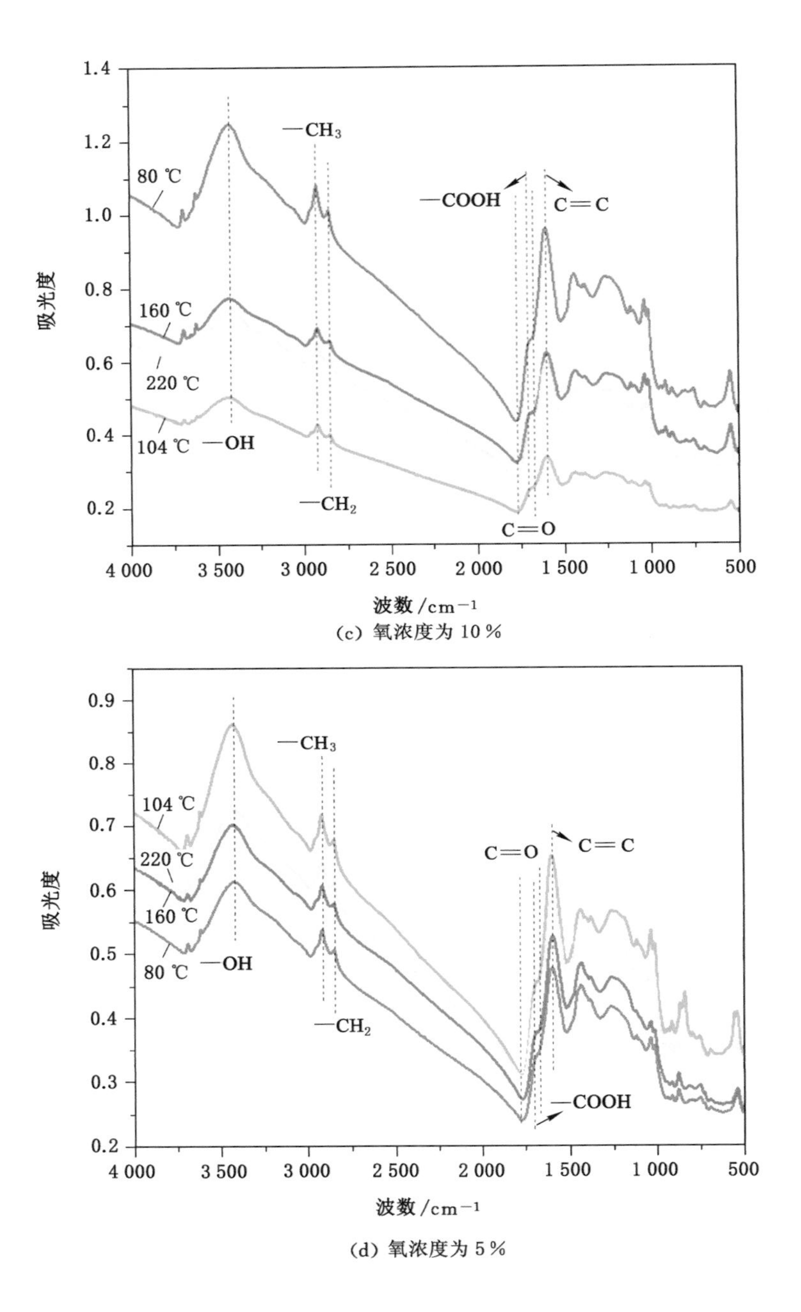

(c) 氧浓度为 10％

(d) 氧浓度为 5％

图 4-20 （续）

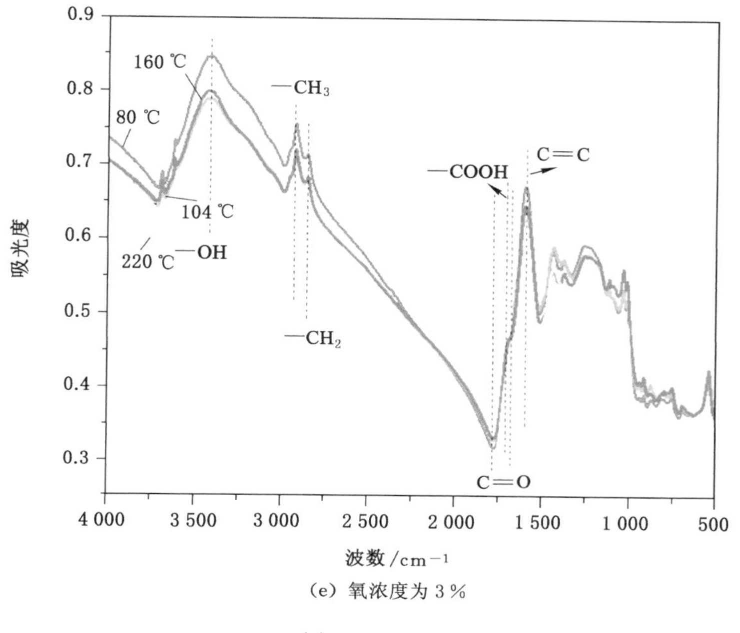

(e) 氧浓度为 3%

图 4-20 （续）

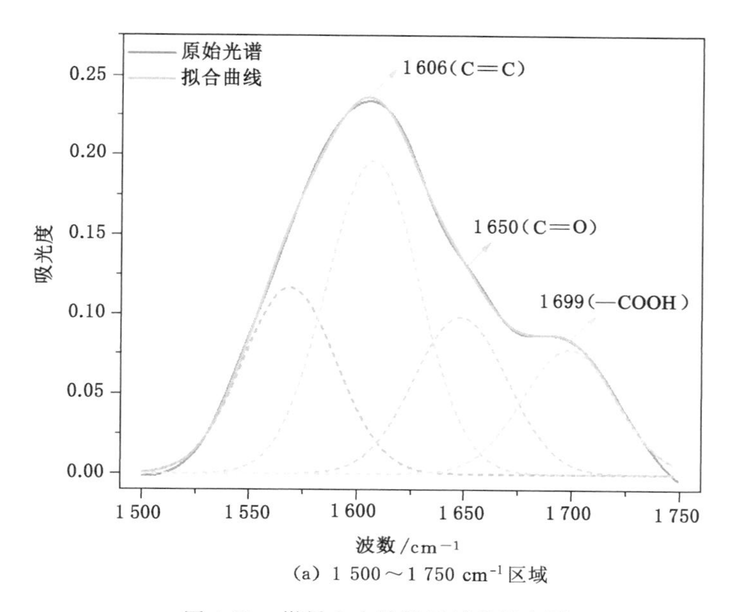

(a) 1 500～1 750 cm^{-1} 区域

图 4-21 煤样 3 个波数区域的拟合图

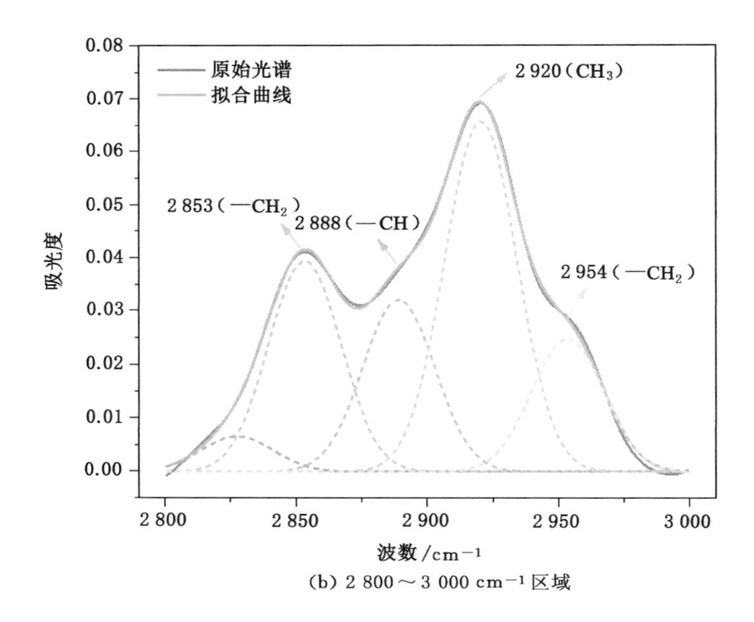

(b) 2 800～3 000 cm^{-1} 区域

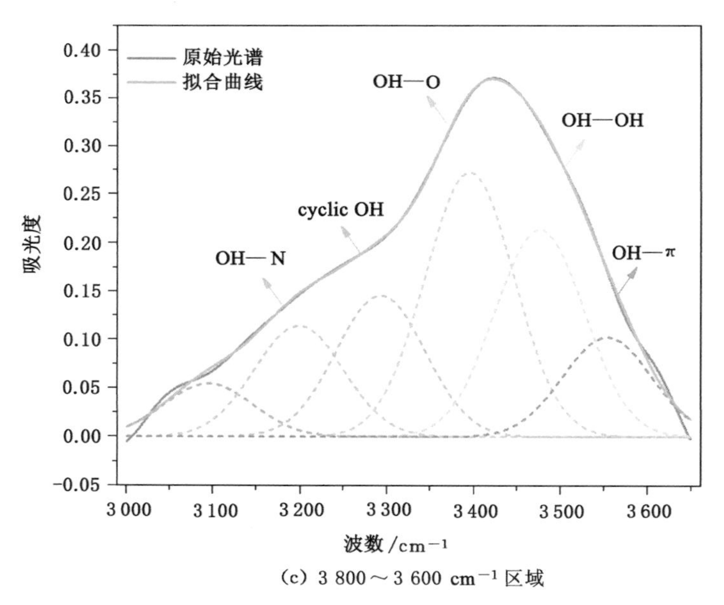

(c) 3 800～3 600 cm^{-1} 区域

图 4-21 (续)

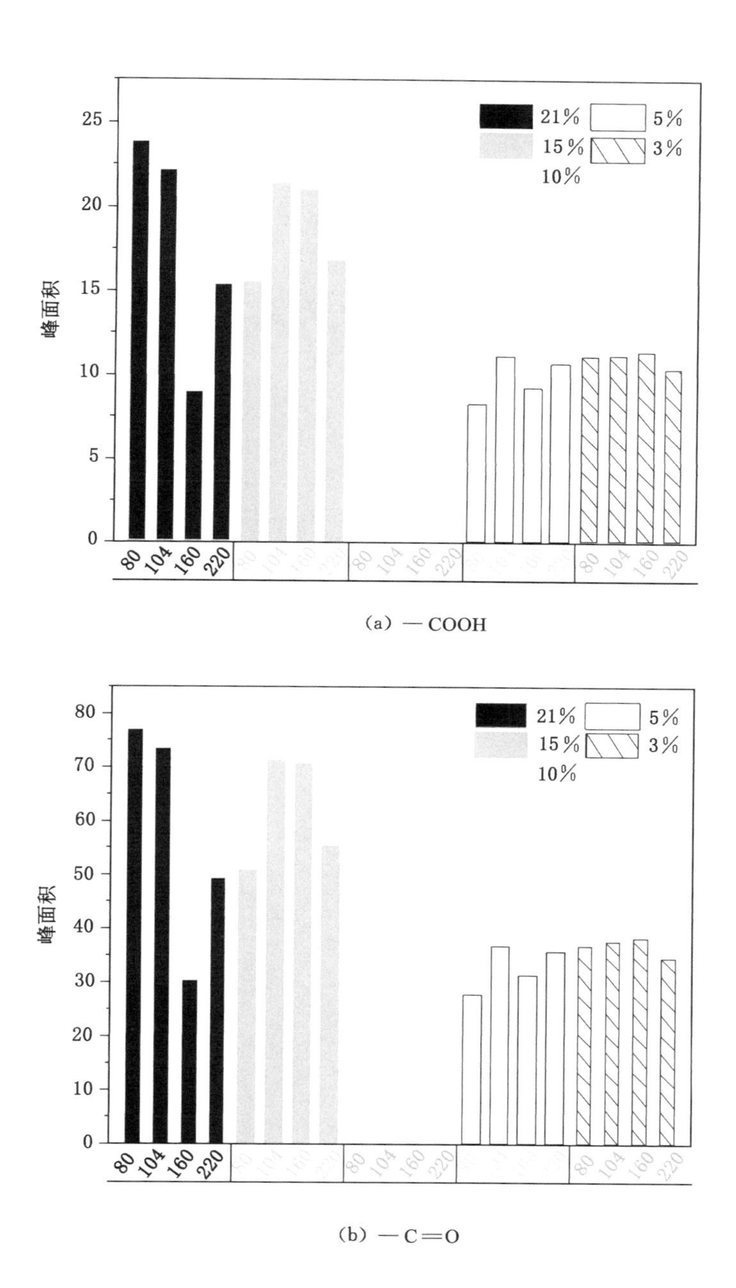

(a) —COOH

(b) —C═O

图 4-22　氧化升温过程的吸收峰面积及脂肪烃链长

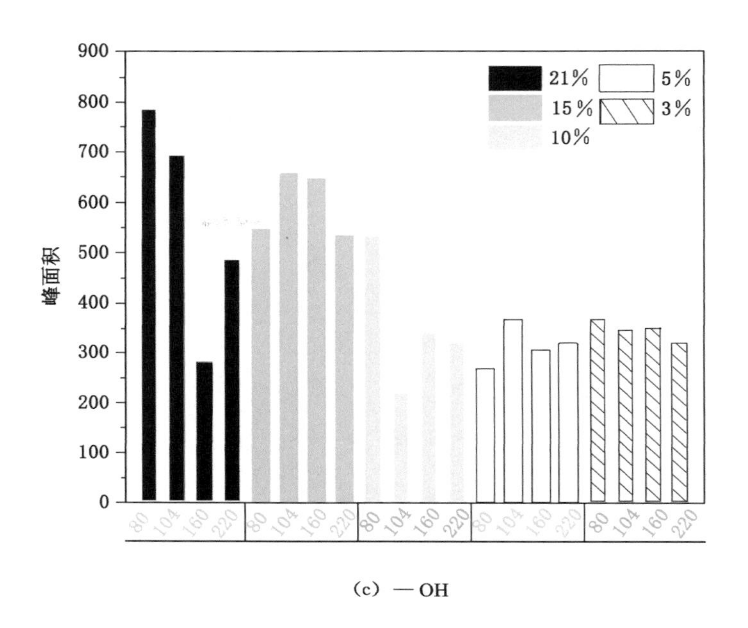

(c) —OH

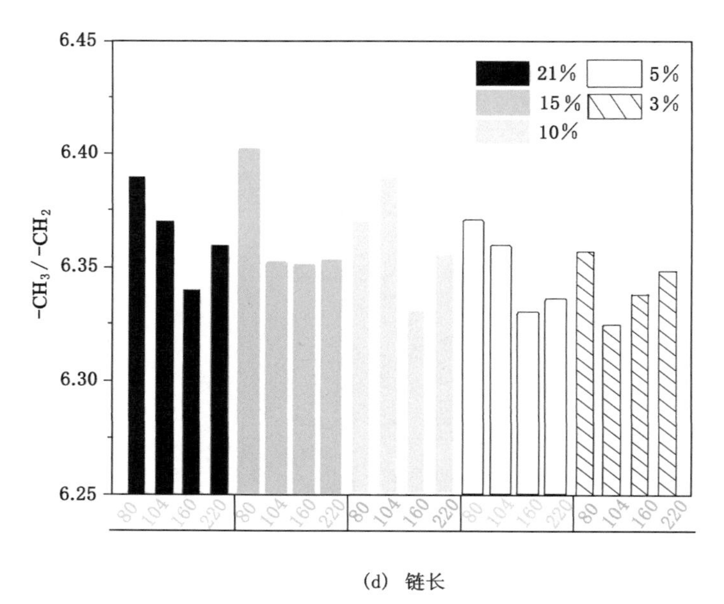

(d) 链长

图 4-22 (续)

在21%的氧浓度下,含氧官能团含量出现先降低后增加的变化。由于氧气含量较充足,在吸热升温阶段水分子的存在激活了特定的含氧配合物,积聚含氧官能团较多。随着温度的升高,进入初始氧化阶段后,含氧官能团含量逐渐减小,此时浸水煤样的孔隙逐渐开放,含氧官能团体现出较强的氧化特性,官能团内部长键加速断裂,进而生成大量的中间体,此过程键的裂解生成少量指标性气体。氧化受限阶段官能团出现了小幅度的增加,这可能是部分被氧化激活的活性位点的转化所致。

在氧化80℃时,15%与10%氧浓度下官能团的含量基本持平,说明吸热升温阶段官能团的产生受这两个氧浓度的影响不大,随着温度的持续升高,15%氧浓度下浸水煤样出现了官能团的持续累积后下降,而10%氧浓度下由于氧浓度偏低呈持续消耗的趋势。受氧含量限制,在5%的氧浓度以下时,各官能团含量受温度影响不大。

4.4.3 氧化燃烧机理

羧基的存在可以增加煤表面的亲水性,含氧官能团对煤中水环境的影响最为显著[12]。煤样在处理过程中官能团与活性位点演化过程如图4-23所示。预氧化可以促使官能团-活性位-官能团的转化,此外原有活性位转化为官能团,这类官能团暴露在复杂的孔隙表面,高预氧化温度煤样增加含氧官能团密集度,浸水后$O_{300}I_{200}$煤样比$O_{200}I_{200}$煤样吸热量较大证实了较多的含氧官能团对水分吸附能力较强。在官能团键的裂解向活性位转化的过程中,释放出大量热量和气体,预氧化浸水造成官能团的流失,$O_{200}I_{200}$煤样的官能团与活性位转化较为紧密,$O_{300}I_{200}$煤样的官能团流失较为严重。

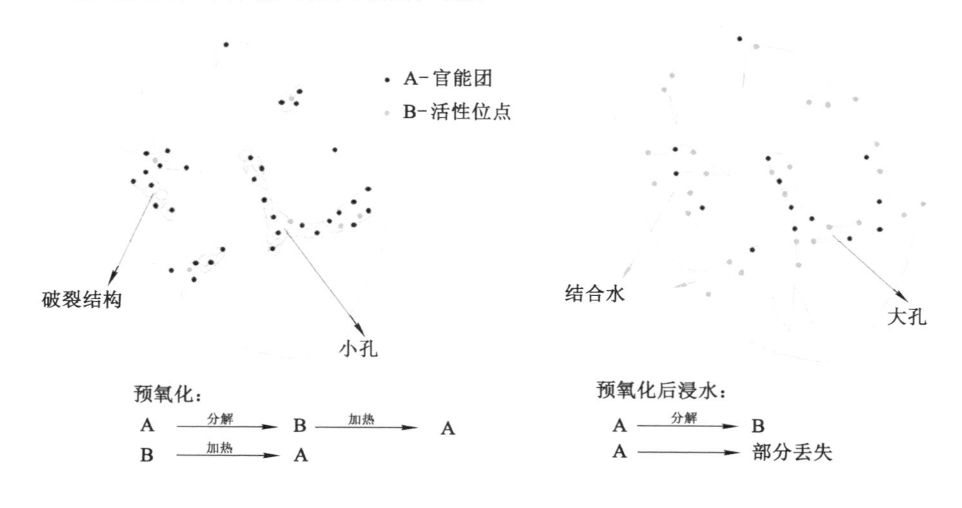

图4-23 预氧化浸水煤样官能团与活性位点演化过程

相对于浸水煤样，预氧化浸水煤样的锁水能力降低主要来自两方面，一方面预氧化煤样羧基等亲水类含氧官能团随着浸水过程而流失，对水的吸附能力减小，另一方面预氧化浸水处理使煤样中大孔中孔增多，孔隙增大容易散失水分。图 4-24 为预氧化浸水煤样微反应机理。初次氧化使煤样内部孔隙结构变得复杂，较高的预氧化温度可以使活性位与各自由基官能团转化较快，增加了官能团的含量，而浸水后煤样表层官能团一部分随着水分子流失，另一部分转化为活性位点，在二次氧化时快速参与到热解反应过程中。浸水处理在一定程度上会促进煤表面含氧官能团转化活性位点，预氧化处理使煤样孔隙结构打开从而会使这一转化变得较为容易，防止预氧化的同时增大官能团流失量控制活性位转化可以有效控制采空区遗煤复燃。

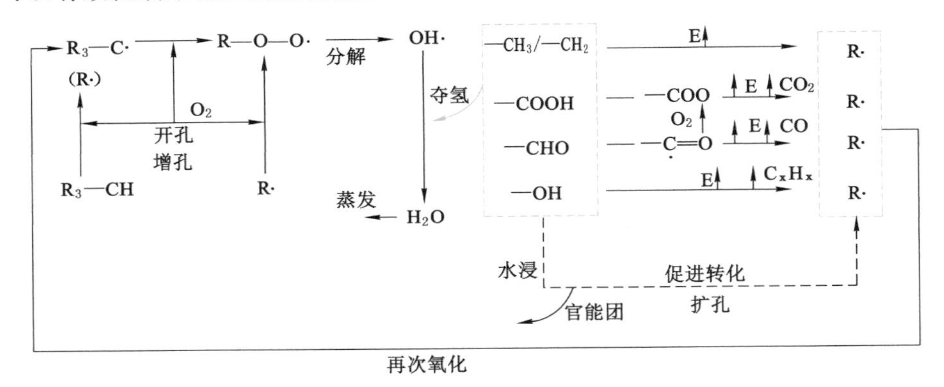

图 4-24　预氧化浸水煤样微观反应机理

4.5　本章小结

本章以近距离浅埋煤层煤样的预氧化浸水处理的煤样为切入点，研究了原煤、浸水、预氧化、预氧化浸水煤样的表面形貌、孔隙结构、官能团含量等方面的差异性，分析了上述处理煤样在贫氧条件下低温氧化产气规律、耗氧变化、放热特征参数等方面的变化，全面掌握处理煤样的物理结构特性与贫氧燃烧特性，得出如下主要结论：

（1）浸水可以增加煤样低温氧化指标气体产生量，预氧化 200 ℃浸水处理可以促进煤样氧化升温进程。通过低温氧化实验得到耗氧量变化以及指标气体产生量变化，结合氧化升温特性分析，可以得到：与原煤相比，浸水煤样的耗氧量相对较大，预氧化浸水煤样耗氧量相对较低，氧浓度变化基本不影响处理煤样的耗氧规律；各氧浓度下浸水煤样的 CH_4、C_2H_4 气体产生量较高，预氧化浸水煤样 CH_4、C_2H_4 气体产生量较低，在 5%～21%的氧浓度下，浸水煤样的 CO、CO_2 气体产生量较高，预氧化浸水煤样相对较低，原煤产生量最少，在 3%氧浓度时，预氧化浸水的 CO、CO_2 气体相对产生量高于浸水煤与原煤；原煤在仅仅在氧浓度为 21%与 15%时存在交叉点温度，浸水煤和预氧化浸水煤在 21%、15%与 10%的氧浓度下存在交叉点温度，预氧化浸水与浸水煤均能增加氧化升温能力，预氧化 200 ℃浸水煤样交叉点温度最低，相对低温氧化升温进程较快。

(2) 随着氧浓度降低，预氧化浸水煤样的放热量逐渐减小，在氧浓度较高时煤样预氧化 200 ℃浸水预呈现出燃烧特性越强的规律。通过 TG-DSC 实验分析，研究了预氧化浸水煤样的贫氧燃烧特性，通过分析煤样氧化燃烧过程中特征点温度、阶段演化特性、活化能变化以及放热量变化，可以得到：着火点温度随着氧浓度的增加呈现降压的趋势，氧浓度较高时对应的 DTG 较大，预氧化 200 ℃浸水处理的煤样着火点温度较低，最大失重速率点温度较低；预氧化 200 ℃浸水煤样的活化能相对较低，氧浓度越低，不同煤样的活化能差值越小；在 15%的氧浓度下各处理煤样的初始放热温度较低，5%的氧浓度为预氧化浸水煤样与其余煤样的放热关键氧浓度，在氧浓度小于 5%时，各预氧化煤样的放热量开始减小。

(3) 预氧化与预氧化浸水处理均能使煤样官能团含量增加，预氧化浸水会加快官能团与活性位的转化。通过红外光谱得出了处理煤样的表观官能团的含量，浸水处理的煤样官能团含量增加，预氧化后煤样的官能团亦增加，且高于浸水煤样，预氧化浸水后的煤样官能团含量减小，并且预氧化温度越高，减少越严重。预氧化处理可以激活活性位点，预氧化煤样多数官能团存留在官能团表面，导致官能团含量增加，浸水后煤样的活性位与官能团可以实现转化与流失，致使预氧化浸水煤样官能团减小。

参考文献

[1] 马砺，李超华，武瑞龙，等.最低点火温度条件下煤粉自燃特性试验研究[J].煤炭科学技术，2020，48(2)：110-117.

[2] 张双全.煤化学[M].4 版.徐州：中国矿业大学出版社，2017.

[3] MARINOV S P，GONSALVESH L，STEFANOVA M，et al.Combustion behaviour of some biodesulphurized coals assessed by TGA/DTA[J].Thermochimica acta，2010，497：46-51.

[4] 白亚娥.不同预氧化程度煤二次氧化特性研究[D].西安:西安科技大学,2017.
[5] 辛海会.煤火贫氧燃烧阶段特性演变的分子反应动力学机理[D].徐州:中国矿业大学,2016.
[6] 朱红青,沈静,张亚光.升温速率和氧浓度对煤表观活化能的影响[J].煤炭科学技术,2015,43(11):49-53,106.
[7] WANG H H, DLUGOGORSKI B Z, KENNEDY E M.Thermal decomposition of solid oxygenated complexes formed by coal oxidation at low temperatures[J]. Fuel,2002,81:1913-1923.
[8] 冯杰,李文英,谢克昌.傅立叶红外光谱法对煤结构的研究[J].中国矿业大学学报,2002,31(5):362-366.
[9] HE X Q,LIU X F,NIE B S,et al.FTIR and Raman spectroscopy characterization of functional groups in various rank coals[J].Fuel,2017,206:555-563.
[10] ZHU H Q,ZHAO H R,WEI H Y,et al.Investigation into the thermal behavior and FTIR micro-characteristics of re-oxidation coal [J]. Combustion and flame,2020,216:354-368.
[11] WANG S Q,TANG Y G,SCHOBERT H H,et al.FTIR and simultaneous TG/MS/FTIR study of Late Permian coals from Southern China[J]. Journal of analytical and applied pyrolysis,2013,100:75-80.
[12] HAN Y N,BAI Z Q,LIAO J J,et al.Effects of phenolic hydroxyl and carboxyl groups on the concentration of different forms of water in brown coal and their dewatering energy[J].Fuel processing technology,2016,154:7-18.

5 深部开采高热高湿矿井遗煤燃烧特性

近年来，浅部煤层开采近乎枯竭，煤炭开采已经逐渐转向深部煤层。南非和加拿大深部矿井超过 2 000 m，德国、澳大利亚开采深度达 1 800 m。中国煤炭开采深度达 1 500 m，煤岩温度一般为 30～50℃[1]。深部煤岩受高温、高湿、矿压影响明显，煤岩透气性降低，煤温升高。随着开采深入，开采难度增加，煤自燃影响因素中的水文地质和环境条件改变，高湿高热煤的自燃特性容易发生变化，传统的煤低温氧化演化机理和防治方法可能使用受限。因此，有必要开展深部矿井热煤的自燃特性研究。

5.1 实验部分

5.1.1 荷载加压煤自燃特性参数测定装置

目前测定煤自燃的装置主要分为三大类：第一类为超大型煤自然发火实验台，此装置实验用煤可达 10 t，可高度模拟煤田火实际现场的灾害发生现象，但此装置存在体积庞大、用煤量过高、测定周期较长、重复操作性不高等缺点，在煤自燃领域内可操作性与使用性较低；第二类为微低温条件下的程序升温氧化自然测定装置，此实验仪器虽然存在用量较小、宏观测定燃烧的表观体现性强等特点，但是该装置大部分仅仅局限于低温氧化(260 ℃以下)进程，对进一步的煤自燃测定难以实现；第三类为精度相对较高的小型热测定装置，如热重实验装置、C600 微量热仪等高精度热测定仪器，此类仪器虽然有用量少、可操作性高等特点，但是不能满足测试特定的大型煤自然发火的宏观特性。三类实验装置均不能满足在受荷载压力条件下煤自燃特性的测定，研发荷载加压煤自燃参数测定装置可有效解决此类问题，此装置可对破碎煤体在热-应力耦合作用下进行由低温到高温条件下的程序升温实验，测定升温特性，气体释放特征，进而体现煤自燃的倾向性，为现有的煤田火区浅埋煤层的煤自燃参数的测定提供有力的数据支撑。

荷载加压煤自燃特性参数测定实验系统主要包括供气部分、自主研发的荷载加压煤自燃特性参数测定实验装置、气相色谱分析仪、数据采集系统 4 大主体，如图 5-1 所示。

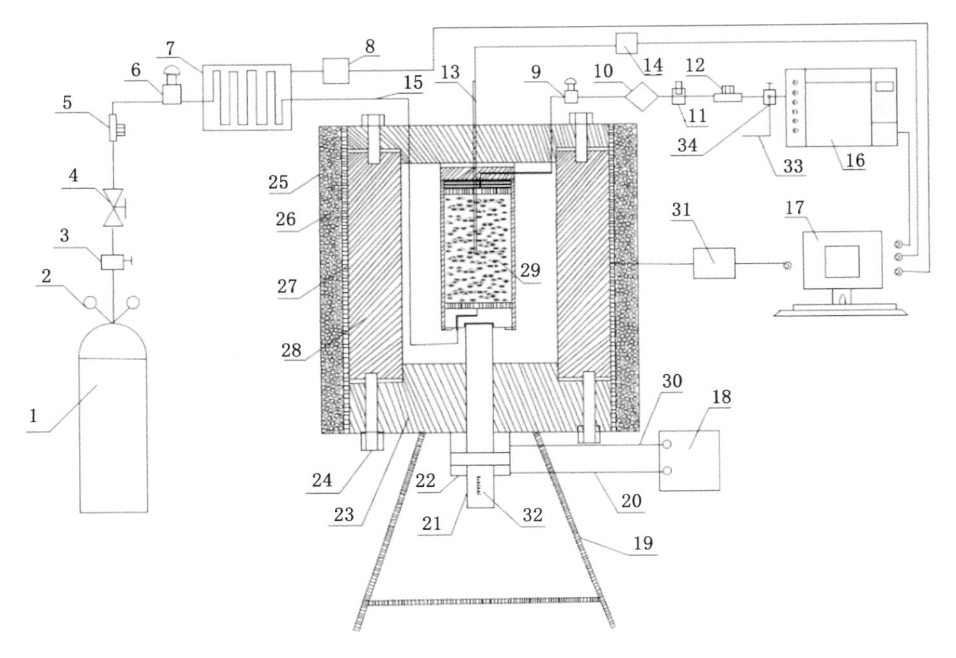

1—干空高压钢瓶；2—第一减压阀；3—第一稳压阀；4—第一稳流阀；5—第一流量控制器；6—第一瓦斯浓度检测报警器；7—气体预热器；8—第一程序升温控制器；9—第二瓦斯浓度检测报警器；10—烟雾吸附装置；11—背压阀；12—第二流量控制器；13—温度传感器；14—温度采集模块；15—气路保温层；16—气相色谱分析仪；17—计算机；18—半自动施压动力系统；19—支架；20—第一压力油路管道；21—油缸活塞；22—储油缸；23—反应釜下底；24—螺钉；25—第一密封垫；26—反应釜保温层；27—加热片；28—反应釜体；29—储样罐；30—第二压力油路管道；31—第二程序升温控制器；32—刻度标；33—户外排气管；34—三相开关。

图 5-1 荷载加压煤自燃特性参数测定实验系统

该实验系统的核心就是自主研发的基于荷载加压方式的煤自燃特性参数测定装置(专利号:CN105806890A)，该实验装置的实物图如图 5-2 所示。

图 5-3 为煤样在反应釜中探针的位置。加热炉体为反应釜，其材料为不锈钢，呈圆柱形，直径为 100 mm，炉深达到 150 mm；在加热炉体四周设置保温层，进气管路与气源部分连接，并且在加热炉体周围环绕数圈，以保证进气温度与煤温一致；反应釜上盖设置热敏元件，使用的热敏元件为温度探针，温度探针的精确度为 0.1 ℃，反应釜上盖温度探针的位置如图 5-3 所示，分别测试测点 T_1、T_2、T_3 的温度，在进气口和加热炉体的外壁也分别设置温度探头，每个温度探头分别对应一个温度显示器，通过温度显示器读取不同测点的温度、程序升温的

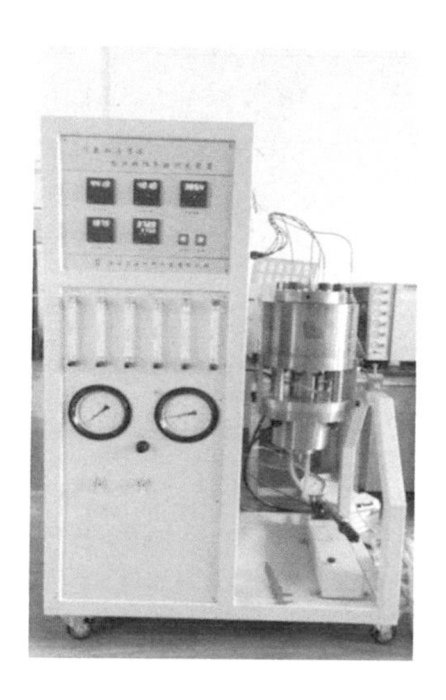

图 5-2　基于荷载加压方式的煤自燃特性参数测定装置

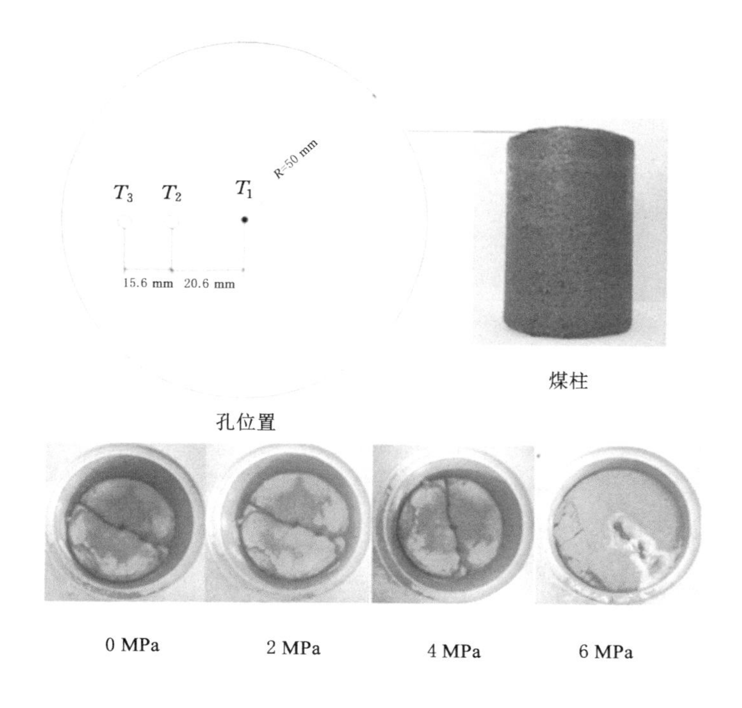

图 5-3　煤柱的打孔位置及炉内煤样的燃烧过程

控制温度以及进气温度；在加热炉体底部设置活塞，活塞的长度为 73 mm，通过加压泵来改变活塞的位移，从而实现对加热炉体内煤样施加轴压的目的，此实验装置可以对煤样施加 0～12 MPa 的轴压；程序升温功能通过实验装置自带软件来实现，初始温度一般设置为 30 ℃，终止温度上限可以设置为 500 ℃，在软件上可以终止或停止程序升温过程；通过浮子流量计控制进气流量，出气管路与气相色谱分析仪连接，为防止温度过高损坏加热炉体，设置冷却循环泵，在煤温达到 70 ℃时开启冷却循环泵，对加热炉体进行降温。

本章节其余仪器及实验流程介绍均在 2.1、3.1、4.1 节，此节不再赘述。

5.1.2 实验流程

数据采集系统包括温度数据采集部分和气体数据采集部分。

（1）温度数据采集部分：设置好程序升温的初始和终止温度之后，设置温度采集时间间隔为 20 s，双击【程序升温】，然后点击【是】，开始进行程序升温，点击【开始采集】，每隔 20 s 对加热炉体内各个测点的温度进行采集，当实验煤样中心测点的温度达到终止温度，双击【程序升温】，然后点击【否】，停止程序升温，将温度的实验数据导入 EXCEL 表格中。

（2）气体数据采集：气体数据采集是通过气相色谱分析仪进行采集的，主要对 O_2 的体积分数进行测定，精确度为 10^{-4} ppm（1 ppm＝10^{-6}）。

1. 色谱分析仪的标定

（1）打开气源部分中气相色谱分析仪对应的氢气瓶和干空瓶，点着氢气，打开气相色谱分析仪，点击【色谱参数】，然后点击【色谱运行】。

（2）当转化炉的温度达到 360 ℃时，连续点击 5 次【送数】。

（3）打开计算机上的色谱软件，建立 CH、CO、ON 三个文件夹，其对应的气路分别为 A、B、C 三个通道。

（4）将标气通入气相色谱分析仪 30 s 左右，点击【进样】，待采样基线走完，依次点击【定量组分】、【自动套取峰值】和【定量结果】，然后点击【定量组分】中的【从定量结果中获取校正因子】，将定量方法均改为单点校正。

（5）继续向气相色谱分析仪通入标气 30 s 左右，观察测定结果，直到测定的体积分数与标气体积分数误差在 5%内，可认为气样标定完毕。

2. 荷载加压煤自燃特性参数测定实验操作步骤：

（1）使用手动加压泵使加热炉体底部的活塞降到最低，直到可测得的活塞长度为 73 mm。

（2）将制备好的实验煤样放入加热炉体，盖上反应釜上盖并拧紧相应螺丝，将每个热电偶探头的接线对应连接好。

（3）使用手动加压泵对加热炉体内的实验煤样施加相应的轴压。

(4) 打开实验装置的电源，同时按下实验装置的加热按钮。

(5) 打开荷载加压实验装置对应的干空气瓶，检查实验系统的气密性，待气密性检查完后，通过浮子流量计设定实验所需的供气流量，

(6) 在计算机上打开荷载加压煤自燃特性参数测定软件，设置实验的初始温度、终止温度以及采样时间间隔，双击【程序升温】，点击【是】，开始对加热炉体内的实验煤样进行程序升温。

(7) 当温度达到 40 ℃时，将实验煤样燃烧后产生的气体通入气相色谱分析仪 30 s，点击【进样】，之后每隔 10℃向气相色谱分析仪通一次气体，当煤温上升速度很快，不能达到每隔 10℃进一次气样的条件时，每隔 12 min 进一次气样。

(8) 当加热炉体内实验煤样中心测点的温度达到终止温度时，双击【程序升温】，点击【否】，停止程序升温，同时关闭通入加热炉体的干空气瓶。

5.1.3　参数设置

由干空气瓶（21%氧气体积分数）供气，将实验供气流量设置为 1 200 mL/min；加热炉体程序升温速率设置为 1 ℃/min；升温范围设置为 30～450 ℃；温度数据采集周期设置为 20 s；气体数据采集起始温度：40 ℃。参数设置完毕后打开 ACTP 系统开始实验，当测点 T_1 温度升至 30 ℃时，分别进行 0 MPa、2 MPa、4 MPa、6 MPa 轴压实验，当测点 T_1 升至 40 ℃时用气相色谱仪对释放的气体进行采集分析，在升温过程中每隔 12 min 采集一次气体，在实验过程中始终手动保持既定轴压不变。

取图 5-3 中燃烧后的煤柱 T_1 处的煤样进行热分析实验。实验采用 STA449C 同步热分析仪，实验初始温度设置为 30 ℃；升温速率设置为 10 ℃/min；终止温度 800 ℃；施加不同轴压的煤样质量 25±1 mg；样品容器为 Al_2O_3 坩埚；在高纯氮气和氧气下进行实验，得出热失重和热释放量曲线。

5.1.4　煤样处理

本实验采用的煤样来自新疆硫磺沟矿区，属于烟煤。该煤样煤质具有易于风化、燃点低、堆积时易自燃、中等发热量等特性。本次实验使用此煤样，能很好地表现出煤田火区氧化燃烧特性。从井下 2^{-3} 煤层现场工作面选取大块煤，然后用尼龙袋包裹严实，运回实验室，实验煤的工业分析和元素分析如表 5-1 所示。

表 5-1　实验煤的工业和元素分析

工业分析				元素分析		
M_{ad}	A_d	V_{daf}	FC_{daf}	C_{daf}	H_{daf}	N_{daf}
6.55	8.86	37.15	57.29	70.86	5.44	0.69

型煤的制作方法：将煤样砸碎处理后筛分出小于0.1 mm的煤样，加入适量去离子水混合，分别用液压装置和自制模具将煤样压成型，规格为柱高100 mm，半径为50 mm，分别在圆心 T_1，距离圆心 $T_2=20.6$ mm 和距离圆心 $T_3=36.2$ mm 处打孔（用于放置温度探针），将处理好后的煤样放在真空干燥箱内72小时干燥后装在密封袋中备用。

颗粒煤的制作方法：实验选取煤样为内蒙古某矿区的烟煤。处理方式如下：① 原煤破碎，筛取0.150～0.180 mm粒径的煤样，平铺在真空干燥箱内，设置30 ℃、−0.08 MPa（相对压力）环境下干燥48 h后，均分为4份，放入密封袋，挤净袋内空气放置真空干燥箱内封存备用，分别编号 R_0、T_{30}、T_{40}、T_{50}。② 将 T_{30}、T_{40}、T_{50}煤样放入程序升温测定仪煤样罐，通入氮气（流量设定为120 mL/min），分别在30 ℃、40 ℃、50 ℃温度下恒温处理5 h后取出密闭保存（使用TH-Coal表示热处理煤）。

T_{30}、T_{40}、T_{50}煤样的热处理参数设置如下：

（1）程序升温参数：恒温温度30 ℃、40 ℃、50 ℃。

（2）实验流量参数：120 mL/min。

（3）实验配气：99.99 % N_2。

（4）实验所用煤样参数：质量50±0.1 g、粒径0.15～0.18 mm。

5.1.5 其余实验参数

煤是由有机大分子和无机化合物组成的具有孔隙结构的混合物，其孔隙结构为氧气的储存和运输提供了通道，促使煤与氧气发生复合作用产生多种气体、水和能量。煤与氧气的反应可以表示为：

$$\text{Coal} + O_2 \longrightarrow \text{Gases} + \text{Water} + \text{Heat} + \text{Residues} \tag{5-1}$$

为了观察和表征煤的氧化特性，需对(5-1)中的反应物与生成物进行定量分析。因此，可以通过反应物中 O_2 的消耗速率，生成物中的气体产物的产生速率、热量的释放速率以及触发反应的煤的活化能进行分析。计算方法已经在第3章中阐述，在此不再赘述。

5.2 深部开采高热高湿矿井遗煤氧化燃烧特性

5.2.1 深部遗煤孔隙结构特征

图5-4为4种煤的孔径分布曲线和孔容积分曲线。图5-4(a)表示孔径对应的孔容变化率，其数值表征孔隙数量。从图中可看出，热处理煤与原煤的孔隙分布相似。煤孔隙主要是10～100 nm孔径的中孔，2～10 nm孔隙无规则分布，

25 nm 孔径的孔隙数量最少，25～40 nm 孔隙数量急剧增加，孔径超过 40 nm 后，孔隙数量快速减少。在大孔隙中，孔径越大，孔隙数量越少。

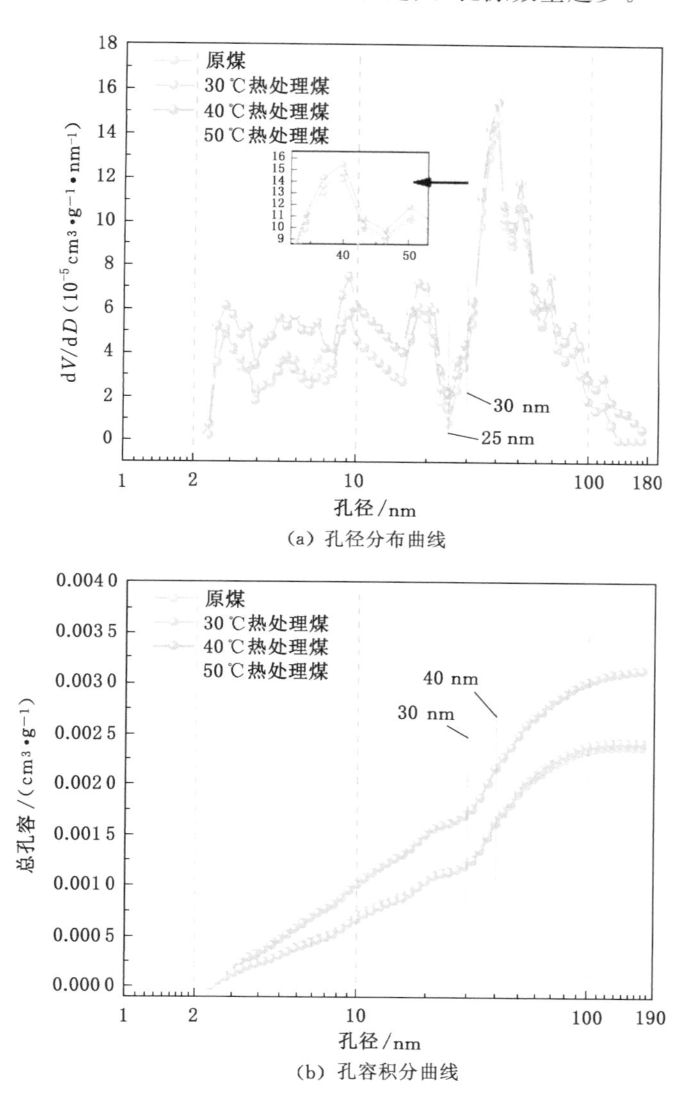

(a) 孔径分布曲线

(b) 孔容积分曲线

图 5-4　煤孔径分布和孔容积分曲线

孔容是孔径范围内的孔隙体积和，随着孔径的增大，煤孔容增大。由图 5-4(b) 可看出，热处理煤与原煤孔容变化趋势相同。孔径超过 30 nm 后，孔容急剧增大，这是由于 30～40 nm 孔隙数量的快速增多[与 5-4(a)中曲线高峰对应]。20 ℃热处理煤孔容略高于原煤,50 ℃热处理煤孔容远大于原煤,即热处理煤较原煤孔容大,呈现出热处理温度越高,孔容越大。

图 5-5 表示 4 种煤中 4 种孔隙类型的孔容占比(其中孔径＜2 nm 为微孔,2～10 nm 为小孔,10～100 nm 为中孔,＞100 nm 为大孔[1])。可看出,煤孔隙以 10～100 nm 孔隙为主,2～10 nm 其次。随着热处理温度的升高,煤的中孔孔容比例逐渐减小,小孔和大孔孔容比例逐渐增大。这是由于热处理触发煤内部结合水解析,储水孔隙显露,小孔数量增多。同时煤表面部分活性有机基团的分解导致孔隙扩张,孔隙壁坍塌,使得中孔数量减少,大孔孔容比例增加。

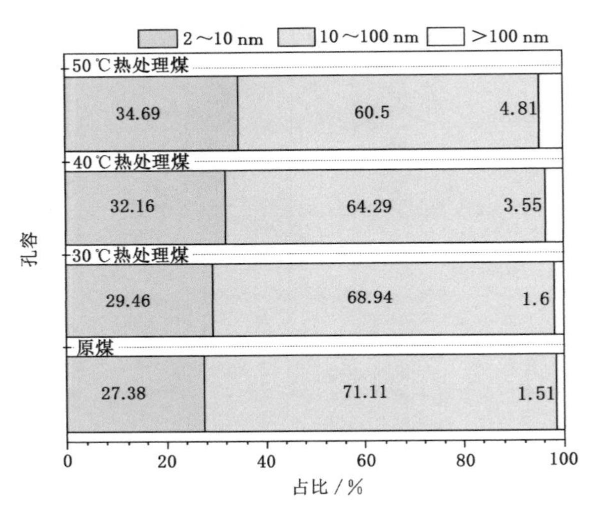

图 5-5　孔隙结构比例图

如表 5-2 所示,热处理增大了煤的比表面积,热处理温度越高,煤的比表面积越大。综上所述,热处理会促进煤孔隙结构发育,导致煤孔隙数量增多,孔容增大,大孔孔容比例提高,比表面积增大。因此,热处理煤的储氧能力和受热面积大于原煤。

表 5-2　4 种煤样的比表面积

煤样	比表面积/($m^2 \cdot g^{-1}$)
原煤	1.559 4
30 ℃ HT-Coal	1.606 4
40 ℃ HT-Coal	1.660 3
50 ℃ HT-Coal	1.835 5

5.2.2 碳氧化物产生趋势

碳氧化物是表示煤氧化特性的重要指标。CO 和 CO_2 浓度及产生速率随温度的变化如图 5-6 所示。由图 5-6(a)可看出,当温度处于 30～70 ℃时,CO 浓度趋于 0,无明显变化,反映了煤缓慢的表面氧化。当温度超过 70 ℃后,CO 浓度开始升高,但相对整个氧化过程,此阶段的升高幅度较小,表示煤开始缓慢氧化,主要通过孔隙的物理吸附供氧。当温度处于 100～130 ℃时,CO 浓度显著增加,且温度达到 130 ℃时,CO 浓度迅速升高。由图 5-6(b)可看出此时 CO 产生速率开始急剧增长,反映了煤进入快速氧化阶段,此时主要通过化学吸附供氧。当温度超过 140 ℃后,CO 浓度及产生速率呈指数增长,表示煤进入强烈的深度氧化阶段。

CO_2 浓度及产生速率的变化同样符合以上变化规律,如图 5-6(c)、(d)所示。在煤低温氧化过程中,热处理煤的碳氧化物产生速率和浓度始终大于原煤,这是由于热处理增大了煤的储氧容积和受热面积,煤表面获得了更多的氧气和热量,使有机物氧化量增大,碳氧化物产生量增多。

5.2.3 升温特性

4 组煤样的煤温变化曲线如图 5-7 所示。开始对煤样加热时炉温高于煤温,煤的产热速率随环境温度升高而加快[4]。煤的交叉点温度与煤强氧化反应起始温度接近,间接表示煤深度氧化阶段的开始[5-6],从而反映煤自热和自燃倾向。由图 5-7 可看出,R_0、T_{30}、T_{40}、T_{50} 煤样的交叉点温度分别为 169.7 ℃、168.8 ℃、168.5 ℃、160.5 ℃,达到交叉点的用时分别为 287.83 min、273.15 min、268.15 min、271.48 min。结果表明:随着热处理温度升高,煤的交叉点温度降低,其中,经 50 ℃热处理煤的交叉点温度降低约 6%。经过热处理的煤达到交叉点温度所需时间明显缩短,其中,经 40 ℃热处理的煤所用时间减小了约 7%。因此,热处理煤的氧化反应增多,升温速率加快,煤的宏观自燃倾向增强。

5.2.4 耗氧速率的变化

煤的氧化自燃宏观上是煤的单向连续耗氧,因此耗氧速率可用来表示煤的氧化能力和氧化强度。如图 5-8 所示,4 组煤样的耗氧速率呈现出随温度升高整体上升的趋势,且在 70 ℃时耗氧量迅速增加,此时热处理煤的耗氧速率曲线开始与原煤分离。110 ℃开始耗氧速率呈指数上升,温度达到 140 ℃时,热处理煤与原煤的耗氧速率差量最大。当温度达到 170 ℃时,热处理煤的耗氧速率远高于原煤,此时煤样耗氧速率表现出 $T_{50}>T_{40}>T_{30}>R_0$。结果表明,30～50 ℃的热处理提高了煤低温氧化过程的耗氧速率,促进了煤氧复合反应进程。

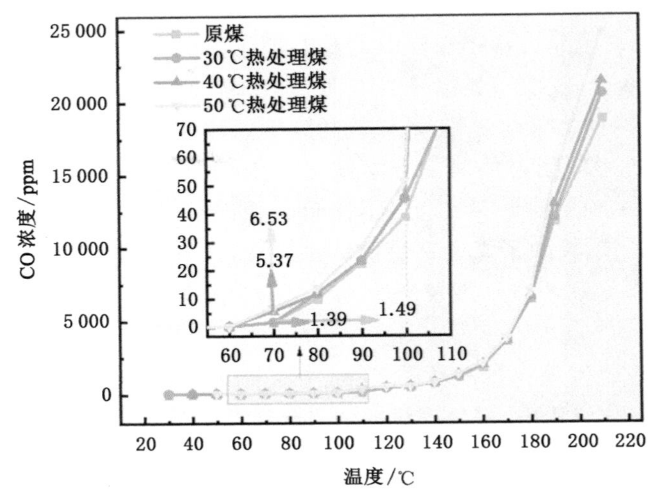

(a) CO浓度随温度变化曲线

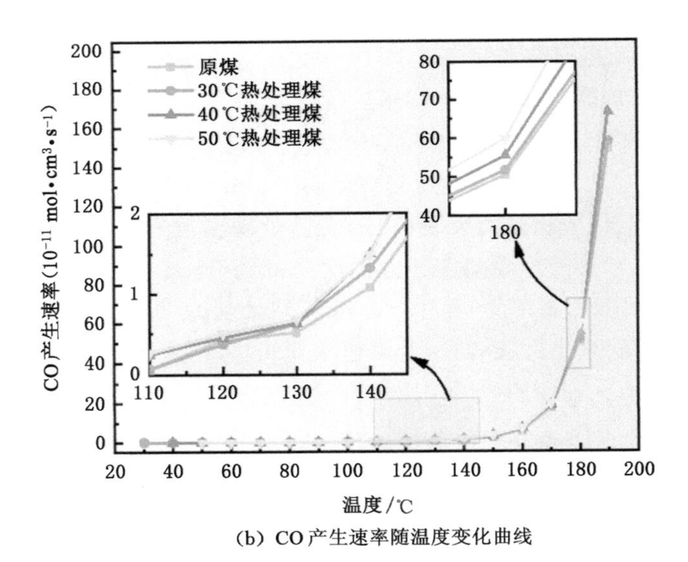

(b) CO产生速率随温度变化曲线

图 5-6　CO、CO_2 浓度及产生速率随温度变化曲线

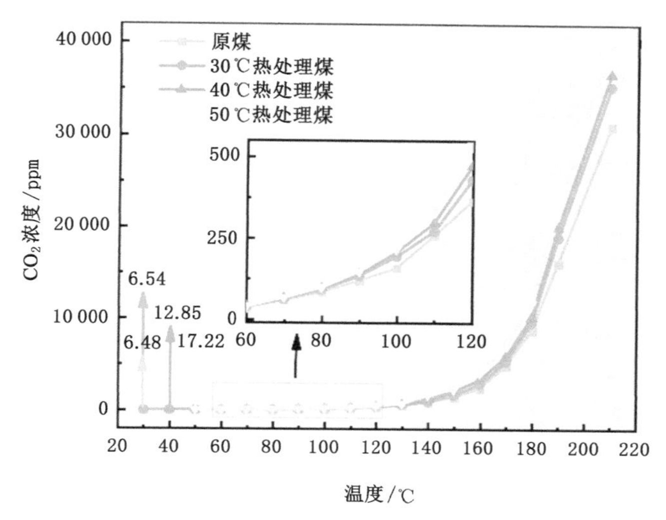

（c）CO_2浓度随温度变化曲线

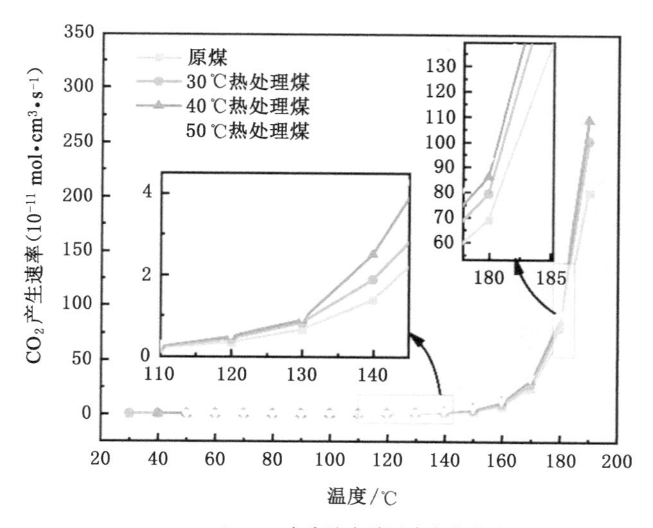

（d）CO_2产生速率随温度变化曲线

图 5-6　（续）

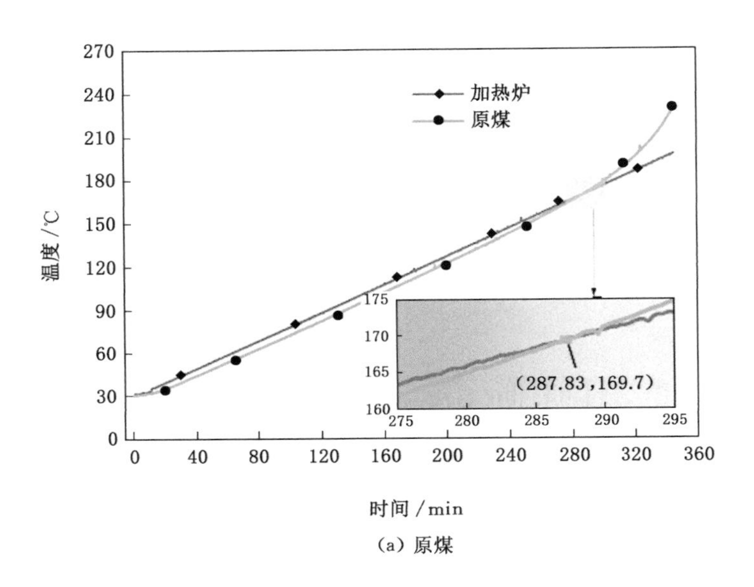

(a) 原煤

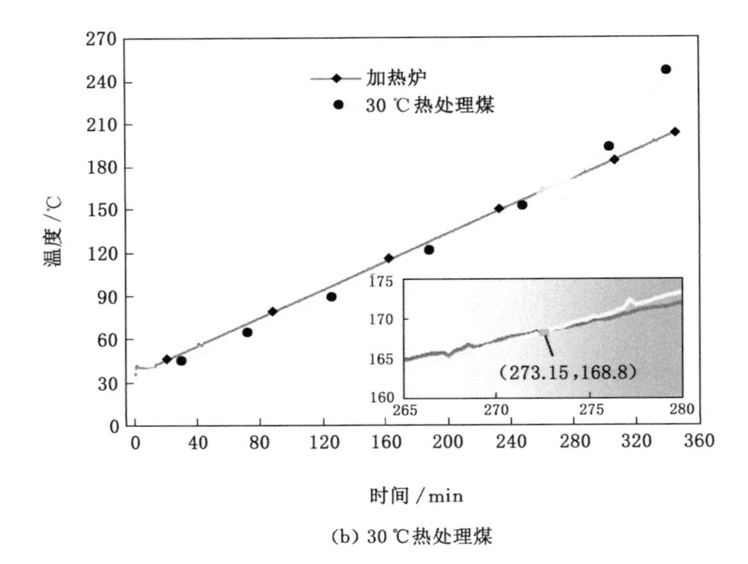

(b) 30 ℃热处理煤

图 5-7　不同煤样的煤温变化曲线

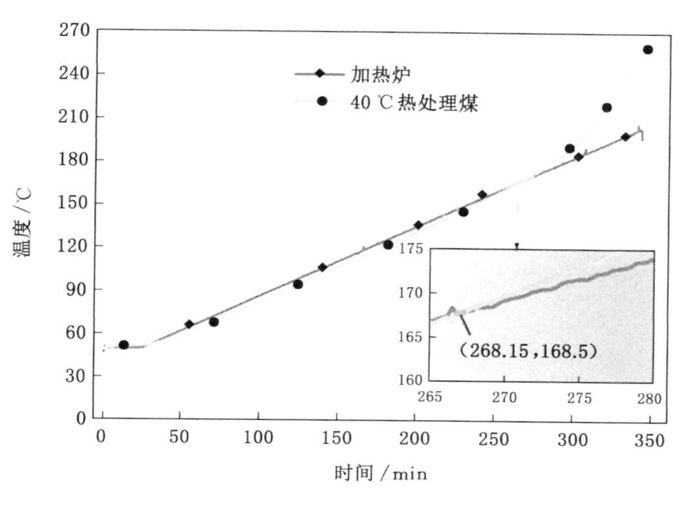

(c) 40 ℃热处理煤

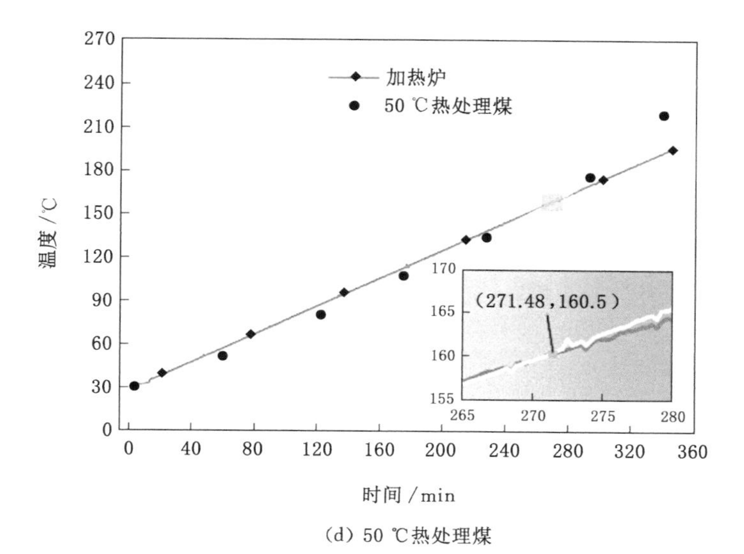

(d) 50 ℃热处理煤

图 5-7　(续)

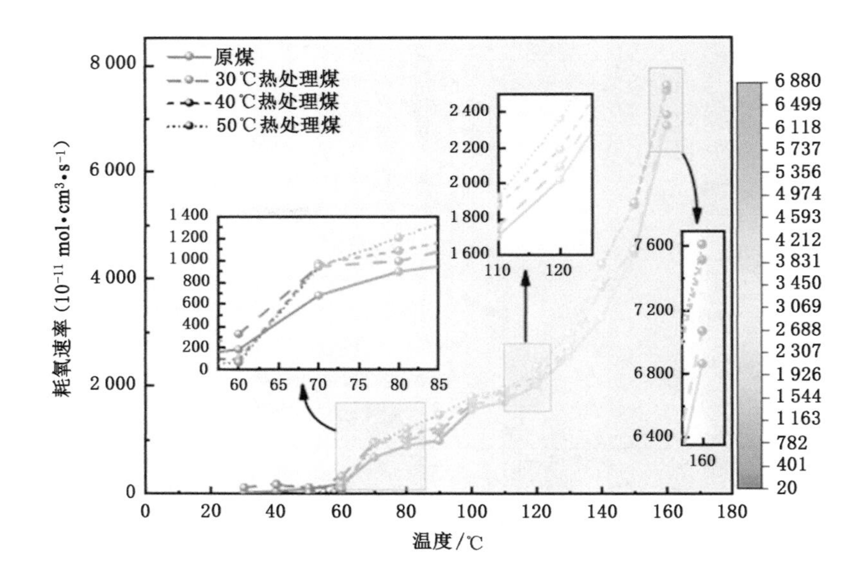

图 5-8　不同煤样的耗氧速率随温度变化曲线

5.2.5　放热强度

放热强度是单位质量的煤在单位时间内放出的热量，可直观表示煤的放热能力。如图 5-9 所示，可看出最小放热强度和最大放热强度具有相似的演化趋势，温度处于 70 ℃前，煤的放热强度曲线趋于平缓，温度达到 70 ℃时，释放热量开始快速增加，并于 110 ℃处开始呈指数上升。由图 5-9 *XY* 面与 *YZ* 面中的映射点可看出，当温度达到 140 ℃时，热处理煤的放热强度与原煤处于两个量级，此时放热强度差量最大。结果表明，煤的放热强度随热处理温度升高逐渐增大，热处理提高了煤的放热能力。

煤在单位时间内的耗氧速率和放热强度越大，煤体的热量越多，煤氧化越剧烈。由图 5-8 和图 5-9 可看出，放热强度与耗氧速率的变化节点一致，且变化趋势相似，因此，深部高地温会促进煤的氧化放热。

5.2.6　官能团的变化

煤中多种强吸电子类基团会对活性基团产生吸电子作用，触发电子转移，生成的自由基易与氧气反应产热[8]。因此，使用红外光谱分析不同热环境处理煤的官能团变化，可以探究高地温环境下煤的微观氧化机理。

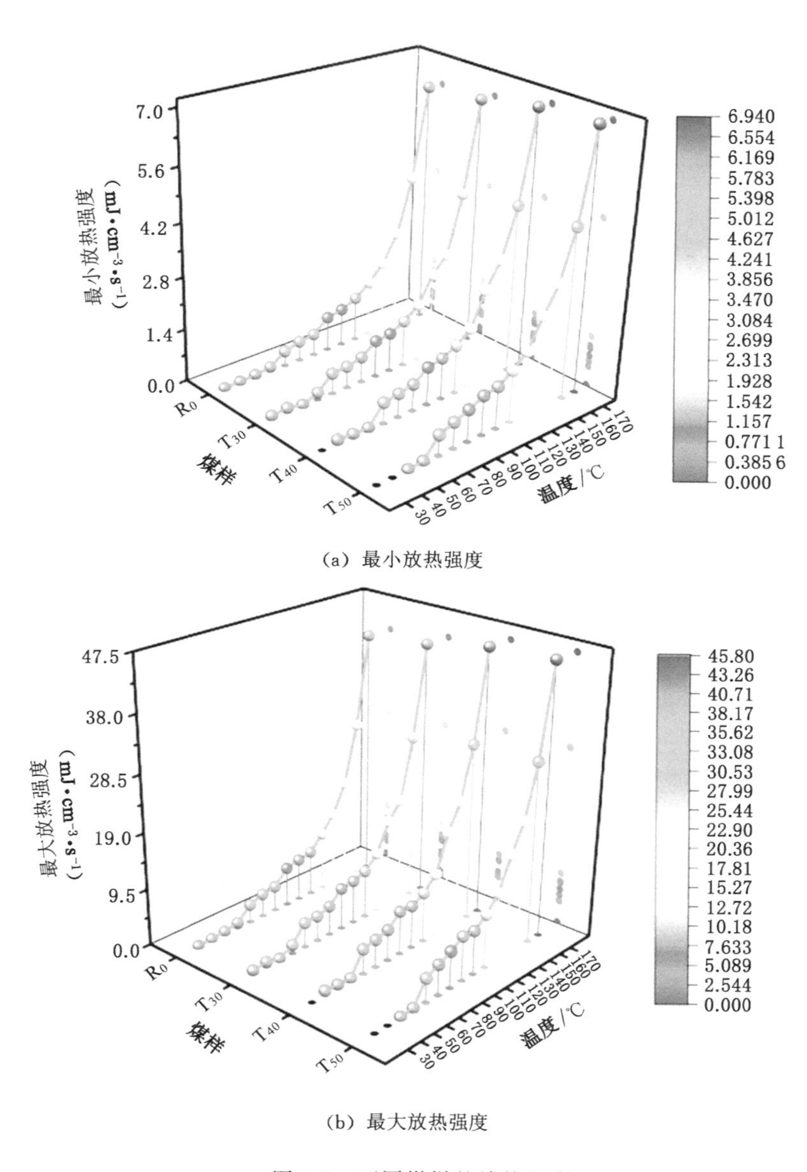

(a) 最小放热强度

(b) 最大放热强度

图 5-9　不同煤样的放热强度

如图 5-10 所示，4 组煤的特征谱峰位置相同，但高度不同，热处理煤的官能团种类未发生变化，但官能团的含量不同。为了进一步分析不同热环境处理后官能团含量变化，使用 OMNIC 软件对 4 组红外光谱数据光滑(避免数据振荡影响谱峰拟合)。参照表 5-3，使用 PeakFit 软件进行分段高斯二阶拟合，以获得特征峰波长及其面积，如图 5-11 所示（分段拟合区间为羟基 3 100～3 700 cm^{-1}、脂肪烃基 1 380～1 470 cm^{-1} 与 2 800～3 090 cm^{-1}，含氧官能团 1 526～1 750 cm^{-1}，醚键 1 210～1 280 cm^{-1}）。

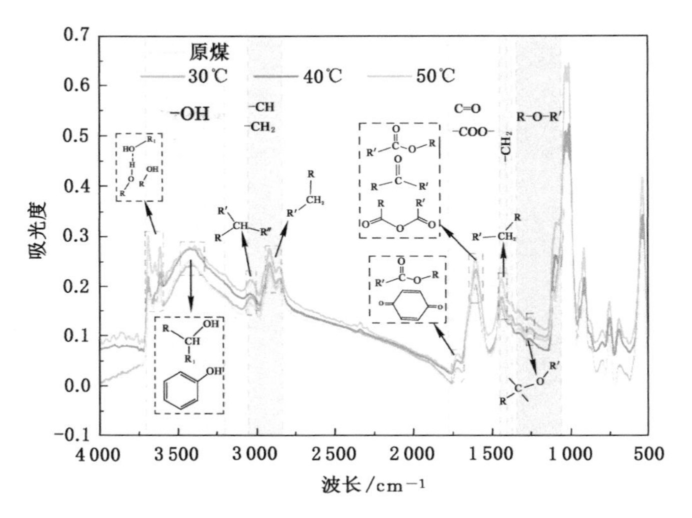

图 5-10　不同热环境处理煤与原煤的红外光谱

表 5-3　煤样红外光谱峰型归属及其属性

谱峰型	峰位置 /cm^{-1}	官能团	归属	样本
羟基	3 697～3 685	—OH	游离羟基	R_0、T_{30}、T_{40}、T_{50}
	3 684～3 625			
	3 624～3 610	—OH	缔合羟基	R_0、T_{30}、T_{40}、T_{50}
	3 550～3 200	—OH	分子羟基伸缩振动	R_0、T_{30}、T_{40}、T_{50}
脂肪烃	3 060～3 032	—CH	芳烃—CH 基	R_0、T_{30}、T_{40}、T_{50}
	2 975～2 950	$—CH_3$	甲基反对称伸缩振动	T_{50}
	2 935～2 918	$—CH_3$，$—CH_2$	脂肪族中甲基、亚甲基伸缩振动	T_{50}
	2 882～2 862	$—CH_3$	甲基伸缩振动	T_{40}、T_{50}
	2 858～2 847	$—CH_2$	亚甲基对称伸缩振动	R_0、T_{30}
	1 460～1 435	$—CH_3$	甲基变形振动	R_0、T_{30}、T_{40}、T_{50}
	1 449～1 439	$—CH_2$	亚甲基剪切振动	R_0、T_{30}、T_{40}、T_{50}

表 5-3(续)

谱峰型	峰位置 /cm^{-1}	官能团	归属	样本
含氧官能团	1 770～1 720	C＝O	酯、过氧化物的 C＝O 键	R_0、T_{30}、T_{40}、T_{50}
	1 736～1 722	C＝O,—CO—O—	醛、酮、酯类羰基	R_0、T_{30}、T_{40}、T_{50}
	1 715～1 690	—COOH	羧基伸缩振动	R_0、T_{30}、T_{40}、T_{50}
	1 590～1 560	—COO—	反对称伸缩振动	R_0、T_{30}、T_{40}、T_{50}
醚键	1 330～1 060	Ar—CO—	芳香醚	R_0、T_{30}、T_{40}、T_{50}

如图 5-11(a)所示,3 202～3 496 cm^{-1}主要为游离羟基,3 633～3 688 cm^{-1}主要为缔合羟基,是参与煤低温氧化进程的主要活性官能团[9]。由图 5-11(b)、图 5-11(d)可知,2 857 cm^{-1}和 1 439 cm^{-1}主要为亚甲基的对称伸缩振动和剪切振动,3 046 cm^{-1}主要为芳烃次甲基,两类芳烃基团是煤中的活性官能团。研究学者发现,位于苯环侧链的亚甲基活性最强[10],因为受到苯环强吸电子影响,易发生电子转移,此类亚甲基易与氧气反应,生成烷氧自由基和游离羟基两种活性基团[11]。

图 5-11(c)中,1 564 cm^{-1}和 1 700 cm^{-1}、1 709 cm^{-1}主要为酯基反对称伸缩和羧基的伸缩振动,1 719 cm^{-1}主要为酮基,1 728 cm^{-1}和 1 737 cm^{-1}主要为脂肪酸酐和醛基,一般为化学吸附的过程产物[12]。

图 5-12 为不同热环境处理煤与原煤的红外光谱拟合结果的官能团统计,以对深部热环境的作用进行微观定量分析。图 5-12 的统计结果表明,热处理后羟基总峰面积增加了 8%～18%,脂肪烃基总峰面积增加了－6.7%～230%,含氧官能团总峰面积增加了－2.5%～67%,醚键峰面积增加了－21%～16.6%。即热环境对煤中的羟基、脂肪烃基及含氧官能团的含量具有明显影响,对醚键的影响作用相对较小。由于羟基和部分脂肪烃基和含氧官能团的活性决定煤的氧化活性,其含量变化会改变煤的氧化活性,因此,30～50 ℃的热环境会增加煤的氧化活性。

为了对比不同热环境处理的煤与原煤中关键活性官能团的变化,将游离羟基、缔合羟基、亚甲基、次甲基和醛基进行归一化分析(图 5-13)。可以看出,50 ℃热处理煤的游离羟基、醛基和次甲基较原煤明显增多,其中醛基增量最大,而亚甲基大量减少。这是由于绝氧热环境触发了有机物中氢键的断裂,促进了

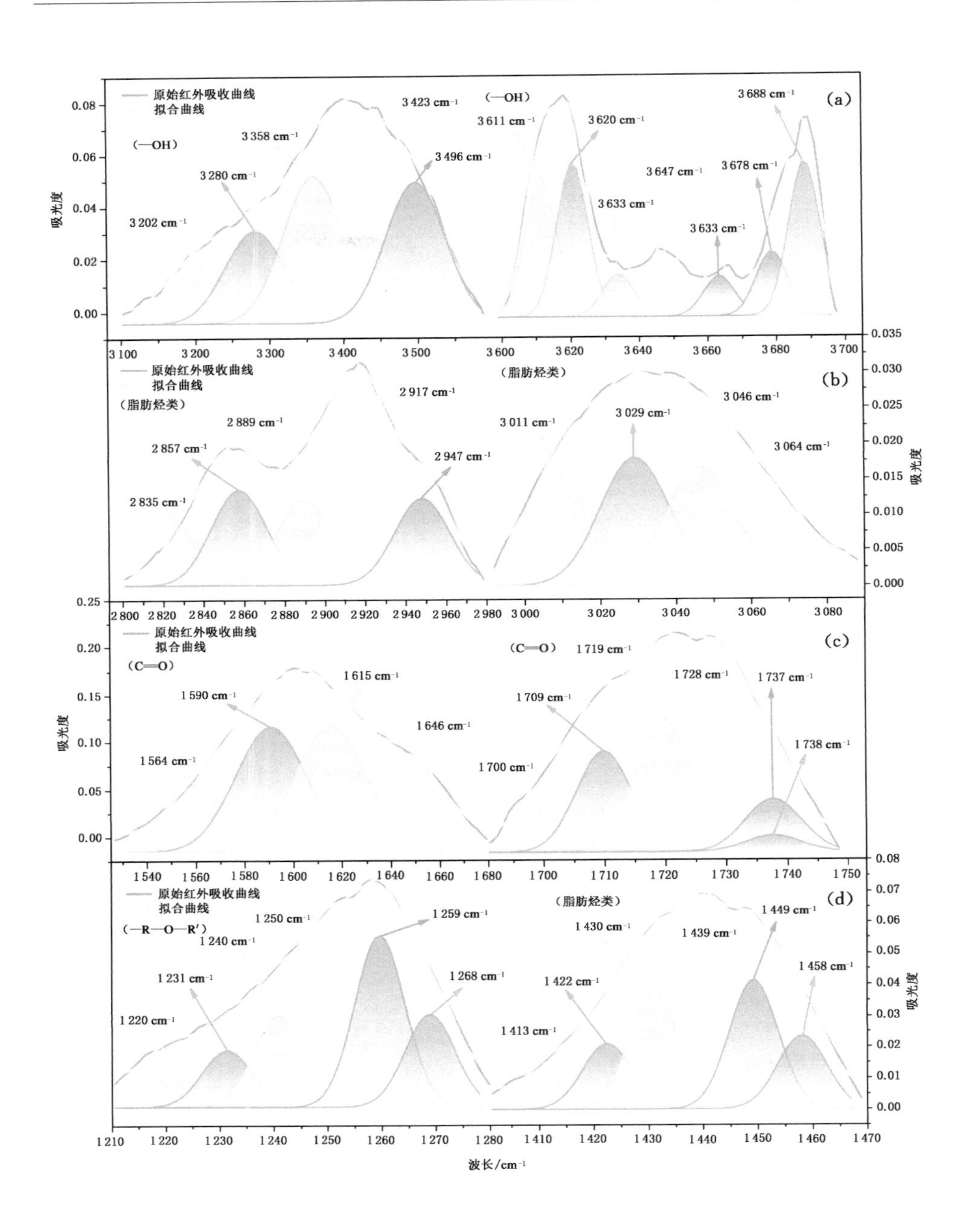

图 5-11　原煤不同波段的特征峰拟合

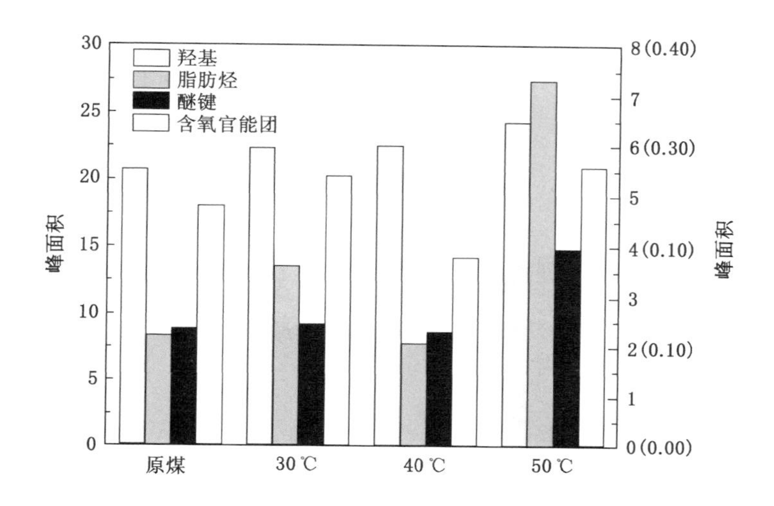

图 5-12　4 种煤的官能团含量对比

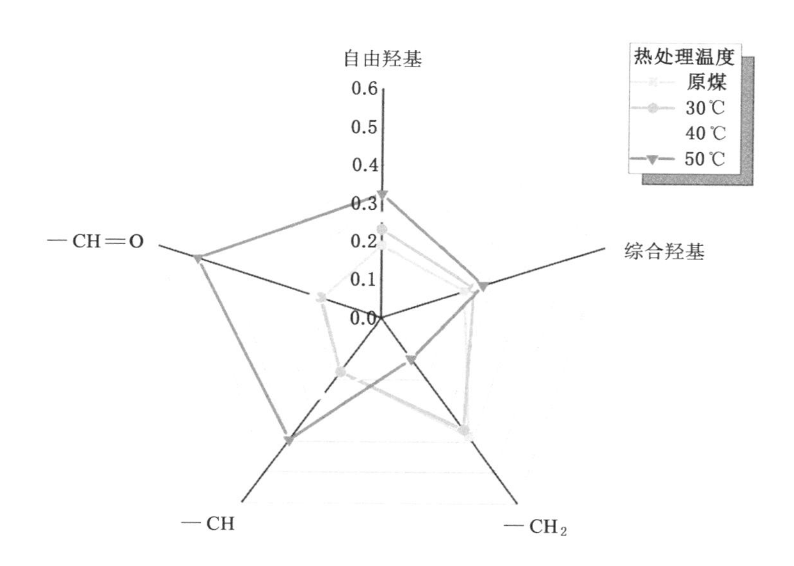

图 5-13　4 种煤的 5 种关键活性官能团含量对比

缔合酮夺亚甲基活泼氢，缩合产生缔合醇和次甲基[13]。有机缔合醇氢键断裂，产生次甲基、烷氧自由基和游离羟基。烷氧自由基氧原子未成键电子易被连接强吸电子基团的碳原子吸引，形成碳氧双键，使得部分烷氧自由基分解产生醛基，从而导致亚甲基的大量减少和醛基、次甲基、羟基的增加。

40 ℃热处理煤与 50 ℃热处理煤呈现出类似的趋势，较原煤 40 ℃热处理煤的次甲基和游离羟基增量较大，亚甲基大量减少，缔合羟基和醛基的增量较小。这是由于 40 ℃的热环境中同样发生了氢键断裂和亚甲基缩合分解，形成游离羟基和烷氧自由基，但该温度难以克服碳氧原子成键的能量势垒，带有次甲基结构的烷氧自由基稳定存在，醛基的增量较小，表明烷氧自由基在 40～50 ℃间开始自成碳氧双键分解产生醛和其他脂肪烃基。然而，40 ℃热处理煤的亚甲基含量与 50 ℃热处理煤含量相近，较原煤亚甲基含量大量减少，但此时的次甲基与羟基含量明显低于 50 ℃预处理煤，这说明环境温度越高，亚甲基缩合夺氧产生有机缔合醇的反应量越多。

30 ℃热处理煤的亚甲基、次甲基和烷氧自由基含量与原煤相近，羟基少量增加，说明亚甲基与缔合酮基的缩合反应发生在 30～40 ℃，游离羟基少量增加的原因是氢键受热断裂产生少量游离羟基。

综上所述，30～50 ℃热环境会增加煤中活性自由基的含量，其中对次甲基、甲基和醛基的影响作用明显，对游离羟基生成的促进作用强于缔合羟基，且热环境温度越高，官能团增量越大，因此，热环境会改变煤的自燃特性，热环境温度越高，热处理煤的氧化活性越强，煤越易氧化自燃。

5.2.7 深部热环境影响机理

煤自燃在宏观上表现为煤的放热与产气，微观上体现在有机物的弱键断裂，产生的自由基与氧形成新键，即自由基的生成与氧化[8]。煤中的活性基团在环境热中获得能量，克服其能量势垒，与氧气发生氧化反应，放出热量。氧化产物会与苯环侧链中的活性氢进一步反应产生强氧化活性基团（如羟基、羧基和醛基），而放出的热量会继续供给活性基团来克服能量势垒，从而实现自由基的链式氧化。煤中亚甲基缩合反应和自由基氧化的基元反应[14]如表 5-4 所示。其中，脂肪烃基和羟基是煤低温氧化产热的重要活性官能团，羧基、醛基和次生自由基是产生碳氧化物的关键反应物。

表 5-4 煤中活性自由基类型及基元反应

自由基	反应类型	基元反应
亚甲基	缔合酮夺氢缩合	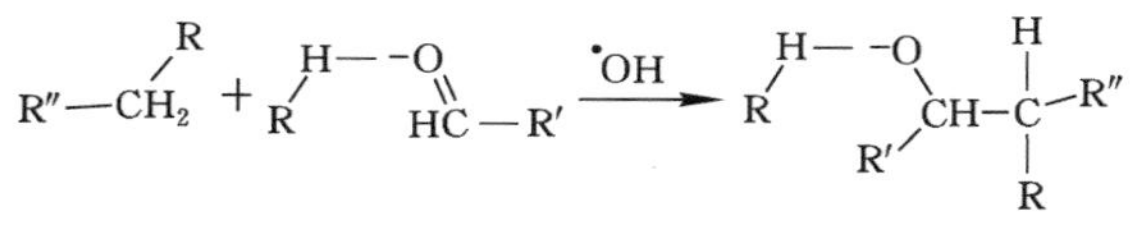 $R''\text{—}CH_2(\text{—}R) + R\text{—}H\cdots O{=}HC\text{—}R' \xrightarrow{\cdot OH} R\text{—}H\cdots O\text{—}CH(R')\text{—}C(H)(R)\text{—}R''$

表 5-4(续)

自由基	反应类型	基元反应
次甲基	氧气夺脂肪烃基氢	$R'\text{—}HC(R)\langle + \cdot O\text{—}O\cdot \longrightarrow R'\text{—}\dot{C}(R)\langle + \cdot O\text{—}OH$
羟基	氧分子夺羟基氢	$\text{—}OH + \cdot O\text{—}O\cdot \longrightarrow \text{—}O\cdot + \cdot O\text{—}OH$
羧基	氧分子夺羧基氢	$\text{—}C(=O)OH + \cdot O\text{—}O\cdot \longrightarrow \text{—}C(=O)O\cdot + \cdot O\text{—}OH$
醛基	醛基脱氢	$\text{—}CH{=}O + \cdot O\text{—}O\cdot \longrightarrow \text{—}\dot{C}{=}O + \cdot O\text{—}OH$
次生自由基	次生自由基氧化	$\text{—}\dot{C}{=}O + \cdot O\text{—}O\cdot \longrightarrow \text{—}C(=O)O\text{—}O\cdot$

图 5-14 为原煤与热处理煤的低温氧化微观反应机理。煤的孔隙结构是煤的供氧通道，环境温度则是煤分子吸收能量以克服活化能势垒的源头。高地温环境下，煤的孔隙扩张，吸附能力增强，煤孔隙容氧量增加。煤在绝氧热环境中吸收到热量，使煤中活性还原基积累，氧化活性增强。

由图 5-14 可看出，热处理会触发煤的氢键断裂产生次甲基和游离羟基，温度升高后，有机缔合酮开始夺亚甲基活性氢缩合产生有机缔合醇，当温度超过 40 ℃时，弱氢键断裂，有机缔合醇开始分解为烷氧自由基和游离羟基，即随温度升高，煤中的主要自由基的类型逐渐增加。长时间的热处理，使煤中的次甲基、羟基、有机缔合醇和烷氧自由基含量累积。在继续进行程序升温时，煤中的烷氧自由基会氧化为醛和醇。随着温度升高，煤中的次甲基和烷氧自由基产生醇中的次甲基开始氧化产生过氧化物，并逐渐分解为游离羟基和醇氧自由基，此时氧原子的未成键电子易与活性氢键成键，从而使部分醇氧自由基和主体大分子侧链的氢键反应产生稳定的酮基、主体大分子基团和水，部分醇氧自由基与游离羟基反应生成羧酸。

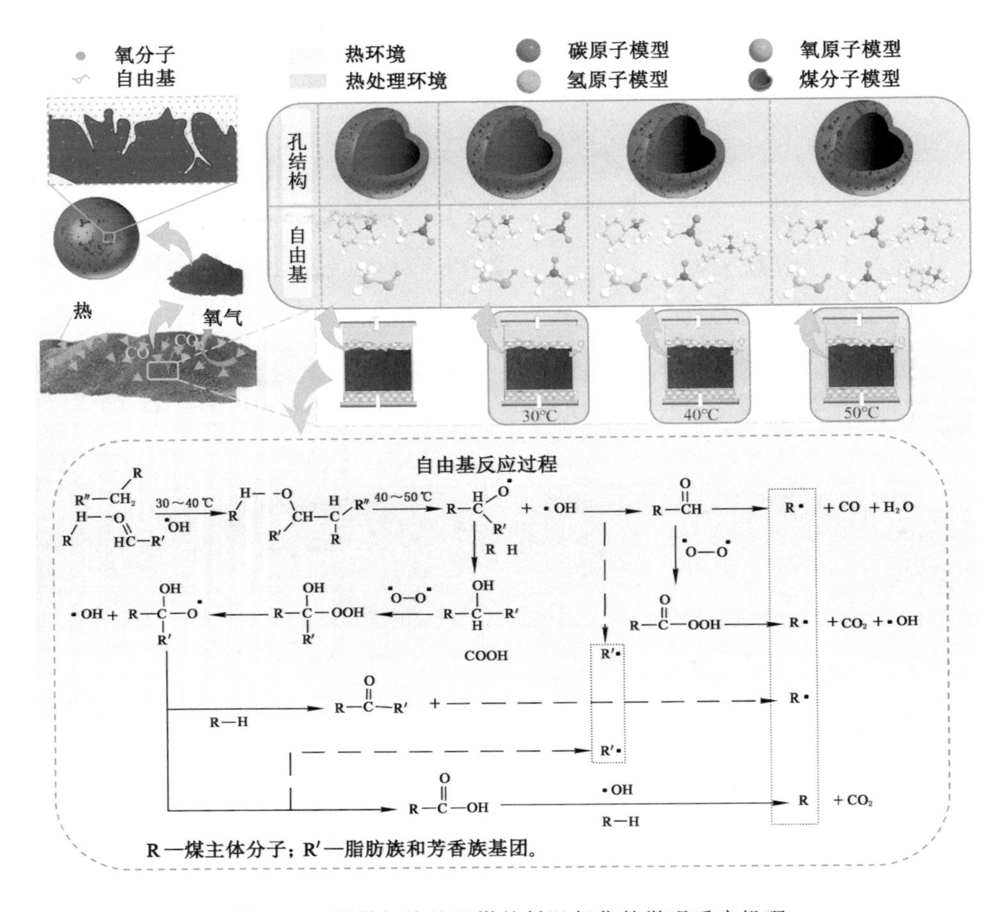

图 5-14　原煤与热处理煤的低温氧化的微观反应机理

温度升高至 70 ℃时，氧化产生的醛基开始部分裂解为 CO 和主体大分子基团，部分醛基会进一步氧化为过氧化物，随后分解为 CO_2、游离羟基和主体大分子基团，此时的羧酸会与游离羟基和主体大分子侧链氢键反应生成大分子基团和 CO_2。

长时间的热处理使煤中的有机缔合醇和含氧自由基大量累积，它们发生氧化反应放热的能量势垒较低，程序升温过程中热处理煤更容易发生反应并产生自由基。自由基的大量累积，使热处理煤自由基含量明显高于原煤。当温度达到 70 ℃时，积累的自由基和新产生的自由基裂解产生 CO 和 CO_2，所以热处理煤产生的 CO 和 CO_2 浓度高于原煤(图 5-6)。同时，自由基的氧化反应会放出热量，自由基氧化量越多,放出热量越多,而热处理煤单位时间内发生氧化反应的自由基较多,使得其耗氧量和放热强度要高于原煤(图 5-8、图 5-9),热处理后煤的升温速率增大,使得煤的交叉点温度降低(图 5-7)。

综上所述,深部矿井热环境会增加煤中亚甲基、羟基、次甲基、醛基等活性自由基含量,降低煤的活化能,使煤低温缓慢氧化阶段的热释放强度升高,产气量和耗氧速率增大,导致煤的特征温度降低,煤的低温氧化进程加快,从而增大了煤的氧化风险。

5.3 深部开采高热高湿矿井遗煤复燃特性

5.3.1 特征温度点及特征阶段

初始的 TG 曲线数据能够准确地反映物质的质量变化,对其进行归一化处理可得到物质质量的百分比变化从而更加直观地表现煤样热行为的差异以方便后续分析。通过原始 DSC 曲线能够准确地得到物质与参比物之间总的放热速率随温度的变化,为消除质量的影响,对其进行单位质量化处理得到单位质量释放速率,即各数据点的总的放热速率与该时刻的质量之比。对处理后的 TG 和 DSC 曲线进行一次微分可获得 DTG 和 DDSC 曲线,如图 5-15 所示,可获得煤样的质量以及热释放率或吸收速率的变化[15]。

从图 5-16 可以看出各煤样在升温过程中的 TG、DTG 和 DSC 曲线相似,因此以 30～80 煤为例进行特征温度点的寻找和阶段的划分,分别显示在图 5-15 中。点 T_1 表示吸附氧气增质的起始温度,至此煤样开始对氧气进行化学吸附。在吸附氧气以至重量达到最大(T_2)时,煤样的吸氧速率与其气体产物的释放速率达到平衡。此时,煤中稳定的大分子芳环结构开始氧化和热解,释放出更多的气体产物。根据我国燃点定义标准,煤样的着火温度(T_3)对应于 DDSC 曲线上的极值点,随后煤样的放热速率急剧增加[18]。煤样开始燃烧后,存在一个质量损失最快的点(T_4)对应于 DTG 曲线最小点的温度。燃尽温度(T_5)由 DTG 曲线峰的终点来表示。由 DSC 曲线可得到两个特殊温度点:T_{D0}(放热速率为 0 时的温度)和 T_{Dmax}(放热速率最大时的温度)。在达到 T_{D0} 后,煤样开始放热,在燃烧的过程中温度达到 T_{Dmax} 时获得最大热释放速率。根据以上特征温度可将煤的氧化燃烧分为 4 个阶段:水气脱吸附阶段(阶段 1,27 ℃～T_1)、氧化阶段(阶段 2,T_1～T_3)、燃烧阶段(阶段 3,T_3～T_5)、燃尽阶段(阶段 4,T_5～800 ℃)[19]。

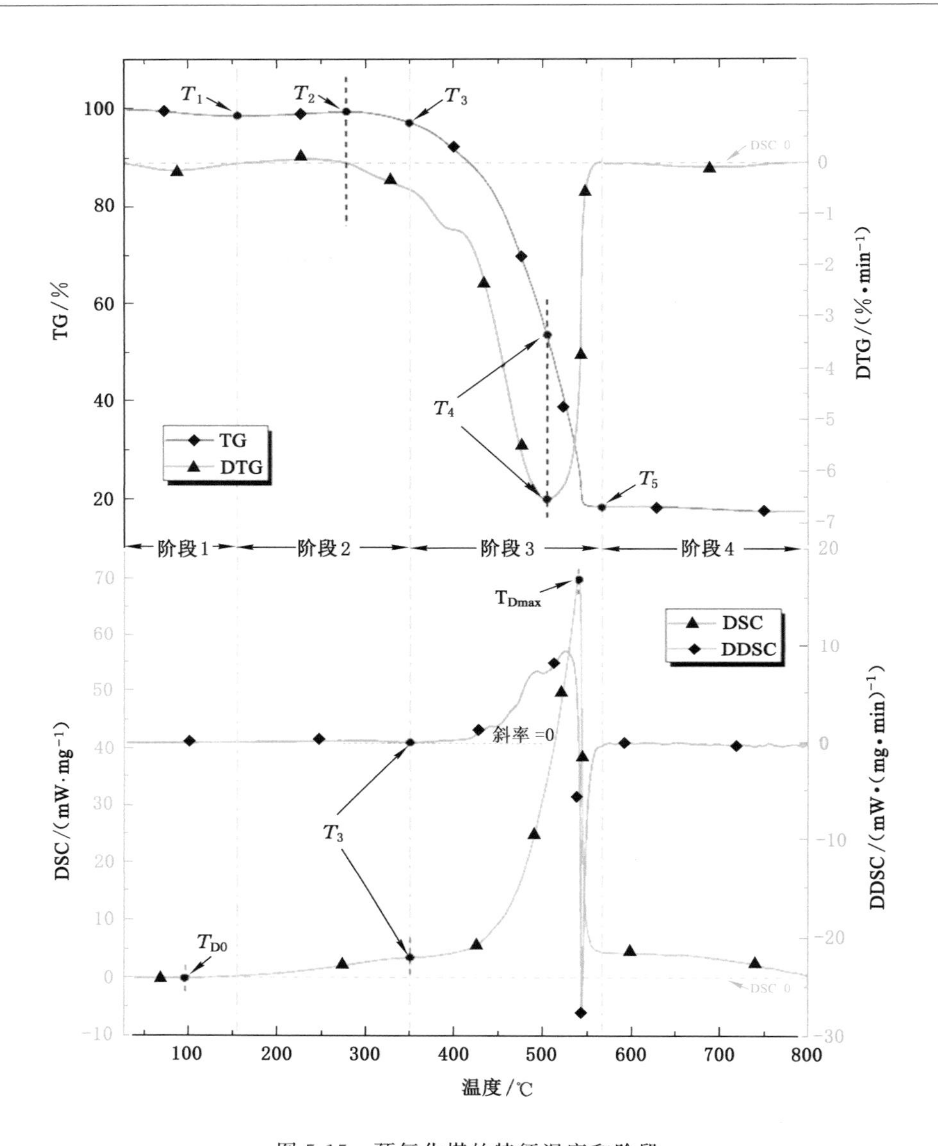

图 5-15　预氧化煤的特征温度和阶段

各煤样的特征温度点汇总后如图 5-17 所示。如图 5-16(a)～(c)所示，在不同条件下，所有煤样在 1 阶段的 TG 和 DTG 曲线都是下降的，说明气体的物理吸附开始要弱于水分蒸发加上气体解吸。结合不同热环境处理和预氧化温度对预氧化煤样的 T_1 均表现出明显的波动变化，这说明热环境处理的煤经过一次降温和升温氧化后，对其热行为的影响在最开始就已经体现。

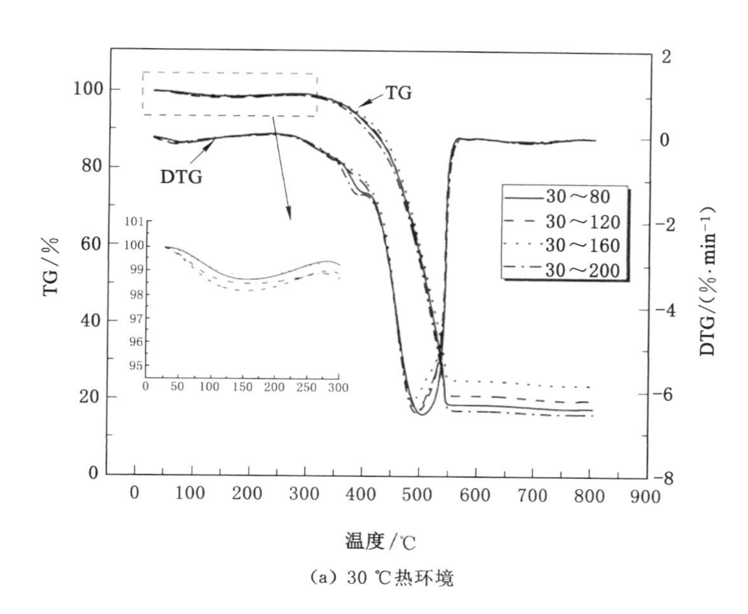

(a) 30 ℃热环境

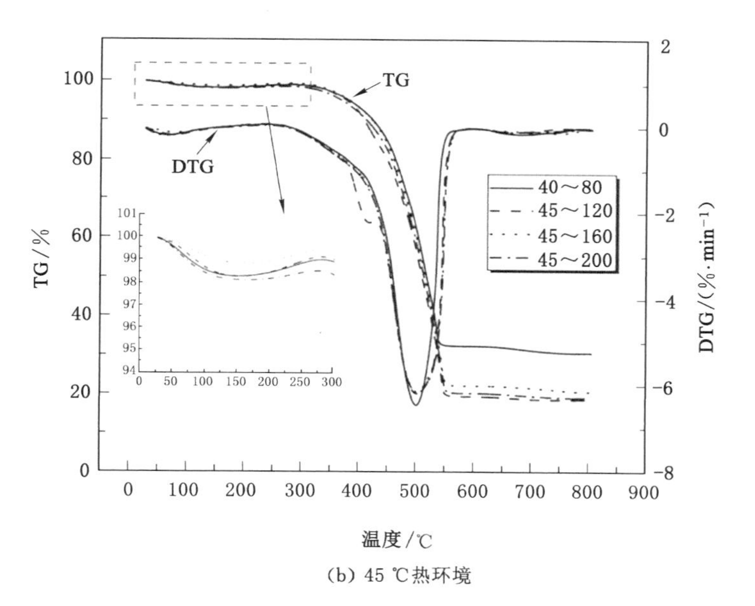

(b) 45 ℃热环境

图 5-16 不同热环境下预氧化煤的 TG 和 DTG 曲线

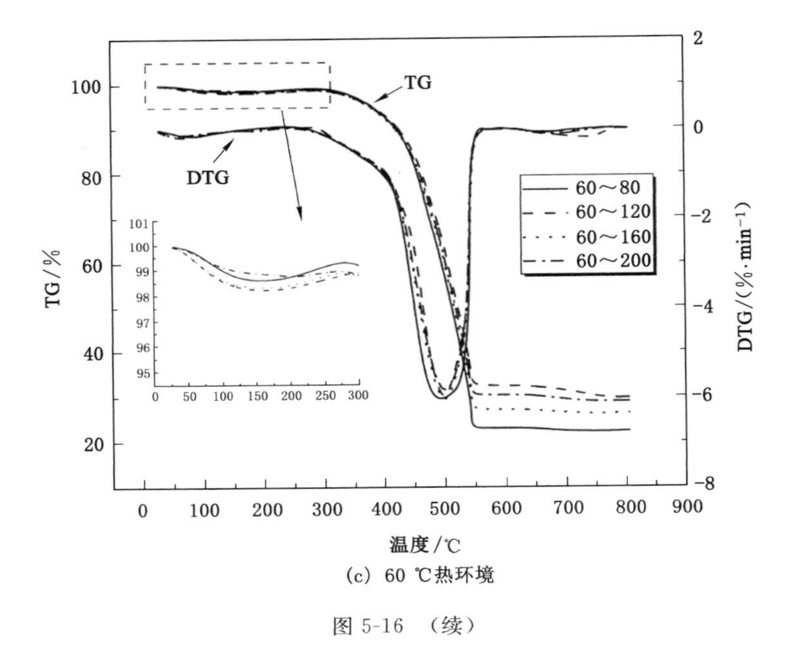

(c) 60 ℃热环境

图 5-16 （续）

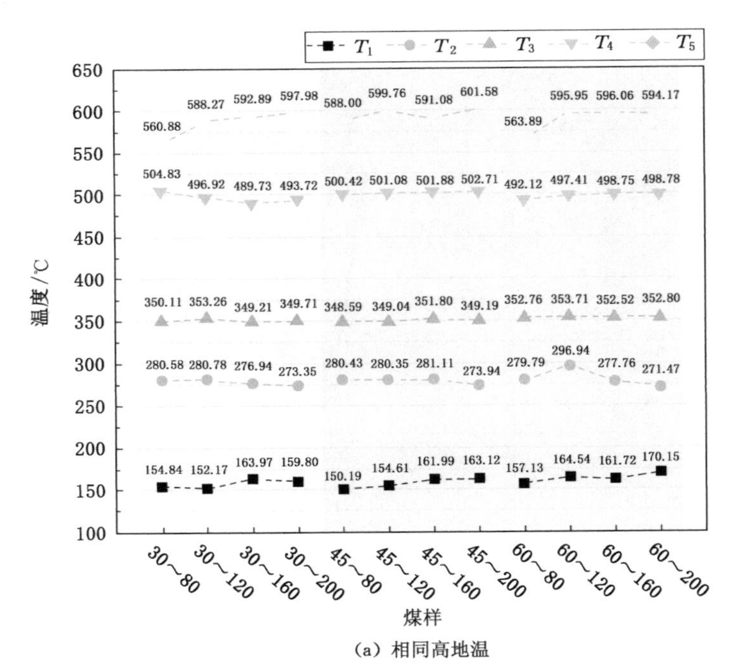

(a) 相同高地温

图 5-17 各煤样的特征温度点

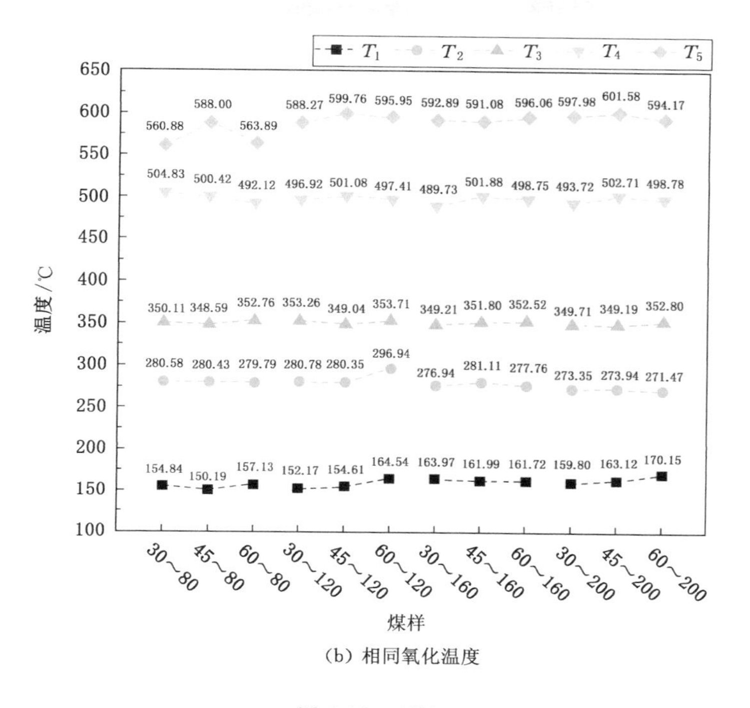

(b) 相同氧化温度

图 5-17 （续）

第 2 阶段可以进一步分为两个阶段：氧气吸附阶段（T_1～T_2）和热解阶段（T_2～T_3），前一个阶段煤样中氧气的化学吸附量不断增加，煤样表面的氧化络合物的生成率大于气体产物的释放率导致煤样质量不断缓慢增加。而后一个阶段则是煤样的热解和部分低温氧化致使煤样质量减小。在 30 ℃和 45 ℃热环境下预氧化煤的 T_2 随着一次氧化温度的升高变化不大。而在 60 ℃热处理下 T_2 随着氧化温度的升高先升后降。对于 T_3 来说，各煤样之间的差别均较小。

煤样达到着火点（T_3）后表明进入燃烧阶段，煤分子中的芳香族结构开始氧化分解，煤氧反应不断增强，导致煤样质量迅速下降，并出现质量损失率最大的温度点（T_4）。30 ℃热环境下的预氧化煤的 T_4 随着预氧化温度的增加有较为明显的先降后升的变化趋势。其他热环境下的预氧化煤样的 T_4 相差不大。

随着温度的升高，煤中芳香族结构被迅速氧化分解后，TG 曲线趋于稳定，煤样反应能力开始下降，最终 DTG 趋于 0，煤样质量无明显变化，进入燃尽阶段（T_5）。对于 T_5 来说，除了 45～80 和 60～80 煤样的 T_5 有很明显的差别外，其他煤样的差别不大。而不同热环境下相同预氧化温度的预氧化煤的 T_5 有较为明显的变化，80 ℃、120 ℃和 200 ℃预氧化温度下的预氧化煤随着热环境温度的升高有着相似的先增后减的变化趋势，而160 ℃预氧化煤样的变化趋势相反。

综上所述，不同热环境和不同预氧化温度对预氧化煤特征温度的影响均有差异。初步判断出预氧化煤的 T_1 受热处理和一次氧化的影响相对于其他特征温度点来说已经表现得较为明显，并且后续特征温度的变化很可能与 T_1 的变化相关。

5.3.2 质量损失特征

由于第4个阶段煤样反应已经基本完成，选取前3个阶段的质量损失进行分析，见表5-5。很显然第1和第2阶段煤样的质量损失远没有第3阶段的多。第3阶段占据着煤氧反应过程中煤质量损失的绝大部分，是煤体氧化放热的主体阶段。值得注意的是，在第1、第2阶段相同初始热环境下的预氧化煤随着预氧化温度的升高，煤样质量损失基本呈“增-降-增”的变化趋势。这表明不同热环境下预氧化温度对预氧化煤影响的相似性，同时这也进一步证实了第一阶段对后续阶段的影响。从第3阶段的数据可以看出，相同预氧化温度的煤随着热环境温度的升高，其质量损失大部分下降，可能是较高的热环境温度使煤的活性增强导致其在一次氧化过程后挥发分减少和灰分增加得更多，这与之前研究的结果相似。而预氧化温度对预氧化煤在各阶段的质量损失的影响有起有伏。

表5-5 氧化过程中预氧化煤各阶段的质量损失

煤样	损失率/%		
	阶段1	阶段2	阶段3
30～80	1.34	2.76	81.40
30～120	1.81	3.22	79.02
30～160	1.17	2.55	75.06
30～200	1.50	3.49	82.98
45～80	1.70	2.59	67.71
45～120	1.71	2.78	80.66
45～160	1.13	2.47	77.86
45～200	1.87	3.47	79.81
60～80	1.38	2.67	76.82
60～120	1.76	2.72	67.55
60～160	1.66	3.22	72.78
60～200	1.22	3.05	69.55

5.3.3 特征燃烧参数

为了对煤样的燃烧特性进行量化分析，对下列燃烧指数进行了计算和分析。

着火指数和燃烧指数分别反映了煤样的着火特性和烧毁特性，由式(5-1)和式(5-2)计算得出[20]。

$$D_i = \frac{DTG_{max}}{t_3 t_4} \tag{5-1}$$

$$D_f = \frac{DTG_{max}}{t_4 t_5 \Delta t_{1/2}} \tag{5-2}$$

式中 DTG_{max}——在特征温度点 T_4 时的 DTG 的值，%/min；

t_3、t_4 和 t_5——煤样氧化过程中达到 T_3、T_4 和 T_5 时的时间，min；

$\Delta t_{1/2}$——$(DTG)/(DTG)_{max}=1/2$(min)的时间范围。

综合燃烧特性燃烧指数和的计算公式见式(5-3)和式(5-4)，是煤样的着火、燃烧和燃尽特性的综合表现[21]，表示煤样燃烧过程的速度和强度。一般来说，该指数数值越大(或越小)表示煤样的燃烧性能越好。

$$S = \frac{DTG_{max} DTG_{mean}}{T_5 T_3^2} \tag{5-3}$$

$$H_f = \frac{T_4}{1\ 000} \ln\left(\frac{\Delta T_{1/2}}{DTG_{max}}\right) \tag{5-4}$$

式中 DTG_{mean}——平均质量损失率，%；

$\Delta T_{1/2}$——$(DTG)/(DTG)_{max}=1/2$(℃)的温度范围。

表 5-6 列出了各预氧化煤的特征燃烧参数。可以看出，随着热环境温度的升高，大多数相同预氧化温度的预氧化煤样的 DTG_{max} 逐渐减小。这与上述第 3 阶段质量损失逐渐减小的趋势保持一致，原因在于温度越高的热环境中预氧化样品的活性结构经过一次氧化后消耗得更多，二次氧化开始时活性结构含量越少。对于点火指数 D_i 和燃尽指数 D_f 来说，相同热环境下的预氧化煤随着预氧化温度的升高有着近乎相同的变化趋势：30 ℃下的“增-降-增”、45 ℃下的“降-降-增”和 60℃下的“增-增-降”。而点火指数越大说明煤样的点火性能越好，燃尽指数越大说明煤样越难以燃尽。可见在本次实验中点火性能越好的煤样往往越难以燃尽，反过来也是。而随着热环境温度的增大相同预氧化温度的预氧化煤的点火指数整体减小，燃尽指数虽然呈现波动变化，但 30 ℃下预氧化煤样的点火指数整体要大于 45 ℃和 60 ℃下的。S 和 H_f 是煤样热重特征的综合判断指数，S 既然是集合了着火、燃烧和燃尽三者特性，因此其结果与前面两个指数的结果基本一致。越高温度

热环境下的预氧化煤的 H_f 的值越大，说明其燃烧速率和短期燃烧强度越弱。但预氧化温度越高，不同热环境下的预氧化煤的 S 和 H_f 变化完全不同。综合 S 和 H_f 来看，热环境温度越低，预氧化煤的燃烧性能越好。

表 5-6 各预氧化煤的特征燃烧指数

煤样	DTG_{max}	$D_i(\times10^{-4})$	$D_f(\times10^{-5})$	$S(\times10^{-7})$	$H_f(\times10^{-1})$
30～80	6.54	27.10	15.49	1.13	1.355
30～120	6.45	27.50	16.11	1.07	1.340
30～160	6.16	26.45	15.14	0.96	1.348
30～200	6.50	28.32	16.31	1.15	1.328
45～80	6.44	27.85	15.44	0.89	1.253
45～120	6.17	26.03	14.29	0.93	1.365
45～160	6.13	25.93	13.80	0.91	1.386
45～200	6.15	26.39	13.98	0.95	1.385
60～80	6.03	25.36	13.89	0.97	1.389
60～120	5.96	25.46	15.78	0.76	1.330
60～160	6.04	25.53	14.40	0.83	1.371
60～200	5.83	24.75	14.34	0.78	1.382

1. 热释放变化特征

如图 5-18 所示，随温度的变化各预氧化煤样的 DSC 曲线相似。在反应初始，煤样需要进行水分蒸发、气体解吸和部分氧化，因此热效应表现为吸热（DSC 曲线为负值）。随着温度的升高，煤氧反应能够释放足够的热量后，热效应表现为放热。然而，当温度上升至 300 ℃时，DSC 曲线出现一个拐点，拐点后的一段时间内氧化热释放速率放缓，原因是芳环的主体结构分解需要吸收一定的热能[22]。但随后，活性基团含量增加，氧化反应加剧以至热释放速率迅速增大并达到最大放热速率点。最后，随着煤样中的活性物质的持续消耗，煤氧化进入燃尽阶段，氧化热释放速率逐渐降低并趋近 0。

2. 热释放性能

通过对 DSC 分阶段进行积分可得到各个阶段的热释放量。取 TG 曲线的前 3 个阶段进行分析，各阶段的热释放量以及 DSC 曲线的相关特征参数结果汇总如表 5-7 所示。从表中可以看出阶段 1 整体表现为吸热，而阶段 2 和阶段 3 表现为放热，阶段 3 的放热量占据煤氧化过程中的主体，这与质量损失分析的结果（该阶段的质量损失占煤氧化过程质量损失的主体）相对应。

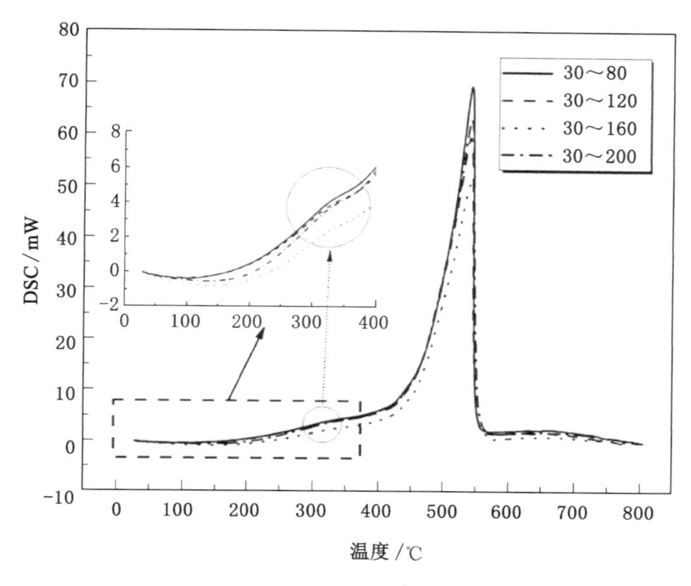

(a) 30 ℃高地温

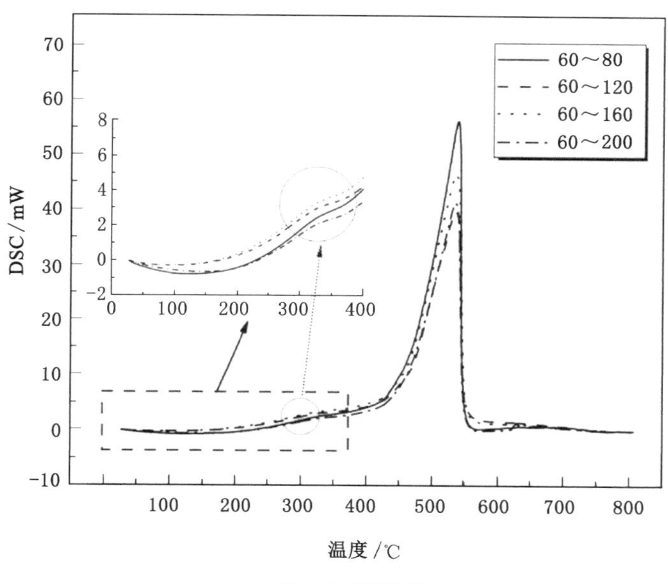

(b) 45 ℃高地温

图 5-18 预氧化煤的 DSC 曲线

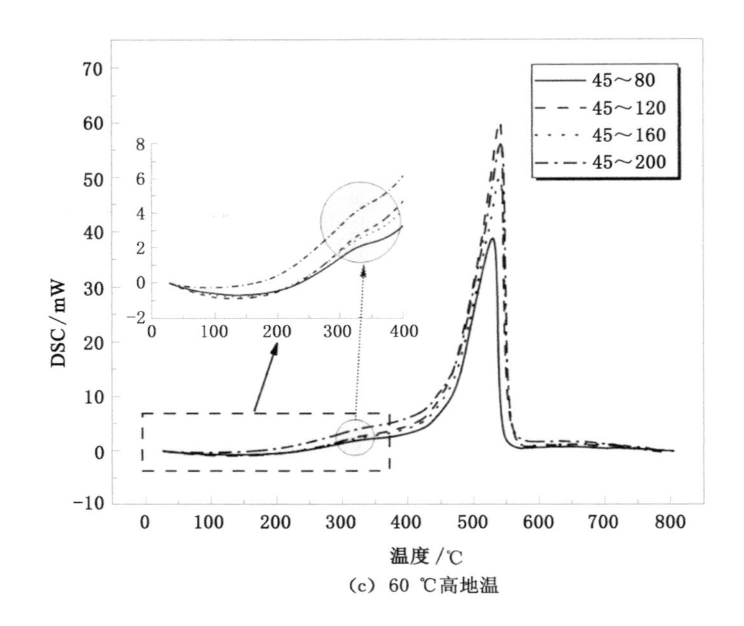

(c) 60 ℃高地温

图 5-18 (续)

表 5-7 各预氧化煤的热释放性能参数

煤样	热释放/(J·g^{-1})			T_{D0}/℃	T_{Dmax}/℃	总热释放量/(J·g^{-1})	最大热释放功率/(W·g^{-1})
	阶段 1	阶段 2	阶段 3				
30～80	−255.17	1 775.18	23 400.32	160.62	540.02	40 161.53	69.60
30～120	−232.85	1 771.68	22 789.47	162.38	538.24	36 215.62	59.63
30～160	−615.95	1 022.82	20 261.81	228.24	539.35	28 198.79	51.00
30～200	−396.36	1 729.77	25 585.00	202.76	539.45	38 547.16	63.02
45～80	−466.88	834.28	13 071.94	234.48	529.49	20 497.17	38.91
45～120	−641.93	1 022.73	22 450.55	230.68	540.19	32 829.80	60.23
45～160	−602.77	1 026.26	19 357.03	227.09	539.98	29 063.60	49.97
45～200	−189.77	1 866.06	21 842.50	162.79	541.54	36 129.05	56.09
60～80	−592.44	1 087.27	20 905.31	225.56	537.24	29 133.56	56.29
60～120	−185.70	1 144.19	15 426.13	165.65	533.90	25 182.55	39.77
60～160	−177.25	1 545.07	18 124.70	160.13	534.37	29 104.38	46.63
60～200	−611.73	980.05	14 595.68	229.86	533.44	22 361.82	41.39

随着热环境温度的升高，预氧化煤的在阶段 3 的热释放量、T_{Dmax}、总热释放量以及最大热释放功率基本都逐渐减少，原因在于热环境温度越高煤中的原有的可燃物在一次氧化过程中被消耗得越多。T_{D0} 的值随着热环境温度的升高存在不少减小的现象，说明煤氧化进程加快了，氧化前期能够释放更多的热。相同热环境下预氧化温度越高，预氧化煤的各个阶段的热释放量以及各热行为特征参数呈波动变化。并且在不同热环境下，变化趋势也有所不同。说明不同热环境下，预氧化温度对预氧化煤的影响不同。在文献[23]中，他们还以各种品质的煤为研究对象，得出存在一个临界预氧化温度的结论。当预氧化温度超过这个温度时，预氧化煤的活性物质被消耗，导致其自燃风险降低。当预氧化温度低于这个温度时，预氧化煤的一些活性物质被激发，导致其氧化进程加快，自燃风险降低。

参考文献[21]，本研究将煤氧化学吸附的起始温度(T_1)作为评估预氧化煤自燃(PCSC)风险的依据。可见，在 45 ℃和 60 ℃热环境下 80 ℃预氧化煤的 T_1 比其他预氧化煤均要小，不难判断出该情况下的临界预氧化温度为 80 ℃。只需对30 ℃进行拟合，结果如图 5-19 所示，30 ℃热环境温度下，预氧化煤的临界温度为 102 ℃。

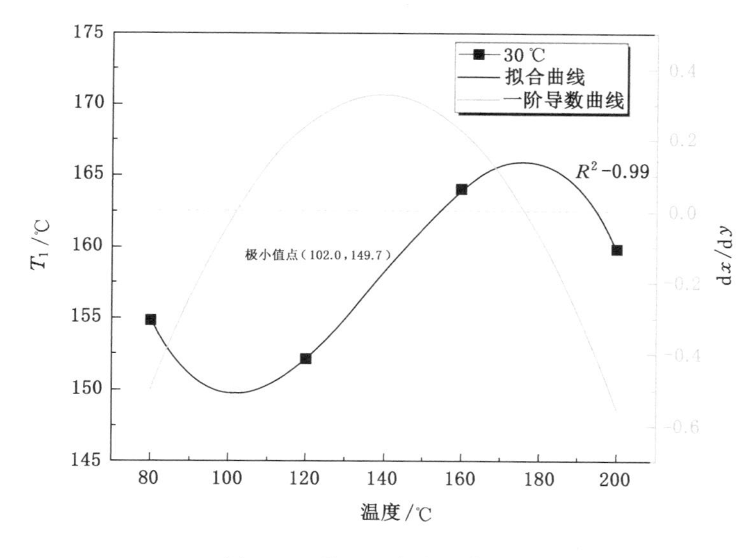

图 5-19 临界温度点拟合曲线

5.4 热-应力耦合饱水型煤及热残余燃烧规律

针对煤田火灾的防治，大多数研究主要体现在煤岩体在温度、应力共同作用下的渗透特性，以及岩体在应力、温度共同作用下的热破坏特征与裂隙发育规律等方面。煤田火区形成的部分原因是采空区塌落的散煤受到挤压密度加大，在受周围热源变化后造成了煤田火灾。目前来看针对原煤的研究较多，针对饱水处理后型煤的自燃特性的研究较少，而颗粒煤在不同轴压下的燃烧特性已有初步定论，型煤的一些燃烧特性以及燃烧过程中孔隙的变化还有待研究。由于型煤相比原煤孔裂隙结构差别较小，故本书通过构造出型煤煤柱利用程序升温控制系统(ATCP)来模拟煤田火区在不同应力条件下的燃烧特性，分析其内部微观孔隙结构演化过程，结合燃烧后残余煤 TG-DSC 分析来确立型煤在不同轴压下氧化燃烧特性。为防治煤炭开采过程中受不同荷载应力影响的煤田火区自燃灾害提供理论基础。

5.4.1 氧化升温进程分析

以中心测点温度为研究对象，绘制出在不同轴压下的氧化升温进程及对应的升温速率图像，如图 5-20 所示，不同轴压下的交叉点温度如表 5-8 所示。从不同轴压下升温进程可以看出煤柱在升至既定温度时需要的时间出现先增加后减少再增加的趋势，在轴压为 4 MPa 时，煤柱升至既定温度所需要的时间较少，说明其在升温过程中氧化总体进程较快。而交叉点温度的变化也能反映煤柱自燃氧化的进程[24]，从升温曲线可以看出在 4 MPa 时，交叉点温度较低，为 86.92 ℃，此时低温氧化进程较快。整体来看随着施加轴压的增大其升温速率呈现先减小在增大的趋势，相比于其他轴压条件，在轴压为 0 MPa 时升温速率较大，在 4 MPa 时存在小幅增长。由于升温速率是通过传热作用和氧化作用两方面因素决定的，随着轴压增加，孔隙紧密性增大，煤与氧气的接触面积减小，减弱了煤与氧气的氧化反应，因此导致其达到最大升温速率值减小。当轴压为 4 MPa 时，压力使煤柱产生裂隙，煤氧结合面积加大，进一步增加吸热量，从而小幅度加快了升温速率进程。在氧化升温初期，由于加压增加了接触面积，使得升温速率较快。轴压 4 MPa 时，与其他轴压相比升温速率最大点出现在较高的温度，说明特定的温度会使煤样氧化速率加快。

表 5-8 不同轴压下的交叉点温度

轴压/MPa	0	2	4	6
交叉点温度/℃	158.01	230.67	86.92	91.76

氧化升温过程伴随着氧气消耗，通常用氧体积分数的变化来衡量煤燃烧氧化的剧烈程度[25]。根据各温度梯度下出口处氧体积分数变化，得出不同轴压强度下型煤的出口处氧体积分数与耗氧速率变化，如图 5-21 所示，耗氧速率的计算公式[26]如下：

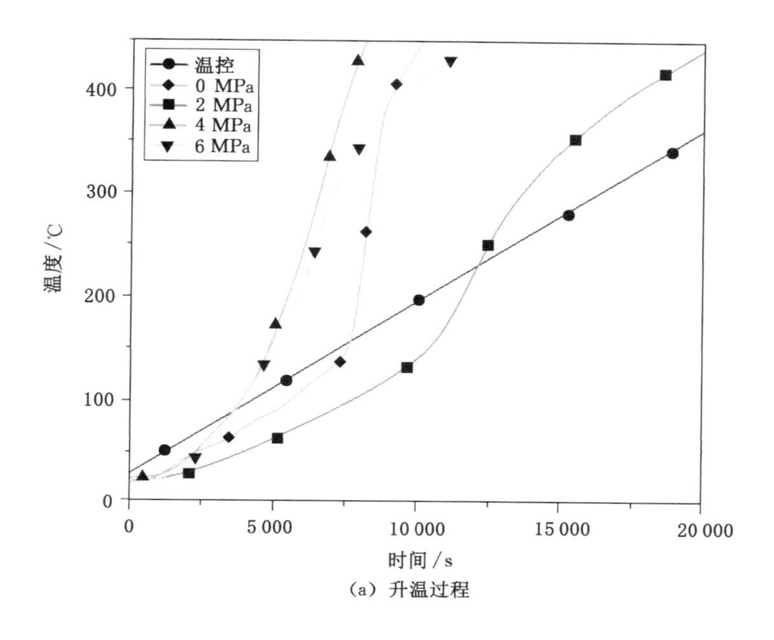

(a) 升温过程

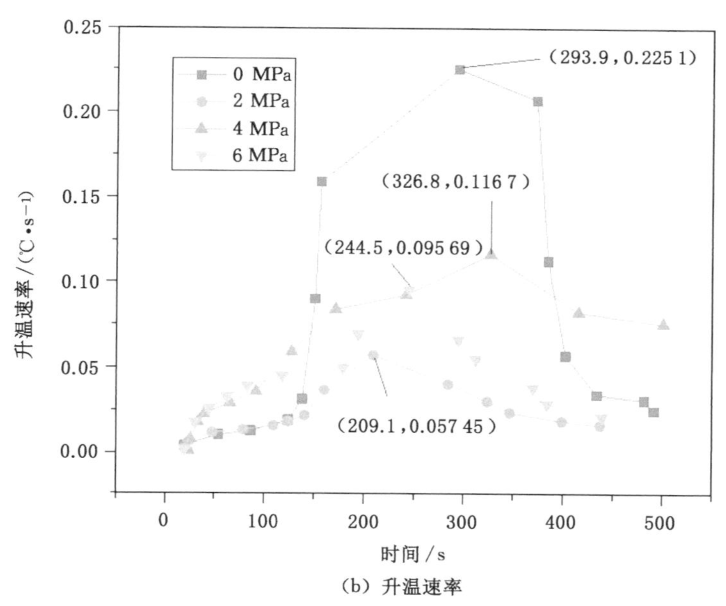

(b) 升温速率

图 5-20　不同轴压条件下煤样的升温变化曲线

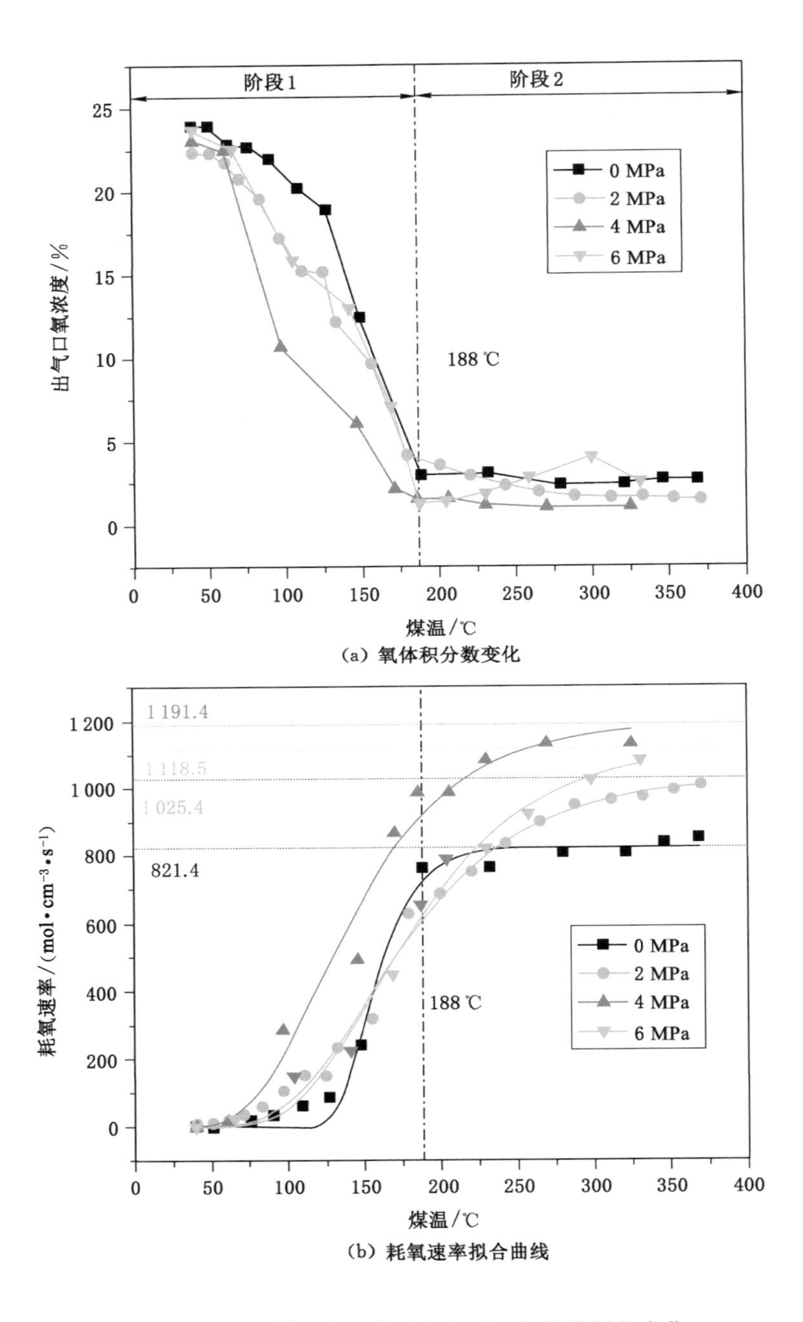

(a) 氧体积分数变化

(b) 耗氧速率拟合曲线

图 5-21　不同轴压的型煤升温过程中氧气消耗的变化

$$V_{O_2}(T)=\ln\frac{20.9\%}{C_{O_2}}\cdot\frac{20.9\%\cdot Q}{SL} \tag{5-5}$$

式中 $V_{O_2}(T)$——耗氧速率，mol/(cm³ · s)；

L—— 煤样在反应釜的高度，cm；

Q——气体流量，120 mL · min⁻¹；

S——反应釜横截面积，cm²；

C_{O_2}——出气口氧浓度值，%。

可将不同轴压下的型煤耗氧量变化分为两个阶段。第1阶段为加速耗氧期，此阶段各煤样随着氧化温度的升高，燃烧吸氧量迅速增加，氧体积分数呈直线型下降；随着氧化进程的不断进行，达到第2阶段的耗氧平稳期(188 ℃以后)，此时的煤氧反应由于受到供氧浓度与自身氧化限制的影响，耗氧量基本达到一个相对稳定状态。通过氧浓度变化曲线可以看出对于不同的轴压变化也存在着相对差异性，在阶段1出口处氧浓度加速下降的过程中，轴压4 MPa的型煤耗氧量增大，氧含量下降的较快。从曲线看出，在平稳期轴压为4 MPa的煤样耗氧速率明显高于其余煤样，这主要是因为在施加轴压的过程中，型煤内部结构发生变化，部分大分子基团破裂，煤氧接触面积增加；其次破裂后的型煤结构较为松散，热量增加较快，加速了氧气的消耗，而随着轴压的升高，本来孔隙结构增加的煤样又变得紧密起来，耗氧量降低。从不同轴压下的耗氧变化可知：轴压为4 MPa下的型煤氧化速度较大，煤氧反应进程较快。

由图5-21(a)可知，轴向压缩改变了型煤的氧体积分数，随着轴压变化耗氧量呈现规律性变化，图5-21(b)所示是计算得出的耗氧速率做出随温度变化的耗氧速率拟合曲线，并发现在不同轴压下均服从指数函数的规律性变化，采用指数函数式 $y=a(1-e^{bx})c$ 对耗氧速率随温度的变化进行拟合，R^2 均在0.97～0.99之间，拟合公式如表5-9所示。

表5-9 型煤升温过程耗氧量变化拟合公式

轴压/MPa	拟合公式	R^2
0	$y=821.4(1-e^{-0.05x})^{2\,760.6}$	0.992
2	$y=1\,028.3(1-e^{-0.017x})^{13.68}$	0.993
4	$y=1\,192(1-e^{-0.02x})^{11.07}$	0.979
6	$y=1\,120.7(1-e^{-0.018x})^{16.07}$	0.988

根据图5-21(b)可以看出各轴压下型煤耗氧速率差异性较为明显，整体上随轴压的增大出现先增大后减小的趋势。轴压为4 MPa的拟合曲线图像在其他轴

压图像上方，说明耗氧速率相对较大。而在施加轴压时拟合趋势图较为相似，无轴压下的趋势图相对来说差异性较大，主要原因是在施加轴压的过程中，型煤与炉壁接触面积增大，受炉壁较好的传热作用，在低温氧化时，耗氧速率增加较早。而0 MPa下的煤柱在125 ℃前后才出现明显增长的趋势，其颅腔中的剩余空间较多，传热效果降低。整体来看，在188 ℃后，耗氧速率增长斜率开始变缓，此时限制氧化反应进程的为氧浓度，但在相对平稳期耗氧速率在4 MPa时依然较大。在500～700 ℃时煤中的固定碳基本燃烧殆尽[27]，将500 ℃带入指数函数式，得出随轴压增加耗氧速率极限值的变化。在轴压为4 MPa时达到的耗氧速率极限值较大，为1 191.4 mol/(cm^3 · s)。耗氧速率的变化反映氧化升温进程的快慢，在轴压4 MPa时改变了内部传热和供氧通道各项指标，氧化燃烧较为剧烈。

当实验煤样与氧气发生复合反应放出的热量大于其散失的热量时，实验煤样就会发生自燃，低温氧化过程中煤与氧气的复合反应决定了实验煤样自燃的难易程度。活化能是反映化学反应进行的快慢程度的指标[28]，在这里可以用实验煤样在低温氧化过程的表观活化能来表示实验煤样的自燃倾向性。根据推导公式[24]可以得到与呈一次函数关系，计算得出实验煤样在不同轴压下的活化能如图5-22所示。根据耗氧量变化将活化能分为两个阶段求出，可以看到活化能随轴压的增加呈现先降低再升高的趋势，在轴压为4 MPa时活化能低于其他轴压煤样。第2阶段活化能由0 MPa的30.07 kJ/mol降低至4 MPa的8.77 kJ/mol。结果表明，施加轴压能改变型煤的活化能，施加轴压在第2阶段对活化能的变化影响较大，由于在活化能较低的时候煤分子具有更强的氧化活性，易与氧气发生反应，此时限制氧化反应往更激烈进行的是供氧浓度，所以当轴压为4 MPa时更容易发生自燃。

5.4.2 微观变化与传热特性分析

升温进程中煤柱的氧化差异多与施加轴压时煤柱内部微孔隙变化有关。有研究表明，煤的孔隙结构对氧的吸附特性起着重要的作用[29]。随着轴压的增加煤柱内部基团分子结构会发生变化，使煤体打开或关闭内部大分子供氧传热通道，进而影响煤的氧化燃烧进程。现进一步讨论施加轴压过程中煤分子孔隙与导热系数的变化来论证其氧化自燃规律。

煤中孔隙结构的变化直接影响煤分子内部活性基团和煤氧结合率的变化，图5-23中平均孔隙度随着轴压的增大呈现波动性变化。在0 MPa时，由于煤样处于无压力状态，对应的图5-24(a)中显现出孔隙结构较为松散，孔隙率相对较大，相对于其余轴压煤样，该煤样氧化升温速率较快，氧化升温过程较为平稳；在施加2 MPa轴压时煤样孔隙结构相对密集，孔隙率相对不施加轴压(0 MPa)时减小幅度较大，此时出现少量破碎无机分子结构，各无机分子间孔隙减小，导致煤氧吸附面积减小，在图5-21中的较小的耗氧速率中可以体现出来，孔隙的减

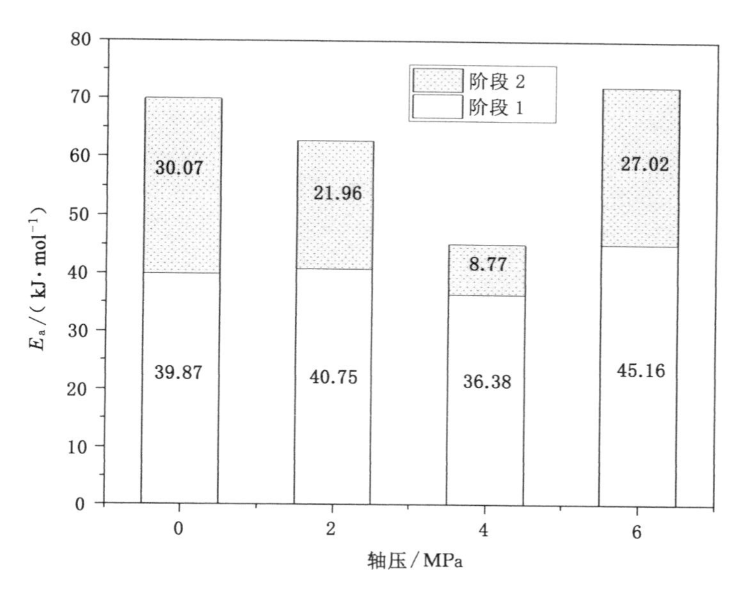

图 5-22 不同轴压下型煤氧化燃烧的活化能变化

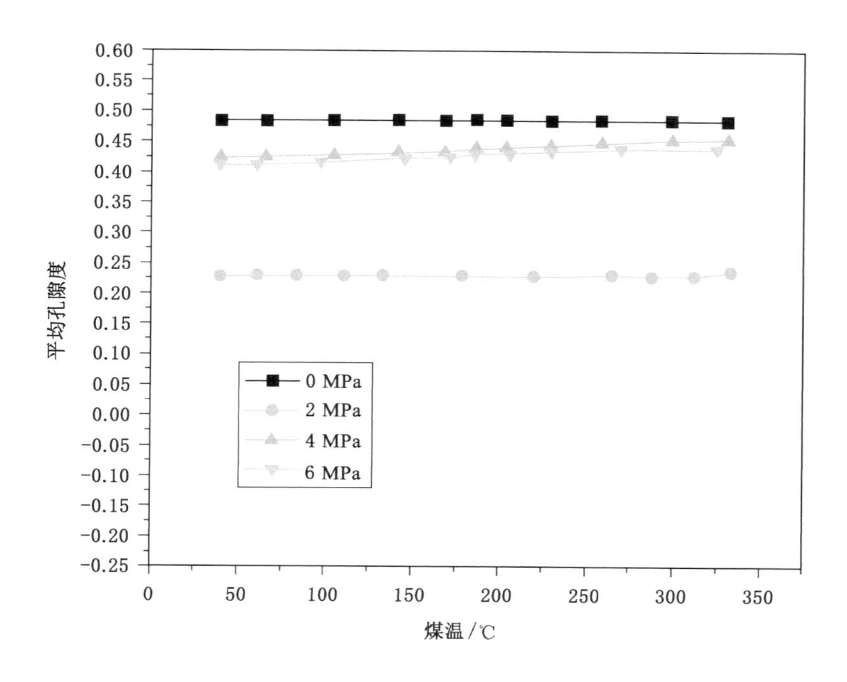

图 5-23 煤平均孔隙度随轴压的变化规律

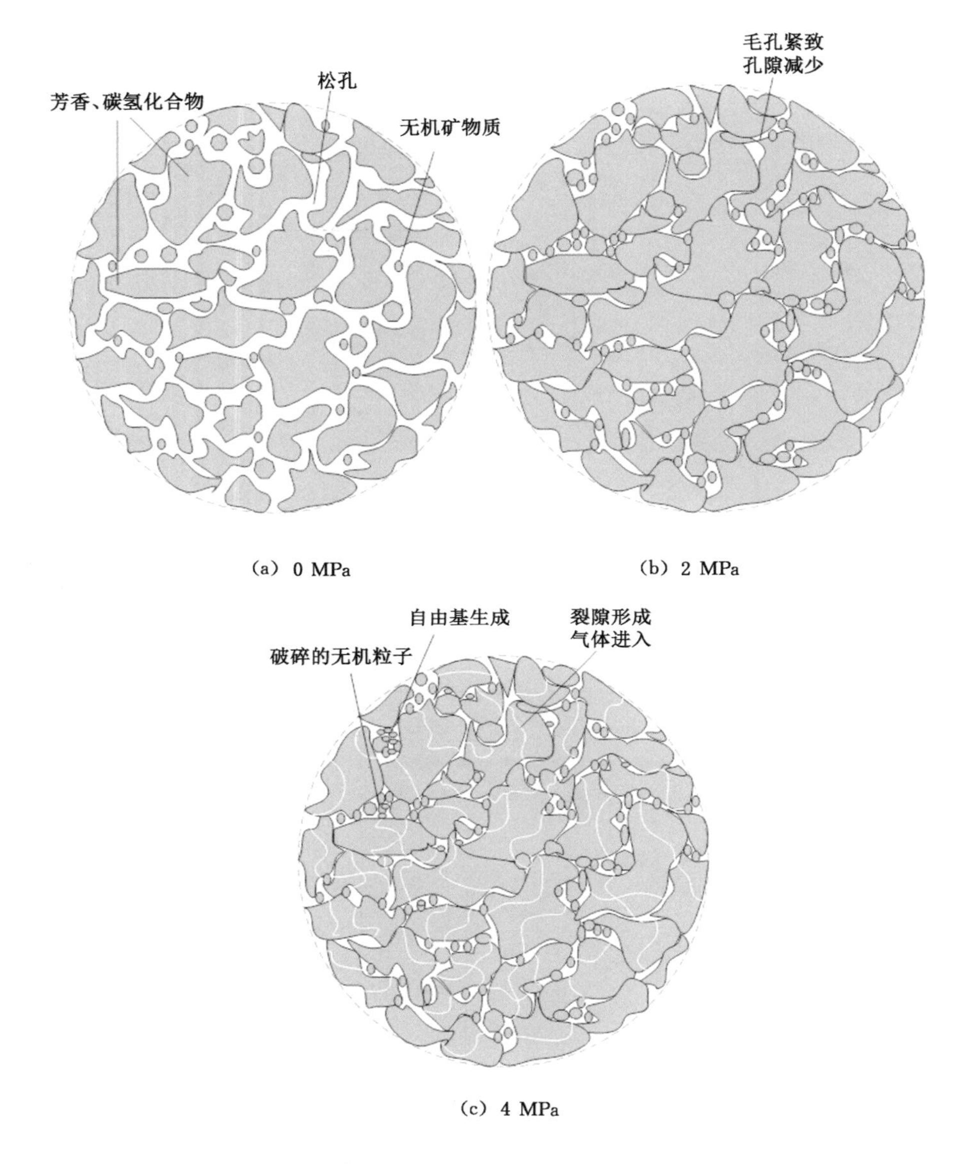

(a) 0 MPa

(b) 2 MPa

(c) 4 MPa

图 5-24 煤孔结构在不同轴压条件下的演化过程

少影响了其氧化进程的速度；在施加轴压为 4 MPa 时孔隙结构进一步密集，由于进一步的加压，大分子出现较多裂隙，煤样内部又多了许多供氧通道，孔隙率增大，煤中的无机矿物分子破碎增加，芳香类基团分子肢解较多，导致其氧化升温进程和耗氧速率加快。而再次继续施加轴压过程中，当施加轴压为 6 MPa

时，煤分子内部结构更加紧密，孔隙率相对 4 MPa 来说会减小，煤氧接触面积较小，进而降低了煤氧复合反应进程。会使本身产生裂隙的大分子结构重新变得紧密起来，孔隙率减小，使煤氧接触面积再一次减小，进而降低煤氧复合反应进程。另一方面，在氧化进程中，大多是煤样内部自由基参与的反应，随着轴向压力的增加（达到 4 MPa），内部产生自由基加快，使得煤氧反应较为强烈。

煤的孔隙结构变化会影响导热性能的变化，为进一步探究型煤在不同条件下的氧化情况，计算出不同轴压下煤样的导热系数，如图 5-25 所示。由于在 70 ℃时达到煤自热的临界温度[26]，运用式(5-6)[30]来计算煤样在自热临界温度前的导热系数，当煤的温度超过煤自热的临界温度时，会发生剧烈氧化反应，通过式(5-7)算出（这里 n 为孔隙率，q 为煤样放热强度）。

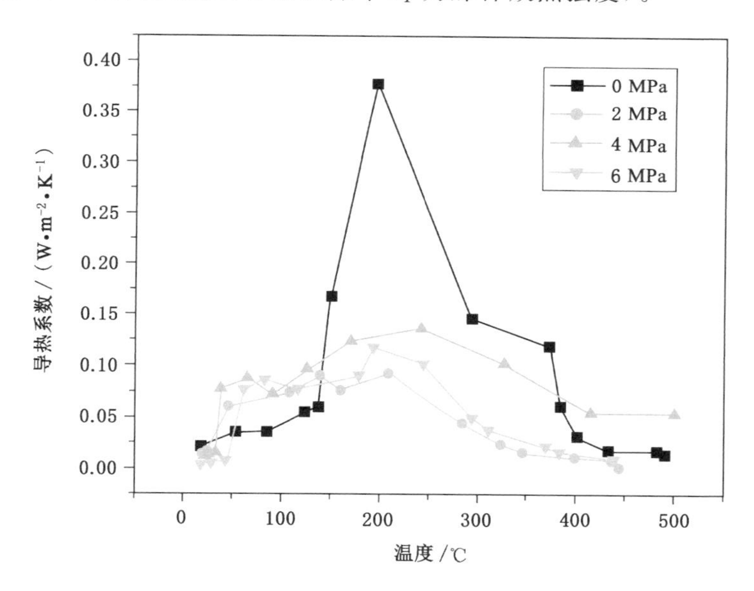

图 5-25　不同轴压条件下的导热系数随升温进程的变化

$$\rho_e C_e \frac{\Delta T}{\Delta t} = \lambda \frac{T_3 - T_1}{\Delta x} \tag{5-6}$$

$$\rho_e C_e \frac{\Delta T}{\Delta t} = \lambda \frac{T_{OV} - T}{\Delta x} + (1-n)q \tag{5-7}$$

式中　ρ_e——实验煤样的真密度，取 1.40 g/cm³；

C_e——实验煤样的热容，1.41 J/(kg·K)；

λ——实验煤样的导热系数，W/(m²·K)；

Δx——测点 T_3 与炉壁之间的距离，m；

T_{OV}——程序升温的控制温度,K;

T——测点 T_3 的温度,K;

n——实验煤样的孔隙率;

q——测点 T_3 在对应温度下的放热强度,J/(m^3·s)。

在氧化反应初期(60 ℃之前),所有轴压条件下的导热系数较低,这是由于在气体的初解析和内部水分的蒸发吸热作用下,热量在煤分子内部传输过程中散失较多,造成实验煤样导热系数较小。在进入剧烈氧化反应阶段后,煤中大分子基团吸氧燃烧较为强烈,导热系数开始急剧增加,这与前文氧化燃烧耗氧量结论较为吻合。总体来看,各煤样导热系数均在 230 ℃前后达到最大值,较其他轴压煤样,在轴压 0 MPa 时导热系数最大,此时的氧化煤样较为松散[图 5-24(a)],孔隙率较大,煤氧接触面积较大。在施加轴压后,4 MPa 时煤样的导热系数较其余处理煤样较高,这主要是因为轴向压缩力导致了煤大分子破裂,产生更多裂隙,裂隙为热量传输进程与供氧通道的打开提供有利条件。

5.4.3 残余煤热重分析

为进一步探究各轴压条件对型煤氧化进程的影响,采用 STA 449C 同步热分析仪对取出不同轴压条件下燃烧后的型煤残余进行测定,对比出 30～400 ℃各轴压条件下的热失重变化量[图 5-26(c)]和最终残余质量百分比[图 5-26(b)],得出 TG 曲线(图 5-26),找出各曲线特殊拐点值,如表 5-10 所示。

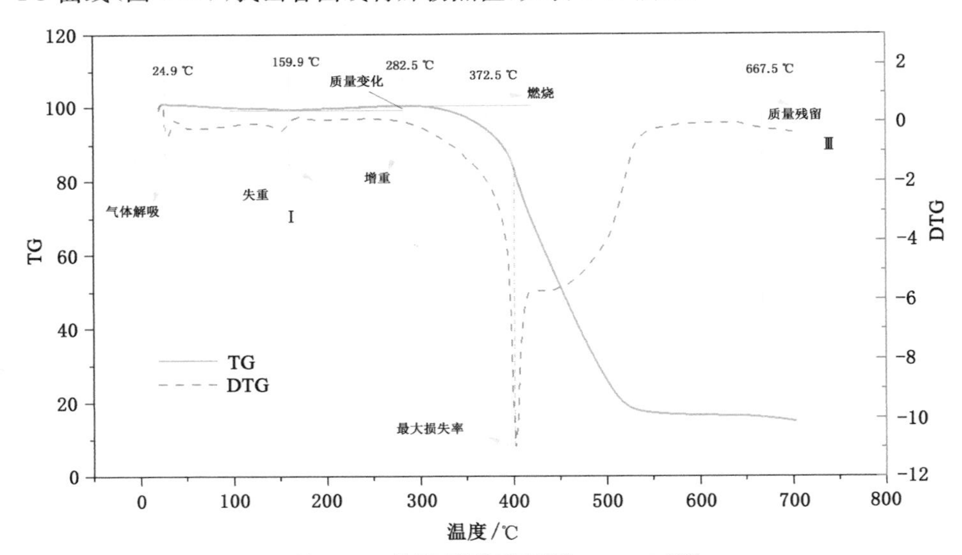

(a) 4 MPa 轴压下燃烧后残煤的 TG-DTG 图像

图 5-26 不同轴压氧化后残余煤样 TG 曲线图

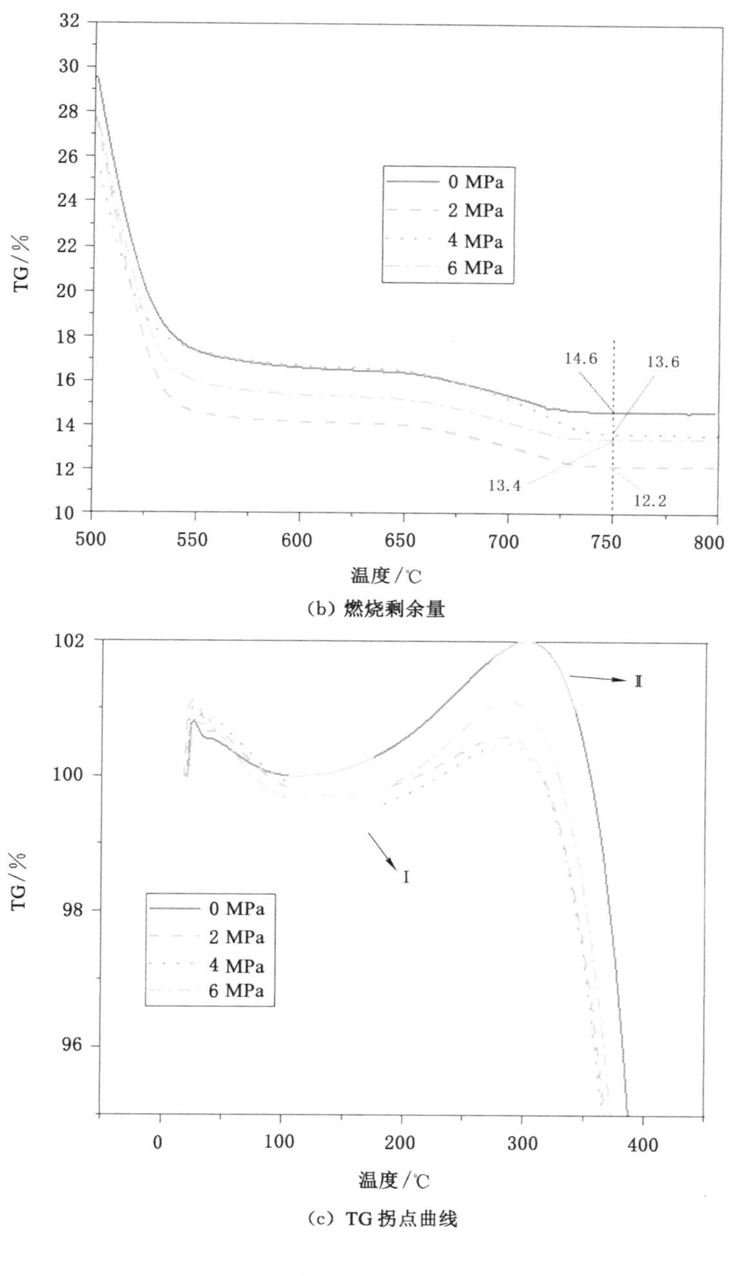

(b) 燃烧剩余量

(c) TG 拐点曲线

图 5-26 (续)

表 5-10　实验煤样曲线拐点值

轴压/MPa	最大失重		最大增重	
	温度/℃	比例/%	温度/℃	比例/%
0	113.4	99.999 52	300.9	102.00
2	140.7	99.700 28	283.2	100.59
4	160.0	99.287 3	282. 5	100.49
6	132.1	99.594 17	287.1	101.11

煤自燃过程是物理化学吸附和化学反应共同作用的结果[31]。在煤的温度达到 30～50 ℃时，物理吸附可以忽略不计，当温度达到 50 ℃后，化学吸附和化学反应将成为促进煤自燃的主导因素[32]。作出热失重图像如图 5-26(a)所示，从图中可以看出在开始氧化到最大失重点属于气体解吸和水分蒸发阶段，之后由于化学吸附作用煤样质量开始增长，达到最大增重量，最后由于逐渐接近燃点直至燃烧煤样质量快速下降。由图 5-26(c)曲线可以看出 4 MPa 残煤的 TG 整体小于其他处理煤样，煤样最大氧化失重量明显小于其余轴压，主要原因是煤样在4 MPa 轴压下初次氧化时激发出较多的有机活性分子，再次升温后活性分子迅速参与煤氧反应，造成质量相对较大降低。而结合表 5-10 实验煤样拐点值可以看出，在轴压为 4 MPa 时的残煤最大质量损失率发生在 160 ℃，而其余轴压条件下的残煤温度较其低，4 MPa 比 0 MPa 时高了 46.6 ℃。说明在施加轴压氧化过程中，4 MPa 时的煤样需要施加较高的温度达到最大质量损失率，重量最低值小于其余处理煤样，这主要是轴压为 4 MPa 时的煤样初次氧化时相对其他轴压来说氧化较为彻底，煤氧反应较为激烈，氧化停止时煤氧反应进程较高。相比于在施加轴压的氧化过程，最大失重温度点的到达较其耗氧速率进入二阶段的温度(188 ℃)较早，二次氧化时最大质量损失温度较低。在吸氧增重过程中，4 MPa 氧化的残煤煤样到达最大增重点对应的温度较低，相对于 0 MPa 降低了 18.4 ℃，质量增长率也相对较低，也进一步说明了在 4 MPa 轴压氧化实验中过快的氧化进程使得煤样可燃无机物减少，再次氧化时化学吸附量减少。在图 5-26(b)中的热重氧化最后阶段(大于 500 ℃)，随着轴压的增加，重量残余率出现减少增加再减少的变化，4 MPa 的热重残余率较大，这主要是因为在轴压氧化过程中煤中的无机物燃烧量相对较多，使得煤中再次可燃有机物减少。间接证明了轴压 4 MPa 时在 ATCP 系统中反应较为剧烈，煤氧复合反应的自燃进程较快。

图 5-27 为 4 种煤的 DSC 实验结果，DSC 曲线可分为两个热阶段[32]。根据吸热和放热过程，定义出 4 个轴压条件下残煤氧化过程的 3 个阶段，找出特征温

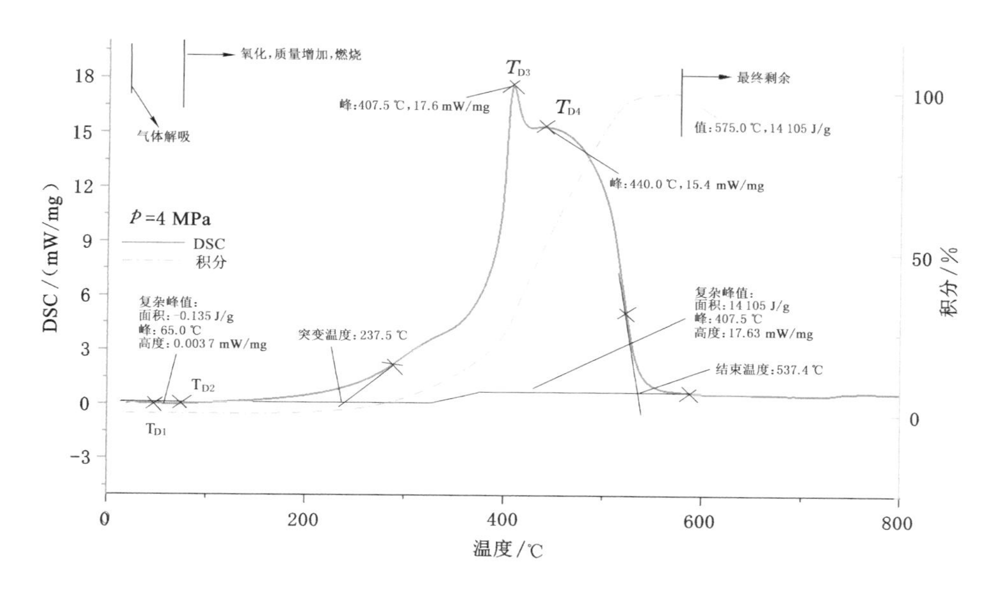

图 5-27　残余煤的 DSC 曲线

度点如表 5-11 所示。第 1 阶段为部分残煤气体解吸过程，主要表现为低温氧化吸热，根据初次氧化施加轴压的强度不同，表现出始末温度的变化。在轴压为 0 MPa 时，由于在 ACTP 系统的氧化阶段，未破坏煤样的结构特性，再次氧化时煤样对温度敏感度较低，没有出现氧化吸热现象。在轴压分别为 2 MPa、4 MPa、6 MPa 时，出现的吸热温度区间先减小后增大，轴压为 4 MPa 时的最小吸热温度跨度仅为 8.7 ℃。第 2 阶段（包含 T_{D3}、T_{D4}）为加速氧化燃烧阶段，这一阶段表现为放热量增加，吸氧量增强，而且均出现两个放热峰。随着轴压增加最大放热温度（T_{D3}）在递减，而对应的最大放热量呈现先减小后增大再减小的趋势，在轴压为 4 MPa 的残煤最大放热量达到最大，为 17.6 mW/mg，再次达到放热速率峰值温度（T_{D4}）相对较低（440 ℃）。总的放热量随着轴压的增加出现先减小后增大的变化。除 0 MPa 以外，在轴压 4 MPa 的残煤总的放热量较大，说明其在氧化过程中积聚有较多的热量需要释放，自燃倾向性较高。另外从表 5-11 中可以看到，煤达到燃尽的温度在 4 MPa 时最低（575 ℃），说明其在施加轴压过程中燃烧得较为完全，再次氧化测量可燃烧剩余较少。整体来看，施加不同轴压升温的过程改变了煤样再次燃烧放热特性，在轴压为 4 MPa 的残煤整体放热量较高，达到最大放热量对应的温度较早，与其余轴压比较，最大放热量较高。造成 DSC 变化的原因可能是在初次轴压氧化过程中，煤样内部大分子团燃烧破裂，轴压氧化过程使分子链上的侧基较为松散，并且处于一个无规则的状态。虽然在降温后差异性稍有消除，但煤的燃烧是一个不可逆的过程，包括煤分子相对质量和支链的破坏程度，再次燃烧释放热的难易程度和量的变化，均反映出在不同轴压下初次氧化燃烧机理的进程性差异。

表 5-11 不同轴压下 DSC 测试的特征温度

条件	T_{D1}/℃	T_{D2}/℃	T_{D3}/℃	T_{D4}/℃	T_{value}/℃	最大放热量/(mW·mg^{-1})	总放热量/(J·g^{-1})
0 MPa	—	—	415.9	453.4	590.9	17.0	15 918
2 MPa	63.2	124.0	413.2	460.7	580.7	15.4	13 722
4 MPa	65.0	73.7	407.5	410.0	575.0	17.6	14 105
6 MPa	59.6	130.7	404.6	457.1	580.7	15.9	13 899

5.5 本章小结

(1) 深部绝氧热环境会促进煤孔隙扩张，孔隙壁坍塌，煤的小孔与大孔的孔容比例增大，总孔容和比表面积增大。煤氧化初始温度升高，CO、CO_2 的产生速率加快，耗氧速率和放热强度增大、交叉点温度降低，煤的氧化活性增强。30 ℃热处理促进了有机缔合酮夺亚甲基活性氢缩合产生有机缔合醇。40 ℃热处理会促进有机缔合醇分解和大分子侧链弱氢键的断裂。50 ℃的热环境会触发烷氧自由基均裂产生醛和醇。随深部矿井温度的升高，煤中的还原性自由基增多，氧气参与的基元反应增多，煤自燃危险性增加。

(2) 不同热环境和不同预氧化温度对预氧化煤的影响很大程度上表现在 T_1 的变化，预氧化煤的质量损失和放热量主体在第 3 阶段，并且随着热环境温度的升高而降低。预氧化煤的燃烧性能也随着热环境温度的升高而降低。随着热处理温度的增大，预氧化煤在预氧化阶段内部活性物质损失越多。热环境温度越高，预氧化温度越低的煤越明显地表现出自燃危险性越大。30 ℃预氧化煤的临界氧化温度为 102 ℃，而 45 ℃和 60 ℃热环境下预氧化煤的临界预氧化温度为 80 ℃。越低的预氧化温度，煤的原始消耗越小。

(3) 通过分析型煤在不同轴压下的氧化进程可知，在 4 MPa 轴压时氧化升温速率较高，交叉点温度较为提前(86.92 ℃)，耗氧速率较快，两个阶段活化能最小(第 2 阶段为 8.77 kJ/mol)。得到了型煤在不同轴压下的孔隙结构与传热特性的变化，在轴压 4 MPa 时，其平均孔隙率开始增大，导热性能增强，氧化燃烧进程加快。经过 4 MPa 轴压下燃烧后残煤达到最大质量损失率与最大质量增长率较低(分别为99.287 3%和100.49%),前者达到温度略有延迟,后者达到温度略有提前;4 MPa轴压下的残煤在燃烧后重量残余率较高(13.6%),施加轴压对煤自燃存在一定的促进性,开采现场应避免在火区存在4 MPa左右的轴压的变化。

参考文献

[1] DONG L J,TONG X J,LI X B,et al.Some developments and new insights of environmental problems and deep mining strategy for cleaner production in mines[J].Journal of cleaner production,2019,210:1562-1578.

[2] 徐保财.我国煤矿深部开采现状及灾害防治分析[J].中国石油和化工标准与质量,2020,40(16):192-193.

[3] 张双全.煤化学[M].4版.徐州:中国矿业大学出版社,2015.

[4] GAO A,SUN Y,HU X M,et al.Substituent positions and types for the inhibitory effects of phenolic inhibitors in coal spontaneous combustion[J].Fuel,2022,309:1-12.

[5] 徐永亮,王兰云,宋志鹏,等.基于交叉点法的煤自燃低温氧化阶段特性和关键参数[J].煤炭学报,2017,42(4):935-941.

[6] 王寅,王海晖.基于交叉点温度法煤自燃倾向性评定指标的物理内涵[J].煤炭学报,2015,40(2):377-382.

[7] 徐精彩,文虎,葛岭梅,等.松散煤体低温氧化放热强度的测定和计算[J].煤炭学报,2000,25(4):387-390.

[8] 鲍庆国.滕南矿区高地温环境中煤自燃特性及防灭火技术[D].徐州:中国矿业大学,2014.

[9] LU W,LI J H,LI J L,et al.Oxidative kinetic characteristics of dried soaked coal and its related spontaneous combustion mechanism[J].Fuel,2021,305:1-13.

[10] ZHANG Y L,WANG J F,XUE S,et al.Kinetic study on changes in methyl and methylene groups during low-temperature oxidation of coal via in-situ FTIR[J].International journal of coal geology,2016,154/155:155-164.

[11] CHEN Y Y,MASTALERZ M,SCHIMMELMANN A.Characterization of chemical functional groups in macerals across different coal ranks via micro-FTIR spectroscopy[J].International journal of coal geology,2012,

104:22-33.
[12] WANG D M,XIN H H,QI X Y,et al.Reaction pathway of coal oxidation at low temperatures: a model of cyclic chain reactions and kinetic characteristics[J].Combustion and flame,2016,163:447-460.
[13] 史达清,路再生,高原,等.无外加催化剂条件下芳香醛与活性亚甲基化合物的缩合反应和迈克尔加成反应[J].有机化学,1998,18(1):82-87.
[14] 王德明.煤氧化动力学理论及应用[M].北京:科学出版社,2012.
[15] QI X Y,WEI C X,LI Q Z,et al.Controlled-release inhibitor for preventing the spontaneous combustion of coal[J].Nat hazards,2016,82:891-901.
[16] XIAO Y,REN S J,DENG J,et al.Comparative analysis of thermokinetic behavior and gaseous products between first and second coal spontaneous combustion[J].Fuel,2018,227:325-333.
[17] YANG F Q,LAI Y,SONG Y Z.Determination of the influence of pyrite on coal spontaneous combustion by thermodynamics analysis[J].Process safety and environmental protection,2019,129:163-167.
[18] ZHANG Y T, LIU Y R, SHI X Q, et al. Risk evaluation of coal spontaneous combustion on the basis of auto-ignition temperature[J]. Fuel,2018,233:68-76.
[19] WANG K,DENG J,ZHANG Y N,et al.Kinetics and mechanisms of coal oxidation mass gain phenomenon by TG-FTIR and in situ IR analysis[J]. Journal of thermal analysis and calorimetry,2018,132:591-598.
[20] DENG J, BAI Z J, XIAO Y, et al. Thermogravimetric analysis of the effects of four ionic liquids on the combustion characteristics and kinetics of weak caking coal[J].Journal of molecular liquids,2019,277:876-885.
[21] LV H F, DENG J, LI D J, et al. Effect of oxidation temperature and oxygen concentration on macro characteristics of pre-oxidised coal spontaneous combustion process[J].Energy,2021,227:12-13.
[22] XU Q, YANG S Q, CAI J W, et al. Risk forecasting for spontaneous combustion of coals at different ranks due to free radicals and functional groups reaction[J]. Process safety and environmental protection, 2018, 118:195-202.
[23] TANG Y B, WANG H E. Experimental investigation on microstructure evolution and spontaneous combustion properties of secondary oxidation of lignite[J]. Process safety and environmental protection, 2019, 124:

143-150.
[24] 徐永亮,王兰云,宋志鹏,等.基于交叉点法的煤自燃低温氧化阶段特性和关键参数[J].煤炭学报,2017,42(4):935-941.
[25] 尹晓丹,王德明,仲晓星.基于耗氧量的煤低温氧化反应活化能研究[J].煤矿安全,2010,41(7):12-15.
[26] WANG K,LIU X R,DENG J,et al.Effects of pre-oxidation temperature on coal secondary spontaneous combustion[J].Journal of thermal analysis and calorimetry,2019,138:1363-1370
[27] 程军,周俊虎,刘建忠,等.电石渣催化煤燃烧特性的影响因素分析[J].燃料化学学报,2004,1:37-42.
[28] JAYARAMAN K,KOK M V,GÖKALP I.Pyrolysis,combustion and gasification studies of different sized coal particles using TGA-MS[J].Applied thermal engineering,2017,125:1446-1455.
[29] 郑启明,刘钦甫,伍泽广,等.山西晋城地区含煤地层中的铵伊利石/蒙脱石间层矿物[J].煤炭学报,2012,37(2):231-236.
[30] 孙越,李增华,高思源,等.瞬态径向热流法测定松散煤体变导热系数[J].中国安全生产科学技术,2012,8(1):42-46.
[31] BEAMIS B B,BARAKAT M A,St GEORGE J D.Spontaneous-combustion propensity of New Zealand coals under adiabatic conditions[J].International journal of coal geology,2001,2/3:217-224.
[32] PONE J D N,HEIN K A A,STRACHER G B,et al.The spontaneous combustion of coal and its by-products in the Witbank and Sasolburg coalfields of South Africa[J].International journal of coal geology,2007,72:124-140.
[33] GAO Y,QIN B T,SHI Q L,et al.Effect of igneous intrusions on low-temperature oxidation characteristics of coal in Daxing Mine,China[J].Combustion science and technology,2021,193:577-593.

6 煤矿火区抑燃高效材料进展

近年来，太阳能、风能、生物质能等新能源得到广泛发展和应用，但化石燃料在未来很长的时间内仍将是主要的应用能源[1-2]。煤炭是仅次于石油的第二大燃料能源（占总能源的 27%），常用于生产钢铁和发电[3]。煤炭自燃和燃烧产生的碳氧化物是破坏气候的重要因素[4]。随着煤炭产量和消耗量逐年增加，煤自燃愈发严峻，使世界碳氧化物总排放量逐年升高，其中，中国、美国、印度、俄罗斯的 CO_2 总排放量位居世界前列。煤自燃是煤炭生产中的主要灾害，阻碍世界经济环境发展数百年[5]。产煤大国存在多个易自燃矿区，例如，中国存在 130 多个中大型易自燃矿区，每年煤自燃引起火灾隐患数千次[6]。研究煤自燃机理和控制煤自燃材料和技术，对煤炭生产安全和世界环境发展具有重要意义。

煤氧化过程复杂，探究煤自燃机理是研制煤自燃防灭火材料的前提。对于煤自燃机理的研究，始于 17 世纪的黄铁矿学说，并于 19 世纪相继诞生了酚基作用、细菌作用和煤氧复合作用理论，由此开始了向煤氧化过程广泛涉及的物质作用的探索。直至 21 世纪，研究学者将研究视线转移到煤的微观基团迁移规律的分析，由此产生了自由基理论[7]、氢作用理论[8]、群作用理论[9]及电化学理论[10]等新机理，主要探索了煤中的原子结构、离子和活性基团对煤自燃的诱导作用。其中，煤氧复合作用和自由基理论为多数学者所接受，即煤中的黄铁矿、细菌、酚基对煤氧化产热均存在一定影响，但煤中自由基与氧的链式作用是煤氧化自热的主要原因[11-12]。

可看出，煤自燃是一个复杂的煤氧反应过程。煤的表面结构和环境因素是影响煤氧化的外部宏观因素。煤中的金属离子、原子结构和基团类型是影响煤氧化的微观因素[13-18]。防治煤自燃需对宏观和微观影响因素进行有效的控制或改善，阻断煤氧反应链。如图 6-1 所示，燃料能源防灭火材料的研究逐年增多，防灭火材料的发展备受世界关注[19]。

煤自燃影响因素繁多，设计独立使用的防灭火材料和技术是煤火防治难以解决的问题。目前使用较为普遍的防治方法有注浆灭火、充填封闭、惰性气体、泡沫凝胶覆盖等[20-23]，主要通过阻隔氧气、降低煤温来抑制煤氧化。这些方法多属于物理阻隔作用，使用时大多显露出防治不彻底、作用时间短的局限。为了

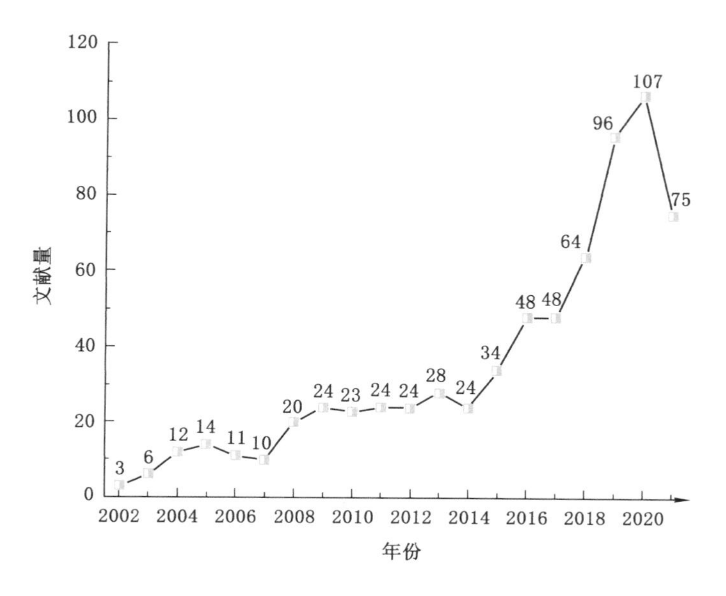

图 6-1 2002—2020 年燃料能源领域防灭火材料文献数量统计

改善煤的自燃特性,众多学者研制了多种化学抑制剂,以惰化煤炭,降低煤的氧化活性,例如离子液体[56-77]、抗氧化缓蚀剂[78-96]、惰化配合物[101-102]等。同时,微生物防治煤自燃的绿色技术研究也逐渐深入[104-112]。综上所述,目前研究的防灭火材料种类繁多,各种材料的作用效果不同[24,116]。本书综述了抑制煤自燃材料的制备方案和防治作用,分析了不同抑制剂的适用条件和复配方案,展望了煤自燃抑制材料的发展动向,可为今后煤自燃防灭火材料的研究和改进提供参考依据,对煤炭防灭火工程具有潜在的指导作用。

6.1 常见的煤自燃抑制材料

6.1.1 胶体材料

抑制煤自燃的胶体材料包括凝胶、泡沫凝胶、缓蚀凝胶、骨料悬浮胶体和无机矿物胶体(图 6-2),这些都属于物理阻隔材料。胶体由交联剂、引发剂及固化骨料配置而成。常用的凝胶基料有丙烯酸(AA)、半乳甘露聚糖、复合磷酸铝等,常用的交联剂有 N,N′-亚甲基双丙烯酰胺(MBA)、有机硼络合物(OBC)、2 丙烯酰胺-2-甲基丙磺酸(AMPS)、聚合氯化铝(PAC)等,常用的引发剂有过硫酸钾(KPS)、过硫酸铵(APS)等[25-29]。

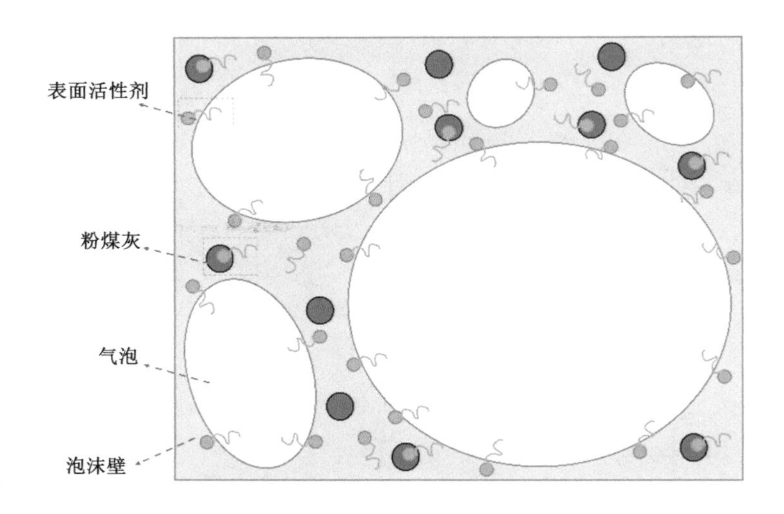

图 6-2　料悬浮凝胶泡沫壁模型

不同类型凝胶对煤自燃的抑制效果不同。凝胶材料对煤自燃抑制作用体现在束缚水蒸发降温和覆盖隔氧。配置凝胶时，交联剂与凝胶基料复合产生接枝共聚物，共聚物在引发剂的作用下产生三维网络结构，使凝胶具有良好的附着性和稳定的保水能力，如 AMPS 和 AA 复合产生的接枝共聚物在 APS 作用下与 MBA 产生三维网络结构的大分子聚合物(图 6-3)。CMC 是易获取的纤维素醚，具有大量的亲水基团。S. L. Li 等使用 CMC 作为凝胶基体，制备了高吸水凝胶，提高了水基凝胶的吸水和保水能力[27]。

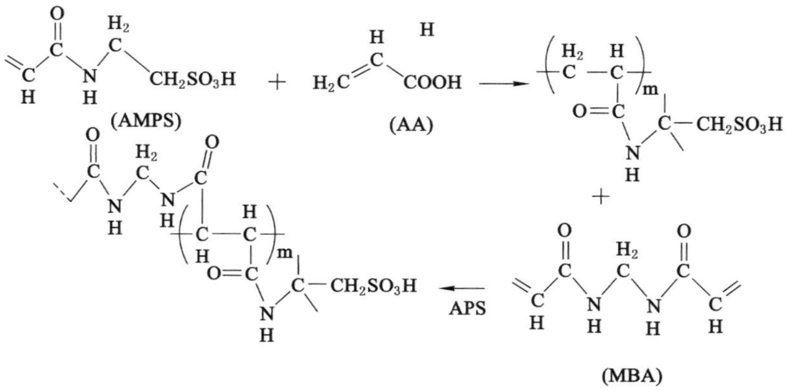

图 6-3　凝胶网络结构产生机理[29]

水凝胶较其他防灭火材料其覆盖和封堵效果好，但流动性相对较差，而泡沫的流动性好，但保水能力较低。众多学者研制了泡沫凝胶，改善了凝胶材料的流动性和保水降温效果。凝胶、表面活性剂和水配置浆液发泡产生的凝胶泡沫具有含水量大、覆盖效果好的特点[26,28,30-32]。向水凝浆液中加入粉煤灰[32]、玉米秸秆[26]、膨润土[25]等悬浮骨料会使部分活性剂亲水侧与骨料粒子结合，疏水侧暴露液相，提高了泡沫的表面黏性和气泡结构的稳定性。凝胶束缚水耗尽后，残余物会在煤表面形成固态隔离层，阻隔煤与氧接触，延长了煤自燃抑制时间[33-34]。继续向骨料悬浮凝胶中加入膨胀石墨，会使固态隔离层二次膨胀，形成更为致密的惰性隔离层，增强了对煤自燃的封堵和抑制作用[35-37]。

向凝胶材料中加入缓蚀剂可增加材料对煤自燃的化学抑制作用。D. Xue等使用褪黑素、低聚花青素配置了缓蚀凝胶，发现缓蚀剂可提供单电子捕获游离羟基、活性烷氧基、过氧基，提高稳定醚键的含量。缓蚀凝胶对煤自燃发生物理抑制的同时消耗煤表面活性基团，抑制自由基的链式氧化，具有良好的抑制作用[25,27]。

不同基料的胶体材料对煤自燃具有不同的抑制特性，但胶体材料大多表现出良好的保水性、热稳定性和封闭作用。胶体的流动性相对泡沫、离子液体等其他抑制材料较低，因此胶体材料对煤间隙和孔隙覆盖效果较好。胶体抑制材料制备成本相对昂贵，成胶控制相对复杂。

6.1.2 泡沫材料

目前，使用惰性气体和注浆来控制煤自燃火灾存在气体易散失、危害井下人员安全、易堵塞输送管路的弊端，使用泡沫材料可有效避免这些问题[38-39]。泡沫类抑制材料包括两相泡沫、三相泡沫、凝胶泡沫、固化泡沫、多态泡沫（图 6-4）[15,40-42]。泡沫抑制材料属于物理阻隔材料[128]，主要通过自由水蒸发吸热和覆盖隔氧抑制煤自燃。

泡沫壁是可拉伸聚结的活性薄膜，气泡膜断裂产生新膜和薄膜的聚结会使薄膜厚度减小，表面张力增大，容易发生破裂失水[27]。泡沫壁的拉伸与聚结决定泡沫的稳定周期。G. Zhao 等向泡沫中加入了分散颗粒凝胶（DPG）和十四烷基羧基磺基甜菜碱（THSB），通过分散在泡沫液相中的 DPG 和 THSB 粒子同电荷斥力提高了泡沫的稳定性和保水效果[43]。L. L. Zhang 等使用活性剂、大分子聚合物和多糖配置了具有三维网络结构的凝胶壁泡沫，减少了气泡的拉伸和聚结，提高了泡沫的稳定性和保水能力。该凝胶泡沫气泡破裂失水蒸干后会形成稳定胶层，阻隔煤氧接触，延长了煤自燃抑制周期[44-47]。

泡沫液的流动性是气泡膜拉伸和聚结的影响因素，将泡沫壁固化，减少泡沫

(a) 多态泡沫的制备与喷洒[54]

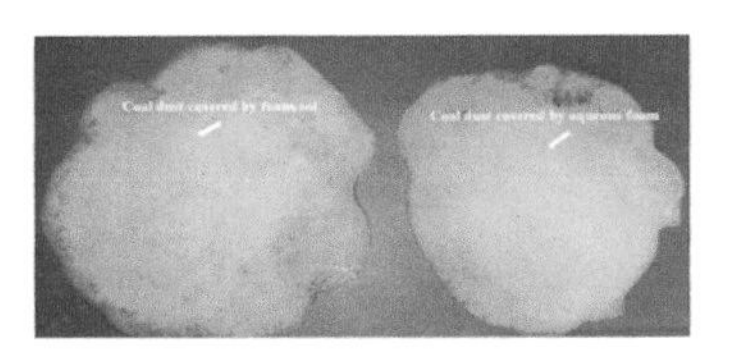

(b) 泡沫溶胶[51]

(c) 无机固化泡沫[44]

图 6-4　泡沫类抑制材料

液流动,可提高泡沫稳定性[48]。Y. Lu 等使用粉煤灰、羧甲基纤维素、硅酸盐水泥(PC)、分散聚合物 PP 等配置了固化泡沫。通过固化颗粒加固泡沫壁,增大了流动阻力,加速泡沫凝固,提高了泡沫的稳定性、保水能力和黏性[49-53]。

泡沫抑制材料降温速度快、封闭效果好,但抑制时间相对有限,对煤中活性基团的抑制作用不明显。因此,向泡沫材料中加入自由基清除剂,增加泡沫抑制材料的化学抑制作用,可提高抑制率,延长对煤自燃的抑制时间。Z. L. Xi 等[54]使用聚乙内酯溶液(PCL)、有机酸、聚乙烯氧化物(PEO)、十二烷基硫酸(SDBS)等配置出多态泡沫,通过有机酸电离的 H^+ 消耗煤中的羟基、过氧基和部分烷氧基,PEO 抑制活性烷基形成,降低煤的氧化活性。

凝胶泡沫和固化泡沫高温失水后会在煤表面形成一层致密络化层,阻断煤与氧气接触,抑制煤的自燃和再燃。多态泡沫可消耗煤中活性自由基,抑制煤自燃的效果较好。泡沫抑制材料的保水率高、覆盖范围大,具有良好的流动性,且制备成本低,工艺简单。提高泡沫的发泡率和热稳定性、延长抑制时间是提高泡沫材料抑制效果的关键。

6.1.3　离子液体

离子液体抑制剂由盲液和离子配置而成,属于化学抑制剂,主要通过化学抑制防治煤自燃。在煤自燃防治中应用最多的是咪唑类离子液体,由咪唑环基和取代支链氢的阴离子组成,具有良好的溶解能力和惰化作用[55-59]。离子液体的阳离子主要有咪唑环基([HoEtMIM]、[BMIm]、[Bmmim]、[EMIM]、[Mmim]、[Pmim])、磷基[$P_{4,4,4,2}$]、吡啶基[EPy]等,阴离子主要有四氟硼酸根

[BF_4]、磺酰亚胺根[NTf_2]、硝酸根[NO_3]、乙酸根[AcO]和卤代离子等[60-65]。

为了探究离子液体对煤自燃的抑制效果，众多学者对不同组分的离子液体开展了研究。离子液体抑制剂的离子种类决定其对煤自燃的抑制作用，例如卤代咪唑基 ILs 对煤的溶解作用较好[60,66-68]。如表 6-1 所示，当离子液体阴离子为[NTf_2]时，[HoEtMIM]环基对煤的润湿效果和表面活性抑制作用优于[BMIm]。这是由于[HoEtMIM]分子大、极性小，对煤中矿物和有机物的溶解能力强，可有效减小煤比表面积和活性基团的含量。[HoEtMIM]侧链羟基可提高煤的水溶性。当咪唑基阳离子相同时，[NTf_2]离子抑制效果优于[BF_4]离子[61-62]。[BMIm]环基咪唑 ILs 可提高煤的活化能，减少活性基团，抑制有机物耗氧产热。当咪唑基阳离子为[BMIm]时，ILs 对 CSC 的抑制率为 7%～20%，[BMIm][BF_4]、[BMIm][NO_3]的抑制效果优于卤代[BMIm]环基 ILs[69,71-72]。J. Deng 等发现[EMIM][BF_4]对独立氢键、缔合氢键和活性脂肪烃基的抑制效果较好[73]。

表 6-1　离子液体对煤自燃的抑制效果

文献	离子液体	处理方案	实验效果
[60]	乙基-3-丁基溴化磷[$P_{4,4,4,2}$]Br、1-羟乙基-3-甲基咪唑甲苯磺酸盐[Hemim]Tos	煤粉：ILs＝5：1→机械均质→25 ℃干燥 48 h→测试	ILs 破坏了氢键，形成稳定醚键结构，减少了缔合羟基，煤的总热量降低；[Hemim] Tos 通过 O——H 供氢消耗过氧自由基，减少—C ═ O 中间产物；[$P_{4,4,4,2}$]Br 可促进缔合 H 转化为游离 H
[61-62]	1-羟乙基-3-甲基咪唑四氟硼酸盐[HoEtMIM][BF_4]、1-羟乙基-3-甲基咪唑双磺酰亚胺[HoEtMIM][NTf_2]、1-丁基-3-甲基咪唑四氟硼酸盐[BMIm][BF_4]、1-丁基-3-甲基咪唑双磺酰亚胺[BMIm][NTf_2]	99%纯度离子液体 ILs→＋水→5%溶液→处理煤 48 h→洗涤	ILs 可提高煤的湿润性和表面粗糙度，使煤中亲水性含氧官能团增多，脂肪烃减少，煤的热释放能力降低，活化能增大；[HoEtMIm][NTf_2]和[BMIm][NTf_2]的润湿效果最好
[64]	1-丁基-3-甲基咪唑乙酸酯[BMIM][AcO]、[BMIm][NTf2]、[EMIM][NTf_2]、n-乙基四氟硼酸吡啶[EPy][BF_4]、1-己基-3-甲基咪唑双磺酰亚胺[HMIM][NTf_2]	煤：ILs＝1：2→搅拌溶解→密封 48 h→离心分离清洗→回收盲液→27 ℃干燥→测试	ILs 破坏羟基、脂肪烃基和含氧官能团，减少活性自由基含量，提高了活化能和毛孔数量；[BMIm][NTf_2]和[EMIM][NTf2]对羟基的破坏作用较强，[BMIm][NTf_2]和[HMIM][NTf_2]对含氧官能团消耗最多

表 6-1(续)

文献	离子液体	处理方案	实验效果
[65]	[BMIm][NO_3]、1-丁基-2,3-二甲基咪唑硝酸酯[Bmmim][NO_3]、[Mmim][NO_3]	—	[BMIm][NO_3]、[Bmmim][NO_3]具有爆炸危害,[Mmim][NO_3]在<100 ℃低温环境中能引发热失控效应
[66]	[BMIm][NO_3]、[BMIm][I]	煤:ILs:水=5:0.4:5→搅拌 8 h→分别放置 2 d、90 d、180 d→干燥 48 h→测试	[NO_3]$^-$对处理 2 d 的煤的抑制效果最好,[I]$^-$对处理 180 d 的煤的抑制效果最好;不同阴离子对 CSC 的抑制效果不同,处理时间对抑制效果有显著影响
[71]	1,3-二甲基咪唑碘化铵[Mmim][I]、1-乙基-3-甲基咪唑碘化铵[EMIM][I]、1-丙基-3-甲基咪唑碘化铵[Pmim][I]	离子液体:煤=1:2→混合物→超声振动 3 h→洗涤至 pH 值为 7→回收盲液→室温干燥 60 h→测试	ILs 可破坏氢键和 O—H 键,氧化醛基为羧基,溶解矿物质,破坏煤结构,提高热稳定性;[Mmim][I]对—OH 的还原性最强,[EMIM][I]对醛基的氧化性最强
[70,72-74]	[BMIm][BF4]、1-丁基-3-甲基咪唑硝酸盐[BMIm][NO_3]、1-丁基-3-甲基咪唑碘盐[BMIm][I]、1-乙基-3-甲基咪唑四氟硼酸盐[EMIM][BF_4]	煤:ILs=2:1 混合→搅拌 30 min→密封 24 h→40 ℃干燥 48 h→测试	ILs 可降低煤的耗氧速率和 CO 产生速率,降低煤的特征温度和活性官能团含量,增大活化能,促进缔合氢键的转化和甲基、亚甲基的丢失;[BMIm][BF_4]、[BMIm][NO_3]的抑制效果最佳

不同类型的 ILS 的稳定性和抑制位点不同。卤代咪唑基 ILs 可破坏煤中的氢键和氧氢键,氧化醛基(图 6-5),破坏煤孔结构,[Mmim][I]对煤中羟基的还原性较强,[EMIM][I]对自由基转化为羧基的促进效果最好[70,74-75]。L. Y. Ma 等对比了磷基[$P_{4,4,4,2}$]Br 和咪唑甲苯磺酸盐[Hemim]Tos 对 CSC 的抑制作用,发现[Hemim]Tos 的抑制作用是通过供 H^+ 消除过氧基和碳氧元素未成键电子,抑制醛基产生,[$P_{4,4,4,2}$]Br 主要通过促进大分子侧链缔合氢转化,提升醚键结构抑制煤自燃(图 6-6)[60]。Z. J. Bai 等研究了不同咪唑基 ILs 和吡啶基[EPy][BF_4]ILs 对煤自燃的抑制作用,得出[BMIm][NTf_2]、[EMIm][NTf_2]对侧链羟基的破坏作用优于其他材料,[BMIm][NTf_2]、[HMIm][NTf_2]对含

氧官能团的抑制作用较好[64]。

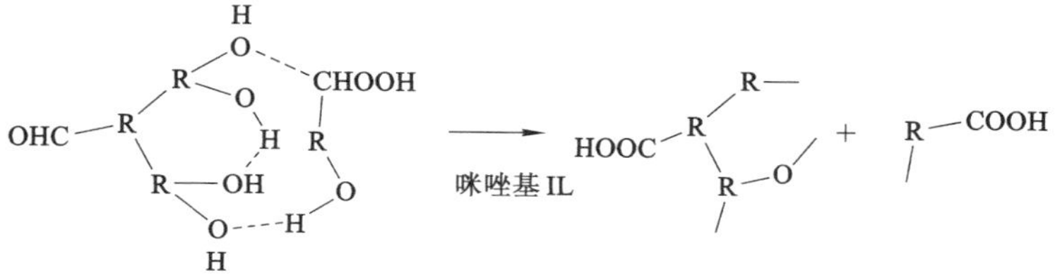

图 6-5 ILS 咪唑基对煤的化学抑制效果[72]

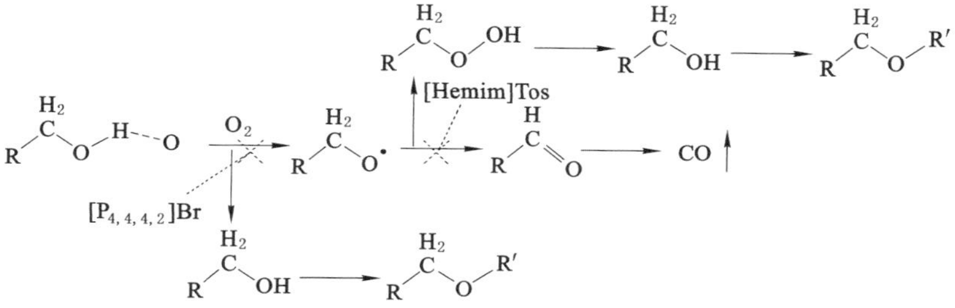

图 6-6 $[P_{4,4,4,2}]$Br 和[Hemim]Tos 对 CSC 的抑制原理[61]

S. H. Liu 等研究了离子液体的热稳定性和安全性，发现咪唑硝酸酯类离子液体在热环境中具有爆炸隐患，在<100 ℃的环境中会引发热失控[65]。离子液体对 CSC 的处理时间影响着其抑制效果，例如硝酸根 ILs 适于短时间抑制 CSC。卤代酸根 ILs 的最佳处理时间为 180 d，长时间处理后，促进了煤中有机物的解聚(图 6-7)，提高了煤的稳定性。

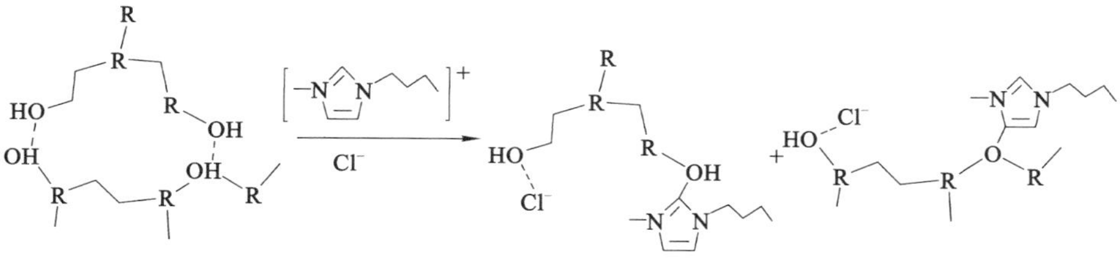

图 6-7 氯代咪唑基离子液体对煤分子的解聚原理[66]

综上所述，离子液体具有良好的溶解性、流动性和惰化性。不同组分的离子液体的作用效果和最佳处理时间不同。咪唑环基是常用的阳离子基，对煤中羟基、含氧官能团等活性基团具有消耗和抑制作用。提高离子液体的耐热性、安全性，对离子液体的应用具有重要意义。

6.1.4 抗氧化材料

活性基团是触发煤低温氧化自热的关键要素[76-77]。抗氧化材料主要通过抑制煤中基团产生、消耗活性官能团、降低煤的氧化活性来抑制煤自燃，属于化学抑制剂[78-82]。常用于抑制煤自燃的抗氧化材料有无机抗氧化剂和有机抗氧化剂。有机抗氧化剂有聚乙二醇(PEG)200、维生素C、柠檬酸、苹果酸、儿茶素等。无机抗氧化剂有尿素、氯盐、硫酸盐、醋酸盐、甲酸盐等。

不同类型的抗氧化材料对煤中的活性位点作用不同。在对有机抗氧化材料的研究中，Y. S. Li 等[24,83]发现聚乙二醇(PEG)200 可提供 H^+ 惰化煤中的烷氧基和过氧自由基，消耗羟基，转化弱酸性脂肪烃基为醚键结构。L-抗坏血酸(VC)、儿茶素和茶多酚(TP)具有与聚乙二醇类似的抑制机理，且 VC 和 TP 的协同抑制作用优于两种抑制材料的单独作用效果。

附着在大分子侧链上的金属离子($Fe^{2+/3+}$、Co^{2+}、Ni^{2+}等)会促进活性自由基的产生[86-89]。DL-苹果酸与柠檬酸主要通过螯合金属元素(M)产生稳定配合物，抑制金属元素激活侧链基团，减少煤中活性基团含量。同时，柠檬酸可提高煤的光滑度，减小孔径，降低煤的储氧能力[84,88-92]。

无机抗氧化剂对煤的宏观氧化特性的改良效果较好。不同组分的无机抗氧化剂的作用位点类似，但抑制效果不同。B. Taraba 等[93]测试了尿素、氯化物、硫酸盐、硝酸盐、磷酸盐等 14 种无机抗氧化剂对煤自燃的抑制率，发现尿素对煤自燃的抑制率较高，10%浓度的尿酸溶液对煤低温氧化过程的抑制率达 70%。无机抗氧化剂在不同环境下的抑制作用不同。V. Slovák 等[94]指出 $CaCl_2$ 在 300 ℃以下的环境中可提高煤的活化能，抑制煤的氧化活性。尿素在 200 ℃以下的环境中可有效降低煤的氧化活性，但温度超过 200 ℃后，会催化煤氧化。

抗氧化材料对煤自燃具有良好的化学抑制作用，主要通过中和自由基、螯合金属离子、减少氧气吸附来抑制煤氧化[92,95]。抗氧化剂具有稳定、高效和作用煤种广泛的优点[96]，对煤自燃的低温氧化过程抑制效果良好[88,94]。提高抗氧化剂的热稳定性，配合物理抑制作用对抗氧化抑制剂的应用尤为重要。

5. 其他材料

其他材料主要有高分子材料、气溶胶、聚合物等。高分子材料和聚合物的抑制机理相似，主要通过附着在煤表面阻隔氧气来抑制煤的氧化自燃进程。肖辉等[97-98]发现高聚物和高分子抑制材料对提高煤湿润性的作用显著，黏结封闭效果好。金属聚合物配合了物理抑制作用和化学抑制作用，具有良好的吸热密封效果，可抑制大分子烷烃侧链和含氧基团的氧化[99-100]。然而，聚合物的耐热性较差，不宜应用于抑制高温煤氧化进程[101]。气溶胶主要通过将溶胶颗粒分散于凝胶壁中，形成惰性凝胶层，覆盖煤体阻隔氧气。气溶胶的分散粒子可消耗煤中的自由基，抑制烷烃链断裂，降低煤的氧化活性[102]。

6.2　煤自燃防治技术展望

6.2.1　微生物防治 CSC 的应用展望

近年来，微生物在煤自燃防治中的应用逐渐深入。石开仪等[101,103-104]研究了微生物在煤自燃防治中的应用，发现微生物可以降解煤中的硫化物和有机大分子，消耗煤中的自由基、含氧基团和烷烃基(图 6-8)。微生物的代谢繁殖耗氧，消耗了煤氧化链的主要因素，可减缓煤的氧化与自燃进程[102-107]。

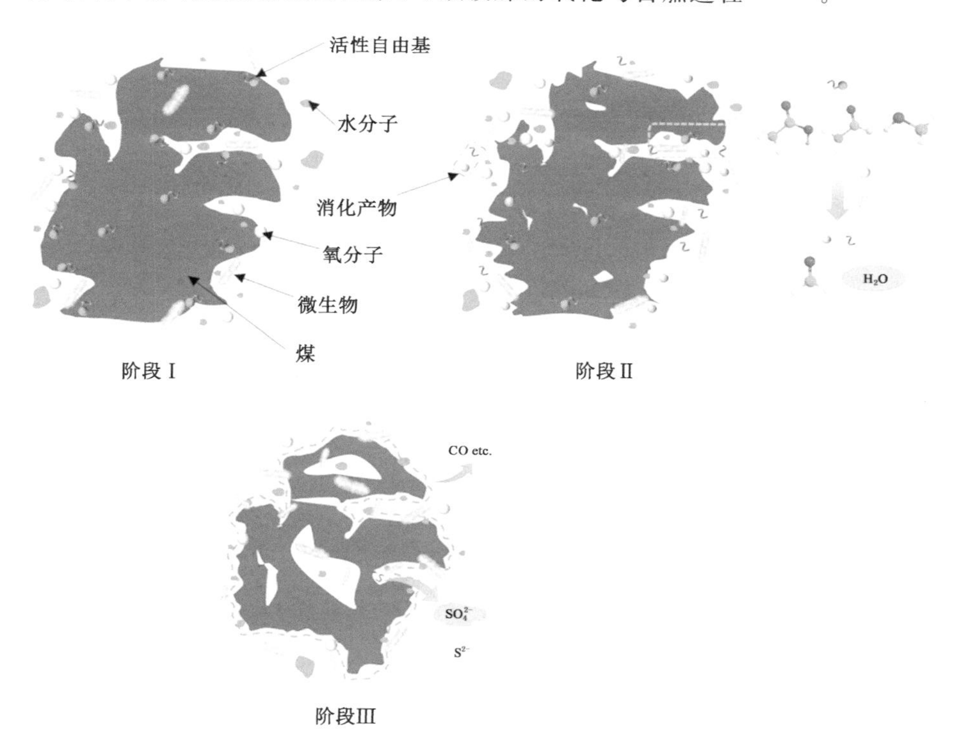

图 6-8　微生物抑制 CSC 机理

煤自燃防治微生物主要有真菌、细菌和放线菌。三类微生物对煤中的羟基、脂肪烃和活性含氧基团具有不同的作用效果，如细菌降解大分子、消耗羟基与硝基作用明显，放线菌对脂肪烃基的抑制效果较好[108-111]。不同微生物的培养条件存在差异,例如,细菌中的枯草芽孢杆菌和假单胞菌的培养 pH 值为 7.4～8.0,培养温度为 28～30 ℃。真菌中的木霉菌属和白腐真菌的培养 pH 值和温度分别为 6.0～6.2 和 24～28 ℃[112-113]。

驯培异类微生物共存,提高微生物的环境适应性和代谢繁殖能力对微生物在煤自燃防治中的应用具有重要作用。

6.2.2 其他领域的防灭火材料对 CSC 防治的应用展望

近年来,防灭火材料逐渐向植物提取物、水解蛋白、生物质等绿色、可再生材料发展。如由花生壳提取的纤维素约束纤维(CNF)制备的复合材料,具有结构稳定、高吸水的特点。动植物源水解蛋白质作为两性表面活性剂,可提高灭火材料的湿润性,降低水的表面张力。壳聚糖(CS)与海藻酸钠合成的生物质复合材料,具有失水率低、抗压效果好的特点[114-117]。

锂电池灭火剂和建筑消防等领域的优质防灭火材料会逐步在煤自燃防治中得到试验和应用。例如由脂肪烷基醚、醇和脂肪酸制备的 F-500 活性剂,可降低水的表面张力,减小活性基团能量,在电池防灭火应用中表现出了良好的抑制效果。如图 6-9 所示,F-500 亲水基会吸附水分子,形成的热反应抑制分子可包围高能碳氢化合物,进行惰化降能。该抑制机理亦适用于煤火防治领域。常用于灭火剂的聚氧乙烯蓖麻油酯和氟碳表面活性剂(FC-4)具有与 F-500 类似的作用功能[118-119]。

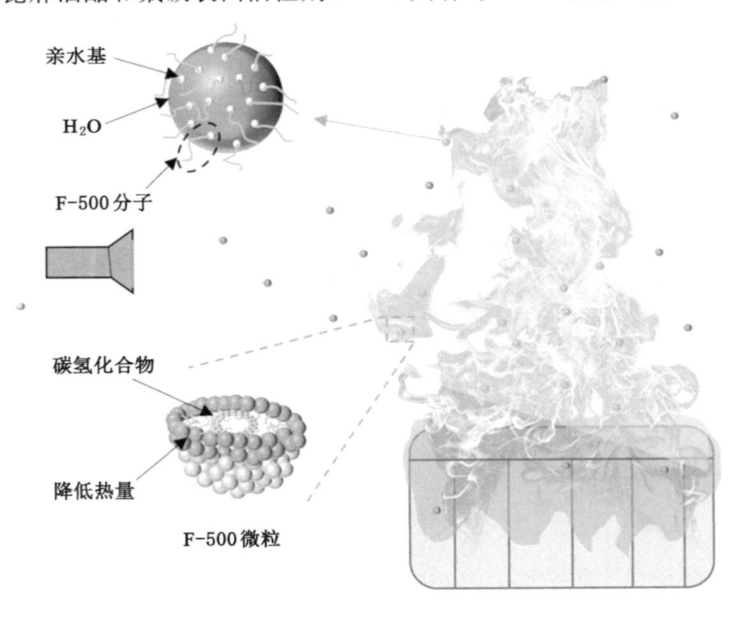

图 6-9　F-500 抑制剂的灭火机理[133]

芳醚酮 FRM 材料和有机硅树脂(SiR)聚合物常用于纺织和棉花等易燃材料的火灾防控。芳醚酮 FRM 形成的芳构凝聚相和有机硅树脂(SiR)形成的多孔自熄硅层具有良好的物理阻隔作用和热稳定性[120-121]。用于燃料火灾防治中的磷酸三烯酯(TCP)和天然阻燃剂 NFR(自南瓜和大豆提取)具有良好的自由基清除和碳屏障作用[122]。

综上所述,不同防灭火领域的抑制材料的防治作用相近,但作用位点和效果不同。将不同领域的优质防灭火材料进行复配和试验,制备防治效率高、作用时间长、绿色可循环的防灭火材料,是煤火防治材料的发展需求。

6.2.3 总结与展望

煤氧化自燃过程复杂,目前用于煤自燃防灭火材料众多,不同类型材料的作用位点不同,设计独立使用的煤火防治材料和技术困难。本章对煤自燃常用物理阻隔材料、化学抑制剂、复合材料(复合凝胶、缓蚀泡沫、凝胶泡沫和复合缓蚀剂等)及其他领域的防灭火材料的研究进展进行了综述,总结了不同材料的配置方案和作用效果,分析了煤自燃防灭火材料的发展动向,对防灭火材料的发展和应用具有潜在的参考价值。

物理阻隔材料主要为胶体和泡沫,具有良好的吸水和保水能力,阻隔煤氧接触和控制温度效果较好。镁盐、氯盐和活性剂等可改善物理阻隔材料的亲水性和黏性。花青素、柠檬酸、苹果酸等天然化学抑制剂复配物理阻隔材料,可增加其化学抑制作用。粉煤灰、砂粒、膨润土等耐热性高的固体颗粒附着物理阻隔材料壁架可改善其力学性能。

化学抑制剂主要有离子液体和抗氧化剂,对煤中的羟基、活性含氧基团和脂肪烃具有清除、惰化作用。部分化学抑制剂可溶解、螯合煤中的矿物和硫化物,破坏煤的孔隙结构,减缓煤的链式氧化。化学抑制剂接聚凝胶、泡沫等物理基料,可提高抑制剂的耐热性,增加物理阻隔作用。

微生物对煤自燃的防治主要通过代谢和繁殖过程中消耗活性基团与氧气、降解有机大分子实现。不同微生物的抑制作用位点和适存条件不同。驯培异类微生物共存,提高生存率和繁殖率,可改善微生物对煤自燃的防治效果,促进微生物在煤自燃防治中的应用。

近年来,植物提取物、水解蛋白、生物质等绿色循环材料成为防灭火材料领域的发展趋向。同时,锂电池灭火剂、建筑消防、棉织物防灭火涂层等领域的优质抑制材料和制备方案对防治煤自燃材料发展具有潜在的应用价值。探索新型化学抑制剂、简化材料的制备和应用流程、提高热稳定性、延长作用时间、提高环保安全性是防灭火材料发展关注的主要问题。

参考文献

[1] DUDLEY B. BP statistical review of world energy 2016[R].[s. L.: s. n.],2016.

[2] MUSA S D, TANG Z H, IBRAHIM A O, et al. China's energy status: a critical look at fossils and renewable options [J]. Renewable and sustainable energy reviews, 2018, 81: 2281-2290.

[3] DI GIANFRANCESCO A. Worldwide overview and trend for clean and efficient use of coal[J]. Materials for ultra-supercritical and advanced ultrasupercritical power plants, 2017: 643-687.

[4] QIN Y R. Does environmental policy stringency reduce CO_2 emissions? Evidence from high-polluted economies[J]. Journal of cleaner production, 2022, 341: 1-8.

[5] MELODY S M, JOHNSTON F H. Coal mine fires and human health: what do we know? [J]. International journal of coal geology, 2015, 152: 1-14.

[6] 李光.采空区瓦斯抽采条件下煤自然发火规律及关键防控技术研究[D].青岛:山东科技大学, 2019.

[7] WU M Y, HU X M, ZHANG Q, et al. Growth environment optimization for inducing bacterial mineralization and its application in concrete healing [J]. Construction and building materials, 2019, 209: 631-643.

[8] WANG H, DLUGOGORSKI B Z, KENNEDY E M. Theoretical analysis of reaction regimes in low-temperature oxidation of coal[J]. Fuel, 1999, 78(9): 1073-1081.

[9] 邓军,徐精彩,陈晓坤.煤自燃机理及预测理论研究进展[J].辽宁工程技术大学学报(自然科学版),2003,22(4):455-459.

[10] 崔传波.温敏胞衣阻化剂抑制煤自燃机理研究[D].徐州:中国矿业大学,2019.

[11] LOPEZ D, SANADA Y, MONDRAGON F. Effect of low-temperature oxidation of coal on hydrogen-transfer capability[J]. Fuel, 1998, 77(14): 1623-1628.

[12] LI Z H, KONG B, WEI A Z, et al. Free radical reaction characteristics of coal low-temperature oxidation and its inhibition method [J]. Environmental science and pollution research, 2016, 23(23): 23593-23605.

[13] WANG C P, YANG Y, TSAI Y T, et al. Spontaneous combustion in six types of coal by using the simultaneous thermal analysis-Fourier transform infrared spectroscopy technique[J]. Journal of thermal analysis and calorimetry, 2016, 126: 1591-1602.

[14] CHOUDHURY D, SARKAR A, RAM L C. An autopsy of spontaneous combustion of lignite[J]. International journal of coal preparation and utilization, 2016, 36: 109-123.

[15] MA D, QIN B T, SONG S, et al. An experimental study on the effects of air humidity on the spontaneous combustion characteristics of coal[J]. Combustion science and technology, 2017, 189: 2209-2219.

[16] TARABA B, PAVELEK Z. Investigation of the spontaneous combustion susceptibility of coal using the pulse flow calorimetric method: 25 years of experience[J]. Fuel, 2014, 125: 101-105.

[17] XU T, WANG D M, HE Q L. The study of the critical moisture content at which coal has the most high tendency to spontaneous combustion[J]. International journal of coal preparation and utilization, 2013, 33: 117-127.

[18] REN S J, WANG C P, XIAO Y, et al. Thermal properties of coal during low temperature oxidation using a grey correlation method[J]. Fuel, 2020, 260: 1-9.

[19] 窦凯. N_2-CO_2 多相混合物制备及灭火特性研究[D]. 西安：西安科技大学，2021.

[20] 文虎，徐精彩，邓军，等. 煤层自燃多功能灌浆注胶防灭火系统及其应用[J]. 煤炭工程，2004，5：4-6.

[21] YANG Y L, LI Z H, TANG Y B, et al. Fine coal covering for preventing spontaneous combustion of coal pile[J]. Natural hazards, 2014, 74: 603-622.

[22] 王刚. 新型高分子凝胶防灭火材料在煤矿火灾防治中的应用[J]. 煤矿安全，2014，45(2)：228-229.

[23] 杨广文，艾兴，姜进军，等. 大流量惰气与惰泡灭火工艺[J]. 煤矿安全，2011，42(7)：52-53.

[24] LI Y S, HU X M, CHENG W M, et al. A novel high-toughness, organic/inorganic double-network fire-retardant gel for coal-seam with high ground temperature[J]. Fuel, 2020, 263: 1-10.

[25] XUE D, HU X M, DONG H, et al. Examination of characteristics of anti-

oxidation compound inhibitor for preventing the spontaneous combustion of coal[J].Fuel,2022,310:1-12.

[26] GUO Q,REN W X,ZHU J T,et al.Study on the composition and structure of foamed gel for fire prevention and extinguishing in coal mines[J].Process safety and environmental protection,2019,128:176-183.

[27] LI S L,ZHOU G,WANG Y Y,et al.Synthesis and characteristics of fire extinguishing gel with high water absorption for coal mines[J].Process safety and environmental protection,2019,125:207-218.

[28] XU Y L, WANG D M, WANG L Y, et al. Experimental research on inhibition performances of the sand-suspended colloid for coal spontaneous combustion[J].Safety science,2012,50:822-827.

[29] XU Y L, WANG L Y, CHU T X, et al. Suspension mechanism and application of sand-suspended slurry for coalmine fire prevention[J]. International journal of mining science and technology, 2014, 24(5): 649-656.

[30] WU M Y,LIANG Y T,ZHAO Y Y,et al.Preparation of new gel foam and evaluation of its fire extinguishing performance[J]. Colloids and surfaces A:physicochemical and engineering aspects,2021,629:1-11.

[31] XI X,SHI Q L.Study of the preparation and extinguishment characteristic of the novel high-water-retaining foam for controlling spontaneous combustion of coal[J].Fuel,2021,288:1-8.

[32] XUE D,HU X M,CHENG W M,et al.Development of a novel composite inhibitor modified with proanthocyanidins and mixed with ammonium polyphosphate[J].Energy,2020,213:1-10.

[33] 邓军,王楠,文虎,等.胶体防灭火材料阻化性能试验研究[J].煤炭科学技术,2011,39(7):49-52.

[34] 梁洪军.防治煤自燃的粉煤灰凝胶泡沫实验研究[D].徐州:中国矿业大学,2019.

[35] CHENG W M,HU X M,XIE J,et al.An intelligent gel designed to control the spontaneous combustion of coal: fire prevention and extinguishing properties[J].Fuel,2017,210:826-835.

[36] WANG L,LIU Z Y,YANG H Y,et al.A novel biomass thermoresponsive konjac glucomannan composite gel developed to control the coal spontaneous combustion:fire prevention and extinguishing properties[J].

Fuel, 2021,306:1-12.

[37] CHENG J W, WU Y H, DONG Z W, et al. A novel composite inorganic retarding gel for preventing coal spontaneous combustion[J]. Case studies in thermal engineering, 2021, 28:1-12.

[38] TANG Y B, WANG H E. Experimental investigation on microstructure evolution and spontaneous combustion properties of secondary oxidation of lignite [J]. Process safety and environmental protection, 2019, 124: 143-150.

[39] ZHANG Y T, YANG C P, LI Y Q, et al. Ultrasonic extraction and oxidation characteristics of functional groups during coal spontaneous combustion[J]. Fuel, 2019, 242:287-294.

[40] LI L, QIN B T, MA D, et al. Unique spatial methane distribution caused by spontaneous coal combustion in coal mine goafs: an experimental study [J]. Process safety and environmental protection, 2018, 116:199-207.

[41] GUELFO J L, HIGGINS C P. Subsurface transport potential of perfluoroalkyl acids at aqueous film-forming foam (AFFF)-impacted sites[J]. Environmental science & technology, 2013, 47(9):4164-4171.

[42] KANG W, YAN L, DING F, et al. Experimental study on fire-extinguishing efficiency of protein foam in diesel pool fire [J]. Case studies in thermal engineering, 2019, 16:1-10.

[43] ZHAO G, DAI C L, WEN D L, et al. Stability mechanism of a novel three-Phase foam by adding dispersed particle gel[J]. Colloids and surfaces A: physicochemical and engineering aspects, 2016, 497:214-224.

[44] ZHANG L L, QIN B T. Rheological characteristics of foamed gel for mine fire control[J]. Fire and materials, 2016, 40:246-260.

[45] XI Z L, JIANG M M, YANG J J, et al. Experimental study on advantages of foam-sol in coal dust control [J]. Process safety and environmental protection, 2014, 92(6):637-644.

[46] ZHANG L L, WU W J, WEI J, et al. Preparation of foamed gel for preventing spontaneous combustion of coal[J]. Fuel, 2021, 300:1-8.

[47] ZHANG L L, QIN B T, SHI B M, et al. The fire extinguishing performances of foamed gel in coal mine[J]. Natural hazards, 2016, 81:1957-1969.

[48] LU Y, QIN B T, JIA Y W, et al. Thermal insulation and setting property of inorganic solidified foam [J]. Advances in Cement Research, 2015,

27(6):352-363.

[49] QIN B T,JIA Y W,LU Y,et al.Micro fly-ash particles stabilized Pickering foams and its combustion-retardant characteristics[J].Fuel,2015,154:174-180.

[50] QIN B T,LU Y,LI Y,et al.Aqueous three-phase foam supported by fly ash for coal spontaneous combustion prevention and control[J].Advanced powder technology,2014,25:1527-1533.

[51] LU X X,WANG D M,QIN B T,et al.Novel approach for extinguishing large-scale coal fires using gas-liquid foams in open pit mines [J]. Environmental science and pollution research,2015,22:18363-18371.

[52] LU Y,QIN B T.Experimental investigation of closed porosity of inorganic solidified foam designed to prevent coal fires[J].Advances in materials science and engineering,2015,2015:1-9.

[53] LU Y,QIN B T.Mechanical properties of inorganic solidified foam for mining rock fracture filling[J].Materials express,2015,5:291-299.

[54] XI Z L, LI D, FENG Z Y. Characteristics of polymorphic foam for inhibiting spontaneous coal combustion[J]. Fuel,2017,206:334-341.

[55] CUMMINGS J,SHAH K,ATKIN R,et al.Physicochemical interactions of ionic liquids with coal;the viability of ionic liquids for pre-treatments in coal liquefaction[J].Fuel,2015,143:244-252.

[56] ZHANG W Q, JIANG S G, WANG K. Study on coal spontaneous combustion characteristic structures affected by ionic liquids[J].Procedia engineering,2011,26:480-485.

[57] CUMMINGS J,TREMAIN P,SHAH K,et al.Modification of lignites via low temperature ionic liquid treatment[J].Fuel processing technology, 2017,155:51-58.

[58] TO T Q,SHAH K,TREMAIN P,et al.Treatment of lignite and thermal coal with low cost amino acid based ionic liquid-water mixtures[J].Fuel, 2017,202:296-306.

[59] PULATI N,SOBKOWIAK M,MATHEWS J P,et al.Low-temperature treatment of Illinois No. 6 coal in ionic liquids[J].Energy & fuels,2012, 26(6):3548-3552.

[60] MA L Y, WANG D M, KANG W J, et al. Comparison of the staged inhibitory effects of two ionic liquids on spontaneous combustion of coal based on in situ FTIR and micro-calorimetric kinetic analyses[J].Process

safety and environmental protection,2019,121:326-337.

[61] XI X,SHI Q L,JIANG S G,et al.Study on the effect of ionic liquids on coal spontaneous combustion characteristic by microstructure and thermodynamic[J]. Process safety and environmental protection, 2020, 140:190-198.

[62] XI X,JIANG S,ZHANG W,et al.An experimental study on the effect of ionic liquids on the structure and wetting characteristics of coal[J].Fuel, 2019,244:176-183.

[63] LI Y, ZHANG X P, LAI S Y, et al. Ionic liquids to extract valuable components from direct coal liquefaction residues[J]. Fuel, 2012, 94: 617-619.

[64] BAI Z J,WANG C P,DENG J,et al.Experimental investigation on using ionic liquid to control spontaneous combustion of lignite[J]. Process safety and environmental protection,2020,142:138-149.

[65] LIU S H, ZHANG B, CAO C R. Evaluation of thermal properties and process hazard of three ionic liquids through thermodynamic calculations and equilibrium methods[J]. Journal of loss prevention in the process industries,2020,68:1-11.

[66] XIAO Y,ZHANG H,LIU K H,et al.Macrocharacteristics and the inhibiting effect of coal spontaneous combustion with various treatment durations of ionic liquids[J].Thermochimica acta,2021,703:1-12.

[67] PAINTER P, CETINER R, PULATI N, et al. Dispersion of liquefaction catalysts in coal using ionic liquids[J].Energy & fuels,2010,24:3086-3092.

[68] LIAW H J, LIOU Y R,LIU P H,et al.Increased flammability hazard when ionic liquid[C6mim][Cl]is exposed to high temperatures[J]. Journal of hazardous materials,2019,367:407-417.

[69] LIU K H,XIAO Y,ZHANG H,et al.Inhibiting effects of carbonised and oxidised powders treated with ionic liquids on spontaneous combustion [J].Process safety and environmental protection,2022,157:237-245.

[70] CUI F S,LAIWANG B,SHU C M,et al.Inhibiting effect of imidazolium-based ionic liquids on the spontaneous combustion characteristics of lignite[J].Fuel,2018,217:508-514.

[71] DENG J, BAI Z J, XIAO Y, et al. Thermogravimetric analysis of the effects of four ionic liquids on the combustion characteristics and kinetics

of weak caking coal[J].Journal of molecular liquids,2019,277:876-885.

[72] LI D J,XIAO Y,LV H F,et al.Effects of 1-butyl-3-methylimidazolium tetrafluoroborate on the exothermic and heat transfer characteristics of coal during low-temperature oxidation[J].Fuel,2020,273:1-9.

[73] DENG J,BAI Z J,XIAO Y,et al.Effects of imidazole ionic liquid on macroparameters and microstructure of bituminous coal during low-temperature oxidation[J].Fuel,2019,246:160-168.

[74] HAN W B,ZHOU G,ZHANG Q T,et al.Experimental study on modification of physicochemical characteristics of acidified coal by surfactants and ionic liquids[J].Fuel,2020,266:1-12.

[75] WANG C P,XIAO Y,LI Q W,et al.Free radicals,apparent activation energy,and functional groups during low-temperature oxidation of Jurassic coal in Northern Shaanxi[J].International journal of mining science and technology,2018,28:469-475.

[76] SHI T,WANG X F,DENG J,et al.The mechanism at the initial stage of the room-temperature oxidation of coal[J].Combustion and flame,2005,140(4):332-345.

[77] WANG H,DLUGOGORSKI B Z,KENNEDY E M.Analysis of the mechanism of the low-temperature oxidation of coal[J].Combustion and flame,2003,134(1/2):107-117.

[78] MO J J,XUE Y,LIU X Q,et al.Quantum chemical studies on adsorption of CO_2 on nitrogen-containing molecular segment models of coal[J].Surface science,2013,616:85-92.

[79] QU Z B,SUN F,GAO J H,et al.A new insight into the role of coal adsorbed water in low-temperature oxidation:Enhanced ·OH radical generation[J].Combustion and flame,2019,208:27-36.

[80] GAO M J,LI X X,REN C X,et al.Construction of a multicomponent molecular model of Fugu coal for ReaxFF-MD pyrolysis simulation[J].Energy & fuels,2019,33(4):2848-2858.

[81] WANG D M,XIN H H,QI X Y,et al.Reaction pathway of coal oxidation at low temperatures:a model of cyclic chain reactions and kinetic characteristics[J].Combustion and flame,2016,163:447-460.

[82] ZHAN J,WANG H H,SONG S N,et al.Role of an additive in retarding coal oxidation at moderate temperatures[J].Proceedings of the combustion

institute,2011,33(2):2515-2522.

[83] WANG DM,DOU G L,ZHONG X X,et al.An experimental approach to selecting chemical inhibitors to retard the spontaneous combustion of coal [J].Fuel,2014,117:218-223.

[84] LIU P Y,LI Z H,ZHANG X Y,et al.Study on the inhibition effect of citric acid on coal spontaneous combustion[J].Fuel,2022,310:1-8.

[85] WANG H Y,TAN B,SHAO Z Z,et al.Influence of different content of FeS_2 on spontaneous combustion characteristics of coal[J].Fuel,2021,288:119582.

[86] LU W,GUO B L,QI G S,et al.Experimental study on the effect of preinhibition temperature on the spontaneous combustion of coal based on an $MgCl_2$ solution[J].Fuel,2020,265:1-11.

[87] TANG Y B.Experimental investigation of applying $MgCl_2$ and phosphates to synergistically inhibit the spontaneous combustion of coal[J].Journal of the energy institute,2018,91:639-645.

[88] QIN B T,DOU G L,WANG D M.Thermal analysis of Vitamin C affecting low-temperature oxidation of coal [J]. Journal of Wuhan University of Technology:materials science edition,2016,31(3):519-522.

[89] DOU G L,WANG D M,ZHONG X X,et al.Effectiveness of catechin and poly(ethylene glycol) at inhibiting the spontaneous combustion of coal [J].Fuel processing technology,2014,120:123-127.

[90] GUO S L,YAN Z,YUAN S J,et al.Inhibitory effect and mechanism of lascorbic acid combined with tea polyphenols on coal spontaneous combustion[J].Energy,2021,229:1-11.

[91] LI J H,LI Z H,YANG Y L,et al.Laboratory study on the inhibitory effect of free radical scavenger on coal spontaneous combustion[J].Fuel processing technology,2018,171:350-360.

[92] XI Z L,JIN B X,JIN L Z,et al.Characteristic analysis of complex antioxidant enzyme inhibitors to inhibit spontaneous combustion of coal [J].Fuel,2020,267:1-9.

[93] TARABA B,PETER R,SLOVÁK V.Calorimetric investigation of chemical additives affecting oxidation of coal at low temperatures[J].Fuel processing technology,2011,92:712-715.

[94] SLOVÁK V,TARABA B.Urea and $CaCl_2$ as inhibitors of coal low-

temperature oxidation[J].Journal of thermal analysis and calorimetry, 2012,110(1):363-367.

[95] GAO A,SUN Y,HU X M,et al.Substituent positions and types for the inhibitory effects of phenolic inhibitors in coal spontaneous combustion [J].Fuel,2022,309:1-12.

[96] LU W,SUN X L,GAO L Y,et al.Study on the characteristics and mechanism of DL-malic acid in inhibiting spontaneous combustion of lignite and bituminous coal[J].Fuel,2022,308:1-12.

[97] 肖辉,杜翠凤.新型高聚物煤自燃阻化剂的试验研究[J].安全与环境学报, 2006,6(1):46-48.

[98] 王立芹,杨静,王振华,等.防治煤层自燃的聚乙酸乙烯酯乳液的合成及其性能研究[J].煤矿安全,2007,38(3):5-7,14.

[99] ZHOU A N,LIU B,XU W.Effects of coal on the structure and properties of coal/LDHs composites[J].Advanced Materials Research,2011,399/400/401:1075-1078.

[100] YANG Y,TSAI Y T,ZHANG Y,et al.Inhibition of spontaneous combustion for different metamorphic degrees of coal using Zn/Mg/ $AlCO_3$ layered double hydroxides[J].Process Safety and Environmental Protection,2018, 113:401-412.

[101] 石开仪,陶秀祥,尹苏东,等.抚顺褐煤的微生物溶煤[J].中国矿业大学学报,2007,36(3):339-342.

[102] ZHANG Y T,SHI X Q,LI Y Q,et al.Inhibiting effects of Zn/Mg/Al layer double hydroxide on coal spontaneous combustion[J]. Journal of the China Coal Society,2017,42(11):2892-2899.

[103] 康红丽,刘向荣,赵顺省,等.4 种细菌降解内蒙古赤峰褐煤的实验研究[J].煤炭技术,2019,38(10):130-133.

[104] MISHRA S,AKCIL A,PANDA S,et al.Biodesulphurization of Turkish lignite by Leptospirillum ferriphilum: effect of ferrous iron,Span-80 and ultrasonication[J].Hydrometallurgy,2018,176:166-175.

[105] 李建涛,刘向荣,皮淑颖,等.山西临汾褐煤微生物降解工艺条件的优化[J].煤炭转化,2017,40(2):65-72.

[106] GONSALVESH L,MARINOV S P,STEFANOVA M,et al.Organic sulphur alterations in biodesulphurized low rank coals[J].Fuel,2012, 97:489-503.

[107] KIANI M H,AHMADI A,ZILOUEI H.Biological removal of sulphur and ash from fine-grained high pyritic sulphur coals using a mixed culture of mesophilic microorganisms[J].Fuel,2014,131:89-95.

[108] MACHNIKOWSKA H, PAWELEC K, PODGÓRSKA A. Microbial degradation of low rank coals[J].Fuel processing technology,2002,77/78:17-23.

[109] 李建涛,刘向荣,皮淑颖,等.放线菌降解云南昭通褐煤工艺条件优化研究[J].应用化工,2017,46(9):1683-1687,1691.

[110] 李建涛,刘向荣,黄璐,等.内蒙古胜利褐煤微生物降解工艺条件优化[J].煤炭技术,2017,36(7): 266-268.

[111] 张明旭,徐敬尧,欧泽深.几种真菌对煤炭的固体溶煤转化研究[J].安徽理工大学学报(自然科学版),2008,28(4):58-61.

[112] 李建涛,刘向荣,杨杰,等.真菌筛选及降解光-氧氧化褐煤工艺条件优化研究[J].矿产综合利用,2020(5): 82-86,157.

[113] 易欣,张少航,葛龙,等.好氧微生物抑制煤自燃机理研究现状及展望[J].洁净煤技术,2023,29(2):198-205.

[114] LI Q W,XIAO Y,ZHONG K Q,et al.Overview of commonly used materials for coal spontaneous combustion prevention[J].Fuel,2020,275:1-15.

[115] ZHOU G,ZHANG X,LI S,et al.Synthesis and performance characteristics of organic-inorganic hybrid fire prevention and extinguishing gel based on phytoextraction-medical stone[J].Construction and building materials,2021,312:1-15.

[116] 毕波.利用酒糟生产蛋白泡沫灭火剂的研究[J].消防科学与技术,2014,33(1):92-95.

[117] CHEN X F,FAN A,YUAN B H,et al.Renewable biomass gel reinforced core-shell dry water material as novel fire extinguishing agent[J].Journal of loss prevention in the process industries,2019,59:14-22.

[118] YUAN S,CHANG C Y,YAN S S,et al.A review of fire-extinguishing agent on suppressing lithium-ion batteries fire[J].Journal of energy chemistry,2021,62:262-280.

[119] WANG W H,HE S,HE T F,et al.Suppression behavior of water mist containing compound additives on lithium-ion batteries fire[J].Process safety and environmental protection,2022,161:476-487.

[120] FU T,GUO D M,CHEN L,et al.Fire hazards management for polymeric materials via synergy effects of pyrolysates-fixation and aromatized-charring [J].Journal of hazardous materials,2020,389:1-9.

[121] WU Q,ZHANG Q,ZHAO L,et al.A novel and facile strategy for highly flame retardant polymer foam composite materials: transforming silicone resin coating into silica self-extinguishing layer[J].Journal of hazardous materials,2017,336:222-231.

[122] SUPARANON T,PHETWAROTAI W.Fire-extinguishing characteristics and flame retardant mechanism of polylactide foams: influence of tricresyl phosphate combined with natural flame retardant[J].International journal of biological macromolecules,2020,158:1090-1101.